云南省普通高等学校"十二五"规划教材
云南省普通高等学校精品教材
普通高等学校"十四五"规划机械专业精品教材

机械制造技术基础课程设计

（第4版）

主　编　柯建宏　郭德伟
副主编（纸质部分）
饶锡新　王庆霞　王　凡
（数字化部分）
刘泓滨　经慧芹
编　委（数字化部分）
钟　玲　周亮亮
主　审　宾鸿赞

华中科技大学出版社
中国·武汉

内容简介

本书取材于机械工程类本科专业师生的教学实践，从完成16个典型机械零件的机械加工工艺规程设计和典型夹具设计的需要出发，从实用的角度提供了课程设计的题目、条件、内容、设计方法、设计成果等方面的内容，包括课程设计概述、机械加工工艺规程设计、机械加工工序设计、专用夹具设计、课程设计常用标准和规范、课程设计案例。同时，以二维码形式提供了大量的数字资源来展示16个题目参考性工艺方案和夹具设计范例（二维码使用说明见书末）。

本书可作为普通本科院校机械工程类各专业机械制造技术基础课程设计、机械制造工艺课程设计、机械制造基础课程设计的指导书，也可供高职高专院校机械类专业师生及从事工艺和夹具设计的工程技术人员参考。

图书在版编目(CIP)数据

机械制造技术基础课程设计/柯建宏，郭德伟主编. —4版. —武汉：华中科技大学出版社，2022.7(2024.8重印)
ISBN 978-7-5680-8365-2

Ⅰ.①机… Ⅱ.①柯… ②郭… Ⅲ.①机械制造工艺-课程设计-高等学校-教学参考资料 Ⅳ.①TH16

中国版本图书馆CIP数据核字(2022)第104780号

机械制造技术基础课程设计(第4版)　　柯建宏　郭德伟　主编
Jixie Zhizao Jishu Jichu Kecheng Sheji(Di-si Ban)

策划编辑：俞道凯　何家乐
责任编辑：姚同梅
封面设计：原色设计
责任监印：周治超
出版发行：华中科技大学出版社(中国·武汉)　　电话：(027)81321913
武汉市东湖新技术开发区华工科技园　　邮编：430223
录　排：武汉正风天下文化发展有限责任公司
印　刷：武汉市籍缘印刷厂
开　本：787mm×1092mm　1/16
印　张：14.25
字　数：374千字
版　次：2024年8月第4版第2次印刷
定　价：42.80元

“爆竹一声除旧，桃符万户更新。”在新年伊始，春节伊始，“十一五规划”伊始，来为“普通高等院校机械类精品教材”(现已更新为“普通高等学校‘十四五’规划机械类精品教材”)这套丛书写这个“序”，我感到很有意义。

近十年来，我国高等教育取得了历史性的突破，实现了跨越式的发展，毛入学率由低于10％达到了高于20％，高等教育由精英教育而跨入了大众化教育。显然，教育观念必须与时俱进而更新，教育质量观也必须与时俱进而改变，从而教育模式也必须与时俱进而多样化。

以国家需求与社会发展为导向，走多样化人才培养之路是今后高等教育教学改革的一项重要任务。在前几年，教育部高等学校机械学科教学指导委员会对全国高校机械专业提出了机械专业人才培养模式的多样化原则，各有关高校的机械专业都在积极探索适应国家需求与社会发展的办学途径，有的已制定了新的人才培养计划，有的正在考虑深刻变革的培养方案，人才培养模式已呈现百花齐放、各得其所的繁荣局面。精英教育时代规划教材一致模式、雷同要求一统天下的局面，显然无法适应大众化教育形势的发展。事实上，多年来许多普通院校采用规划教材就十分勉强，而又苦于无合适教材可用。

“百年大计，教育为本；教育大计，教师为本；教师大计，教学为本；教学大计，教材为本。”有好的教材，就有章可循、有规可依、有鉴可借、有道可走。师资、设备、资料(首先是教材)是高校的三大教学基本建设。

“山不在高，有仙则名。水不在深，有龙则灵。”教材不在厚薄，内容不在深浅，能切合学生培养目标，能抓住学生应掌握的要言，能做到彼此呼应、相互配套，就行，此即教材要精、课程要精，能精则名、能精则灵、能精则行。

华中科技大学出版社主动邀请了一大批专家，联合了全国几十个应用型机械专业，在全国高校机械学科教学指导委员会的指导下，保证了当前形势下机械学科教学改革的发展方向，交流了各校的教改经验与教材建设计划，确定了一批面向普通高等院校机械学科精品课程的教材编写计划。特别要提出的是，教育质量观、教材质量观必须随高等教育大众化而更新。大众化、多样化决不是降低质量,而是要面向、适应与满足人才市场的多样化需求,面向、符合、激活学生个性与能力的多样化特点。"和而不同",才能生动活泼地繁荣与发展。脱离市场实际的、脱离学生实际的一刀切的质量不仅不是"万应灵丹",而是"千篇一律"的桎梏。正因为如此,为了真正确保高等教育大众化时代的教学质量,教育主管部门正在对高校进行教学质量评估,各高校正在积极进行教材建设,特别是精品课程、精品教材建设。也因为如此,华中科技大学出版社组织出版普通高等院校应用型机械学科的精品教材,可谓正得其时。

我感谢参与这批精品教材编写的专家们!我感谢出版这批精品教材的华中科技大学出版社的有关同志!我感谢关心、支持与帮助这批精品教材编写与出版的单位与同志们!我深信编写者与出版者一定会同使用者沟通,听取他们的意见与建议,不断提高教材的水平!

特为之序。

中国科学院院士

教育部高等学校机械学科指导委员会主任

杨叔子

2006.1

第 4 版前言

本版在保持前三版编写风格的基础上，主要在以下几个方面对上一版教材进行了修订。

第一，将所涉及的理论、工艺标准和数据按现行的国家标准和机械行业标准全面更新。涉及标准共 327 个，更新位置达 53 处，包括部分标准中数据的更新，如 GB/T 6414 的更新使得表 5-7 到表 5-11 中部分数据发生变化，查询实例中数据对应也发生变化。类似都全文进行了更新。

第二，更正了书中少量错误，并对全书语言表达进行了推敲，使论述更严谨规范，文字更精练简洁，层次更分明。

第三，增加了教材的配套课件，为使用教材的师生提供便捷。

本版教材由昆明理工大学柯建宏、红河学院郭德伟担任主编。

在修订过程中，先后得到了华中科技大学俞道凯、红河学院李丽等老师及前三版各位编委的帮助和支持，他们对本书的修订提出了宝贵的意见和建议，谨此一并致谢。

本书虽然经过了多次修订，但仍难免有疏漏与欠妥之处，敬请广大读者批评指正。

编　者

2022 年 6 月

第 3 版前言

本版在保持前两版编写风格的基础上，主要在以下几个方面对上一版教材进行了修订。

第一，将所涉及的理论、工艺标准和数据按现行的国家标准和机械行业标准全面更新。引用标准修订了 17 个，索引标准修订了 37 个。

第二，采用二维码技术，投入较大力量将第 1、2 版配套的 DVD 光盘所承载的容量为 2.39 GB 的 MCAI 课件改制为便于阅读的 MP4 和 PDF 数字化资源。（二维码资源使用说明见书末。）

第三，订正了少量错误。

本版教材由昆明理工大学柯建宏担任主编。纸质部分由红河学院郭德伟、南昌大学饶锡新、东华大学王庆霞、沈阳理工大学王凡担任副主编；数字化部分由昆明理工大学刘泓滨、经慧芹，红河学院郭德伟担任副主编，由四川工程职业技术学院钟铃、池州学院周亮亮担任编委。纸质部分由柯建宏（修订量 5 万字）和郭德伟（修订量 3 万字）共同执笔完成修订工作。数字化部分原始 AVI 素材和 CAD 素材由柯建宏（数据量 1.59 GB）和刘泓滨（数据量 0.8 GB）共同制作完成，二维码访问用 MP4 资源由经慧芹改制完成（数据量 397 MB），二维码访问用 PDF 资源由郭德伟改制完成（数据量 2 MB），钟铃参与了工艺方案的修订工作，周亮亮参与了二维码访问用资源类型调研工作。全书由柯建宏统稿，华中科技大学宾鸿赞教授主审。

在修订过程中，得到了昆明理工大学何幼瑛和前两版各位编委的帮助和支持，他们对本书的修订提出了宝贵的意见和建议，特在此致谢。

在本书修订过程中难免有考虑不周之处，敬请广大读者批评指正。

编　者

2017 年 6 月

第 2 版前言

本书自 2008 年出版以来，受到各高等工科院校的青睐，它以定位准确、实用性好、针对性强、可操作性好、采用了立体化出版形式等优点赢得赞誉。近年来，随着我国制造业的崛起，一批成熟的工艺技术标准陆续问世，导致本书的一些理论、工艺标准和数据相对陈旧，我国高等工科教育也逐渐转入工程应用型和创新型复合人才培养的时期，读者对本书提出了更高的期望和要求。为此，我们对本书进行了再版修订。

此次修订保持了第一版的编写原则不变。

第一，定位于工程应用。本书主要面向一般本科，理论不过深，以够用为度，强化工程应用。

第二，突出实用性，侧重介绍课程设计做什么和怎么做。

第三，针对性强，本书既是课程设计指导教师的教科书，又是课程设计学生的指导书。

第四，可操作性强，编者结合自己的教学实际，从师生双方的角度考虑，把成熟的教学成果和经验写进来，编写时注意在常用和实用的范围内去引导学生，让学生使用本书时，按老师的思路去解决实际问题。

第五，立体化编写，机械制造技术基础课程设计的成果主要是图样，许多内容无法用纸质教材来承载，故单独开发了配套的 MCAI 课件。MCAI 课件主要以大量的三维位图和动画来模拟展示设计范例。

第二版修订时增加了新颖程度和兼容性，更注重引导性。具体主要在以下几个方面进行了改编。

第一，所涉及的理论、工艺标准和数据全面更新到现行的国家标准和机械行业标准。

第二，考虑到一些高等院校未独立开设材料成形技术基础课程设计课程，导致学生对毛坯设计无从下手的实际情况，增补了毛坯设计的内容和毛坯设计资料。

第三，考虑到一些高等院校教学时间有限，难以完成本书设定的目标，增加了课程设计案例一章，让设计时间有限的读者基本可以模仿案例完成课程设计。

第四，对课程设计中学生较为模糊、难以把握的一些内容（如图样审查、方案对比分析、工序图和工序计算等），增加了针对性较强的实例分析，实例全部结合设计题目，便于学生边学边用。

第五，在内容的取舍方面进行了反复推敲。本书作为一本课程设计教材，毕竟不是手册，无法面面俱到，因此编写时注意在引导上下工夫，一些比较冗长的设计资料，本书并没有引用进来，而是给出了参考资料的索引，目的是引导读者领略编者解决问题的思路和方法。比如，课程设计可能用到的国家标准和机械行业标准有三百多个，只是进行了重点摘引。为了弥补资料不全的缺憾，在附录中给出了编者引用过的标准和读者可能参考的标准索引，在 MCAI 课件中给出了这些标准的查询和来源网站。

本书由昆明理工大学柯建宏担任主编，南昌大学饶锡新、东华大学王庆霞、沈阳理工大学王凡担任副主编，红河学院郭德伟、南山学院孟翠玉参编。全书由柯建宏执笔完成修订工作，由华中科技大学宾鸿赞教授主审。

在编写过程中，得到了昆明理工大学刘泓滨教授、何晓聪教授、张宇教授的帮助和支持，在此深表感谢。使用本书的一些同行通过华中科技大学出版社对本书的修订提出了宝贵的意见，部分素材引自昆明理工大学的教学管理规范和学生的设计成果，有的保留了原始信息，特在此对这些单位及素材的原创作者表示感谢。

在本书修订过程中难免有考虑不周之处，敬请广大读者批评指正。

编　者

2012 年 3 月

第 1 版前言

机械制造技术基础课程设计是高等院校机械工程类本科专业理论联系实际的一门重要技术基础课。完成课程设计需要综合应用金属切削原理和刀具、机械加工方法及设备、互换性与测量技术、机械制造工艺学及工艺装备设计等机械制造技术基础课程的理论知识,还需要熟练应用机械制图和机械设计课程的知识。课程的实践性决定了完成课程设计时还需要结合生产实际,这样才能使高校培养出应用型人才,满足工科大学生参与工程应用型人才竞争的需要。因此,机械工程类专业的师生需要一本具有理论结合实践特色的教科书和指导书。

结合机械制造技术基础课程设计的课程属性和教学现状,编写本书时我们注重了几个原则:第一,以工程应用作为教材定位,本教材主要面向一般本科生,理论不过深,以够用为度,强化工程应用;第二,突出实用性,侧重课程设计做什么和怎么做;第三,针对性强,本教材既是课程设计指导教师的教科书,又是课程设计学生的指导书;第四,可操作性好,编者结合自己的教学实际站在师生双方的角度上考虑,把成熟的教学成果和经验写进教材,编写时注意在常用和实用的范围内去引导学生,让学生使用本教材时,按老师的思路去解决实际问题;第五,立体化编写,机械制造技术基础课程设计的成果主要是图样,许多内容无法用纸质教材来承载,故单独开发了 MCAI 课件与纸质教材配套。MCAI 课件主要以大量的三维位图和动画来展示典型设计成果。

参加本书编写的有:昆明理工大学柯建宏,南昌大学饶锡新,东华大学王庆霞,沈阳理工大学王凡,天津工业大学尹明富,中国地质大学杨杰,兰州理工大学胡世军。第 1 章,第 2、3、4 章的部分内容和附录由柯建宏负责编写,第 2 章由饶锡新负责编写,第 3 章由王庆霞负责编写,第 4 章由王凡负责编写,第 5 章由尹明富、柯建宏、饶锡新、王庆霞、王凡、杨杰、胡世军共同编写。全书由柯建宏主编和统稿,饶锡新、王庆霞、王凡、尹明富任副主编,华中科技大学机械学院宾鸿赞教授主审。在编写中,部分素材引自昆明理工大学和南昌大学的教学管理规范或学生的设计成果,有的保留了原始信息,在此对这些单位及素材的原创作者表示感谢。

由于作者水平有限,书中难免存在缺点和错误,欢迎广大读者批评指正。

编　者

2008 年 1 月

目　录

第 1 章　课程设计概述……1
1.1　课程概况……1
1.2　课程设计的目的……1
1.3　课程设计的基本教学要求……2
1.4　课程设计的内容……2
1.5　课程设计的题目……2
1.6　课程设计的步骤、方法和要求……3
1.7　课程设计的进度计划……5
1.8　课程设计中学生应提交的成果材料……5
1.9　课程设计的考核……6
第 2 章　机械加工工艺规程设计……7
2.1　机械加工工艺规程设计基本知识……7
2.2　生产类型的确定……10
2.3　图样审查……11
2.4　毛坯设计……14
2.5　机械加工工艺路线拟定……20
2.6　机械加工设备及工艺装备的选择……30
2.7　机械加工工艺过程卡片的填写……40
第 3 章　机械加工工序设计……43
3.1　概述……43
3.2　工序简图的绘制……43
3.3　工序余量、工序尺寸及其公差的确定……46
3.4　切削用量的确定……50
3.5　时间定额的估算……54
3.6　机械加工工序卡片的填写……61
第 4 章　专用夹具设计……63
4.1　夹具设计概述……63
4.2　夹具总体方案设计……64
4.3　夹具元件的确定……80
4.4　夹具装置设计……84
4.5　夹具总装图设计……89
第 5 章　机械制造技术基础课程设计常用标准和规范……99
5.1　课程设计下发的材料样本……99
5.2　常用毛坯技术参数……118
5.3　常用金属切削机床的技术参数……125

5.4　常用金属切削刀具 …… 130
5.5　各种加工方法的常用加工余量 …… 142
5.6　各种切削加工方法的常用切削用量 …… 154
5.7　常用夹具标准元件 …… 173
第 6 章　机械制造技术基础课程设计案例 …… 190
6.1　设计任务 …… 190
6.2　设计指导书 …… 190
6.3　设计结果摘录 …… 199
附录 A　本书引用标准索引 …… 204
附录 B　课程设计参考标准分类索引 …… 206
参考文献 …… 215

第1章 课程设计概述

1.1 课程概况

机械制造技术基础是机械类专业的一门主干专业基础课，内容覆盖金属切削原理和刀具、机械加工方法及设备、互换性与测量技术、机械制造工艺学及工艺装备等，因而也是一门实践性和综合性很强的课程，必须通过实践性教学环节才能使学生对该课程的基础理论有更深刻的理解，也只有通过实践才能培养学生理论联系实际的能力和独立工作能力。因此，机械制造技术基础课程设计应运而生，也成为机械类专业的一门重要实践课程。

目前大多数高校开设的机械制造技术基础课程设计课程的课时为2～3周，内容大多数是制订某个机械零件的机械加工工艺规程和典型夹具设计，有的高校还包括材料成形技术基础课程设计的内容。本书以2周的机械制造技术基础课程设计教学计划为基础，继承材料成形技术基础课程设计的结果，以机械零件的机械加工工艺规程和典型夹具设计为主要教学内容。

机械制造技术基础课程设计的先修课程是机械设计、机械制造基础系列课程（包括机械工程材料、材料成形技术基础、金属学及热处理、互换性与测量技术、机械制造技术基础等）和材料成形技术基础课程设计。学生在设计中要自觉培养自己的独立工作能力，在综合先修课程知识和参考各种设计资料的基础上，勤于思考，大胆创新，并要主动争取指导教师的指导，虚心向内行请教，特别是加强生产实践经验方面的学习，力争圆满地完成设计工作。

1.2 课程设计的目的

机械制造技术基础课程设计旨在继承材料成形技术基础课程设计，让学生完成一次机械零件的机械加工工艺规程制订和典型夹具设计的锻炼，其目的如下。

（1）在结束了机械制造技术基础等先修课程的学习后，通过本次设计使学生所学到的知识得到巩固和强化，培养学生全面地综合应用所学知识去分析和解决机械制造中问题的能力。

（2）通过设计提高学生的自学能力，使学生熟悉机械制造中的有关手册、图表和技术资料，特别是熟悉机械加工工艺规程制订和夹具设计方面的资料，并学会结合生产实际正确使用这些资料。

（3）通过设计使学生树立正确的设计理念，懂得合理的设计应该在技术上是先进的、在经济上是合理的，并且在生产实践中是可行的。

（4）通过编写设计说明书，提高学生的技术文件整理、写作及组织编排能力，为学生将来撰写专业技术及科研论文打下基础。

1.3 课程设计的基本教学要求

机械制造技术基础课程设计的基本教学要求有以下几点。

(1) 了解机械加工工艺规程设计的一般方法和步骤。

(2) 了解夹具设计的一般方法和步骤。

(3) 了解课程设计说明书的编写内容、结构和编排顺序。

(4) 贯彻机械制图标准化的要求。

(5) 了解课程设计答辩的要求。

(6) 理解“生产纲领决定生产类型,进而影响整个工艺规程”这句话的意义。

(7) 掌握毛坯种类和总加工余量的确定方法。

(8) 掌握毛坯图的绘制要点。

(9) 掌握零件图的审查原则。

(10) 掌握制订机械加工工艺规程时应解决的几个关键问题。

(11) 掌握工序余量、工序尺寸及其公差的计算方法。

(12) 掌握切削用量及工时定额的计算方法。

(13) 掌握机械加工工艺过程卡片(简称工艺卡)和机械加工工序卡片(简称工序卡)的填写方法。

(14) 掌握专用夹具总装图的设计和绘制方法。

(15) 掌握机械加工工艺规程设计和夹具设计有关资料的查阅和使用方法。

1.4 课程设计的内容

机械制造技术基础课程设计一般要完成以下内容。

(1) 绘制给定零件的毛坯图(或零件-毛坯综合图)一张。

(2) 编制规定零件的机械加工工艺过程卡片一份。

(3) 编制规定零件某机械加工工序的机械加工工序卡片一份。

(4) 设计规定零件的某机械加工工序的专用夹具一套,并绘制其总装图一张。

(5) 编写设计说明书一份。

具体内容由设计任务书规定。

1.5 课程设计的题目

课程设计的题目一般定为“设计年产量为××件的××的机械加工工艺规程及典型夹具”,或者“设计需要数量为××件的××的机械加工工艺规程及典型夹具”。

前者直接给定了生产纲领,后者则需要设计者规划生产纲领。年产量(或需要数量)和设计对象(即零件名称)由设计任务书规定。教师在下达设计任务书时,一般将年产量(或需要数量)规定为中批到大批,这样可以把设计的意图体现得较好,让学生能够学以致用。设计对象可从5.1节所提供的16个典型零件中指定,有条件的亦可让学生自由选择。所给定的16个零件的材料和毛坯种类较多,工艺特征丰富,夹具方案较多。

本书配套提供了 16 个零件的参考工艺方案和一套典型夹具设计样例，可通过二维码扫描下载各设计对象的相关资料。设计对象如表 1-1 所示。

表 1-1　机械制造技术基础课程设计的设计对象

题　号	图　号	零 件 名 称	毛 坯 形 式	样 例 夹 具
1	KCSJ-01	手柄	铸件/锻件	钻夹具
2	KCSJ-02	套筒座	铸件	镗夹具
3	KCSJ-03	万向节滑动叉	锻件	铣夹具
4	KCSJ-04	轴承座	铸件	车夹具
5	KCSJ-05	支架	铸件	钻夹具
6	KCSJ-06	角板	铸件	铣夹具
7	KCSJ-07	扇形板	铸件	钻夹具
8	KCSJ-08	阀体	铸件	车夹具
9	KCSJ-09	合铸铣开拨叉	铸件	铣夹具
10	KCSJ-10	拨叉	铸件	铣夹具
11	KCSJ-11	后钢板弹簧吊耳	锻件	钻夹具
12	KCSJ-12	蜗杆	锻件	车夹具
13	KCSJ-13	手柄套	棒料/锻件	钻夹具
14	KCSJ-14	曲柄	铸件/锻件	钻夹具
15	KCSJ-15	支承块	铸件/锻件	车夹具
16	KCSJ-16	扁叉	铸件	铣夹具

1.6　课程设计的步骤、方法和要求

1. 课程设计的准备

(1) 课程设计任务书　在该任务书中，指导教师需给出课程设计的内容并对学生提出详细要求。

(2) 零件图样　该图样是指导教师提供给学生进行审查和设计的对象。

(3) 工艺卡和工序卡　根据不同的用途、目的和要求，这两种卡片可以有不同格式，但应该由指导教师统一后发给学生。

(4) 生产纲领　应该在设计任务书中以年产量或需要数量的形式指定，它是课程设计入手的重要条件。

(5) 参考资料　设计中要用到很多参考资料，常用的有机械加工工艺手册、金属机械加工工艺人员手册、机械加工工艺师手册、机械制造工艺设计手册、机械零件工艺性手册、切削用量手册、金属切削机床设计手册、金属切削机床产品样本、金属切削刀具设计简明手册、金属切削机床夹具设计手册、机床夹具结构图册、机械设计手册、机械零件设计手册和各种标准等。此外，还有夹具模型及挂图、课程设计指导书和教材之类的资料。由设计者根据所在单位的条件尽可能地准备。

(6) 设计工具　如采用手工绘图，要准备图板、丁字尺、三角板、铅笔、图纸和设计室等；如采用计算机绘图，要准备计算机软、硬件，相关的绘图软件如 AutoCAD、CAXA、Solid Edge、SolidWorks、UG 或 Pro/E 等。

2. 初始设计规划

根据题目给定的年产量或需要数量，确定生产纲领及其生产类型，并由此考虑与生产类型相关的毛坯制造方法及加工余量确定、工艺设备和工艺装备选择、工艺规程制订和夹具方案确

定等方面问题，对后续设计工作的目标和方向有大致的规划。

3. 分析和审查零件图

了解零件的功能；读懂零件图；审查图样的完整性与正确性，并对图样进行必要的修改或补充；审查该零件的结构工艺性；了解其主要技术要求；区分哪些表面是加工表面，哪些表面是不加工表面；查清各表面的尺寸公差、几何公差、表面粗糙度和特殊要求；区分各表面的精密与粗糙程度，以及主要与次要、重要与不重要等相对地位。在此基础上初步确定各加工表面的加工方法。

4. 设计毛坯图

根据给定的零件材料、生产纲领和工艺特征，确定毛坯的种类、形状、加工表面的总加工余量、尺寸及其公差、技术要求等，绘制毛坯图。

5. 设计机械加工工艺规程

选择粗基准和精基准，确定各表面的加工方法，确定加工顺序，安排热处理工序及必要的辅助工序，确定各工序的加工设备、刀具、夹具、量具和辅具。

6. 设计夹具

对工艺规程中的某道工序拟使用的夹具进行设计，一般画一张 A1 图，最好手工绘制。画图时注意以下原则：

(1) 以有利于该工序加工的位置来选取投影视图，用细双点画线画出零件轮廓。

(2) 在零件定位表面处画出定位元件或机构图。

(3) 在夹紧位置处画出夹紧机构图。

(4) 在对刀位置处画出对刀元件或刀具导引装置图。

(5) 画出与机床连接的元件及其他元件图。

(6) 绘图时要遵守国家标准规定的画法，能用标准件的尽量采用标准件。

(7) 为表达清楚夹具结构，应有足够的视图、剖面图、局部视图等。

(8) 夹具图上应标注夹具的总体轮廓尺寸、对刀尺寸、配合尺寸、联系尺寸及配合公差要求，并标明夹具制造、验收和使用的技术要求。

(9) 在夹具图右下角绘制国家标准规定的标题栏和明细表，表中详细列出零件的名称、代号、数量、材料、热处理及其他要求。

7. 设计机械加工工序

确定所设计夹具对应工序的加工余量，计算工序尺寸及公差，确定工序的切削用量及工时定额。

8. 填写工艺文件

将上述设计结果填入机械加工工艺过程卡片和机械加工工序卡片。

9. 编写设计说明书

设计说明书是读者解读设计结果的依据。说明书应书写整洁，简明扼要，注意编号和排版。用专用“设计说明书”纸张书写，可包括以下内容并按顺序装订：

(1) 设计说明书封面。

(2) 摘要。

(3) 序言(或前言)。

(4) 目录。

(5) 正文　正文内容主要包括机械加工工艺规程设计、机械加工工序设计和夹具设计三大部分。机械加工工艺规程设计部分包括生产纲领和生产类型确定，零件图样审查，结构工艺性和技术要求分析，毛坯选择，加工余量的确定，工艺路线安排，机床、刀具、夹具、量具的选择。机械加工工序设计部分包括切削用量的确定、工序余量及公差的计算、工时定额的计算等。夹具设计部分包括夹具总体方案的比较和选择、各类夹具元件的选用、夹紧机构的计算、夹具动作原理及操作方法等。

(6) 设计心得体会、小结。

(7) 参考文献　设计中使用过的参考文献应在正文引用处进行标识，在设计说明书结尾处按顺序列出，并按规范格式著录。

10. 整理设计材料

将所有设计材料整理并装订成册，提交给指导教师或答辩小组。

11. 答辩

在课程设计的答辩中，一般要求学生先在规定时间内报告自己的设计，然后答辩教师就设计所涉及的知识点或需要解决的问题提出若干问题与学生探讨，并对学生的设计质量进行综合评判。

1.7 课程设计的进度计划

教学计划为2周的机械制造技术基础课程设计，工作时间共10天，进度计划如下。

(1) 设计准备、初始设计规划、分析和审查零件图，1天。

(2) 毛坯设计，1天。

(3) 机械加工工艺规程设计，1天。

(4) 机床夹具设计，4天。

(5) 机械加工工序设计、填写工艺卡及工序卡，1天。

(6) 编写设计说明书，1天。

(7) 整理设计资料和答辩，1天。

在设计中，学生应：参照进度计划，拟订自己的设计计划；经常检查设计工作进展情况，按计划进行工作，确保按时完成设计任务；对每天的工作内容进行记录，将记录作为设计说明书的底稿，底稿经整理、补充或修改后即为完整的设计说明书(这样做可以提高设计效率)。

1.8 课程设计中学生应提交的成果材料

课程设计完成后，学生应向指导教师或课程设计答辩小组提供表1-2所示的材料。指导教师可以参考表1-2，根据实际情况编辑后提供给学生填写。

表1-2　机械制造技术基础课程设计中学生提交材料一览表

序号	材料名称及顺序		规格	单位	数量
1	课程设计材料装订本	课程设计封面	A4	页	1
		课程设计材料清单	A4	页	1
		课程设计任务书	A4	页	1
		课程设计用零件图	A3	张	1
		毛坯图(或零件-毛坯综合图)	A3	张	1
		机械加工工艺过程卡片	A4	套	1
		机械加工工序卡片	A4	套	1
		课程设计说明书封面	A4	页	1
		课程设计说明书	A4	份	1
		课程设计成绩登记表(个人)	A4	页	1
2	夹具总装图		A1	张	1

1.9 课程设计的考核

课程设计要对学生的平时表现、设计质量和答辩进行综合考核。成绩评定通常采用五级制评定，也可以采用相对评分法或百分制评定。表1-3所示为一种经过多年试用，效果较好的百分制评定方法。

表1-3 课程设计学生成绩评定表

评分指标		满分值	评分	合计	总评成绩
平时表现（权重30%）	遵守纪律情况	5			
	学习态度和努力程度	5			
	独立工作能力	5			
	工作作风严谨性	5			
	文献检索和利用能力	5			
	与指导教师探讨能力	5			
设计的数量和质量（权重50%）	方案选择合理性	3			
	方案比较和论证能力	3			
	设计思想和设计步骤	3			
	设计计算及分析讨论	3			
	设计说明书页数	5			
	设计说明书内容完备性	3			
	设计说明书结构合理性	2			
	设计说明书书写工整程度	2			
	设计说明书文字条理性	2			
	图样数量	5			
	图样表达正确程度	5			
	图样标准化程度	5			
	图面质量	5			
	设计是否有应用价值	2			
	设计是否有创新	2			
答辩（权重20%）	表达能力	4			
	报告内容	8			
	回答问题情况	6			
	报告时间	2			

说明：本表以百分制记录成绩，不必转换为等级制。

第2章 机械加工工艺规程设计

2.1 机械加工工艺规程设计基本知识

2.1.1 基本概念

1. 工艺

所谓工艺，就是指制造产品的技巧、方法和程序。采用机械加工方法直接改变毛坯的形状、尺寸、各表面间相互位置及表面质量，使之成为合格零件的过程，称为机械加工工艺过程。机械加工工艺过程由按一定的顺序排列的若干道工序组成，每一道工序又可细分为安装、工位、工步及走刀等。例如，根据生产类型不同，图2-1所示的零件可以有表2-1和表2-2所示的工艺过程。

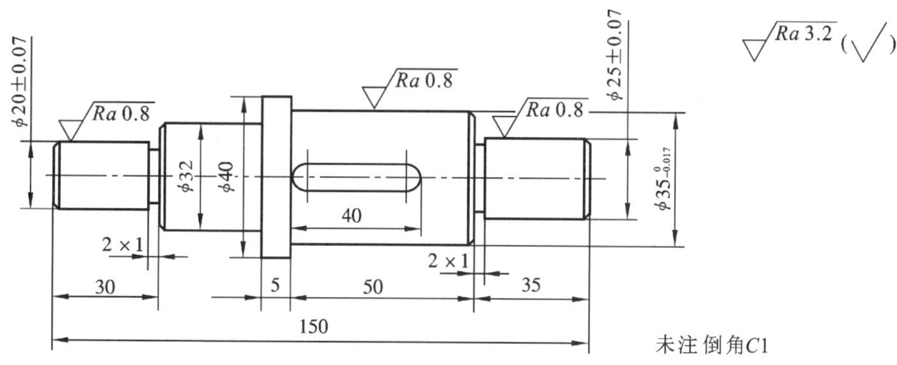

图2-1 阶梯轴零件图

表2-1 单件小批生产工艺过程

工序号	工序内容	设备
10	下料	锯床
20	车端面、打中心孔、车外圆、切退刀槽和倒角	车床
30	铣键槽	铣床
40	磨外圆	外圆磨床
50	去毛刺	钳工台
60	检验、入库	

表2-2 大批大量生产工艺过程

工序号	工序内容	设备
10	下料	锯床
20	铣端面、打中心孔	铣打专机
30	粗车外圆	车床
40	精车外圆并倒角、切退刀槽	车床
50	铣键槽	铣床
60	磨外圆	外圆磨床
70	去毛刺	钳工台
80	检验、入库	

2. 机械加工工艺规程

所谓机械加工工艺规程是指将制订好的零部件的机械加工工艺过程按一定的格式（通常

为表格或图表)和要求描述出来,用以指导生产的指令性技术文件,简称工艺规程。

工艺规程可以分为:

(1) 专用工艺规程,它是指针对某一个产品或零部件所设计的工艺规程;

(2) 典型工艺规程,它是指为一组结构特征和工艺特征相似的零部件所设计的通用工艺规程;

(3) 成组工艺规程,它是指按成组技术原理将零件分类成组,针对每一组零件所设计的通用工艺规程;

(4) 标准工艺规程,它是指已纳入标准的工艺规程。

典型工艺规程和成组工艺规程合称通用工艺规程。显然,课程设计属于专用工艺规程的设计。

2.1.2 工艺规程的文件形式及其使用范围

工艺规程通常以卡片或表格的形式填写,《工艺管理导则 第5部分:工艺规程设计》(GB/T 24737.5—2009)给出了如下工艺规程文件形式。

(1) 工艺过程卡:描述零部件加工过程中的工种(或工序)流转顺序,主要用于单件、小批生产的产品。

(2) 工艺卡:描述一个工种(或工序)中工步的流转顺序,用于各种批量生产的产品。

(3) 工序卡:主要用于大批量生产的产品和单件、小批量生产中的关键工序。

(4) 作业指导书:为确保生产某一过程的质量,对操作者应做的各项活动所做的详细规定。用于操作内容和要求基本相同的工序(或工位)。

(5) 工艺守则:某一专业应共同遵守的通用操作要求。

(6) 检验卡:用于关键重要工序检查。

(7) 调整卡:用于自动、半自动弧齿锥齿轮机床、自动生产线等加工。

(8) 毛坯图:用于铸、锻件等毛坯的制造。

(9) 装配系统图:用于复杂产品的装配,与装配工艺过程卡配合使用。

课程设计中的零件多选择结构比较简单的中小零件,其目的是为学生提供一次完整的练习机会,采用的工艺文件形式是工艺卡、工序卡和毛坯图。对于成批生产,也可以把工艺卡与工序卡结合起来,保留工艺卡中工序号、工序内容、设备、刀具、量具等信息,并加入工序卡中的工序简图,得到综合卡,用于成批生产前的试制过程的生产指导。

2.1.3 工艺规程的格式

机械行业标准《工艺规程格式》(JB/T 9165.2—1998)规定了30种工艺规程的格式:工艺规程幅面和表头、表尾及附加栏;木模工艺卡片;砂型铸造工艺卡片;熔模铸造工艺卡片;压力铸造工艺卡片;锻造工艺卡片;焊接工艺卡片;冷冲压工艺卡片;机械加工工艺过程卡片;机械加工工序卡片;标准零件或典型零件工艺过程卡片;单轴自动车床调整卡片;多轴自动车床调整卡片;热处理工艺卡片;感应加热热处理工艺卡片;工具热处理工艺卡片;电镀工艺卡片;表面处理工艺卡片;光学零件加工工艺卡片;塑料零件注射工艺卡片;塑料零件压制工艺卡片;粉末冶金零件工艺卡片;装配工艺过程卡片;装配工序卡片;电气装配工艺卡片;油漆工艺卡片;机械加工工序操作指导卡片;检验卡片;工艺附图;工艺守则首页。

供学生课程设计使用的是机械加工工艺过程卡片和机械加工工序卡片,参见表5-1和

表5-2。这两种卡片的填写样例分别如表6-4和表6-5所示。

2.1.4 工艺规程的基本要求

工艺规程的基本要求有以下几个。

(1) 工艺规程是直接指导现场生产操作的重要技术文件，应做到正确、完整、统一、清晰。

(2) 在充分利用企业现有生产条件的基础上，尽可能采用国内外先进工艺技术和经验。

(3) 在保证产品质量的前提下，尽量提高生产率，降低成本、资源和能源消耗。

(4) 设计工艺规程必须考虑安全和环境保护要求。

(5) 对结构特征和工艺特征相近的零件应尽量设计典型工艺规程。

(6) 各专业工艺规程在设计过程中应协调一致，不得相互矛盾。

(7) 工艺规程的幅面、格式与填写方法可按JB/T 9165.2—1998的规定。

(8) 工艺规程中所用的术语、符号、代号要符合相应标准的规定。

(9) 工艺规程的编号应符合GB/T 24735—2009的规定。

课程设计中，对第(2)条要求，有条件的可以结合设计者所在部门的实验、生产条件进行，其余基本要求均应尽量满足。

2.1.5 设计工艺规程的主要依据

设计工艺规程的主要依据有以下几个。

(1) 产品图样及有关技术条件。

(2) 产品工艺方案。

(3) 毛坯材料与毛坯生产条件。

(4) 产品验收质量标准。

(5) 产品零部件工艺路线表或车间分工明细表。

(6) 产品生产纲领或生产任务。

(7) 现有的生产技术和企业的生产条件。

(8) 有关法律、法规及标准的要求。

(9) 有关设备和工艺装备资料。

(10) 国内外同类产品的有关工艺资料。

在课程设计中，一般给定产品图样和生产纲领，其余条件需要设计者主动获取。

2.1.6 工艺规程的设计程序

工艺规程的设计程序包括以下内容。

(1) 熟悉设计工艺规程所需的资料。

(2) 根据零件毛坯形式确定其制造方法。

(3) 设计工艺规程。

(4) 设计工序，其内容有：确定工序；确定工序中各工步的加工内容和顺序；选择或计算有关工艺参数；选择设备或工艺装备；编制和绘制必要的工艺说明和工序简图；编制工序质量控制、安全控制文件。

(5) 提交外购工具明细表、专用工艺装备明细表、企业标准(通用)工具明细表、工位器具

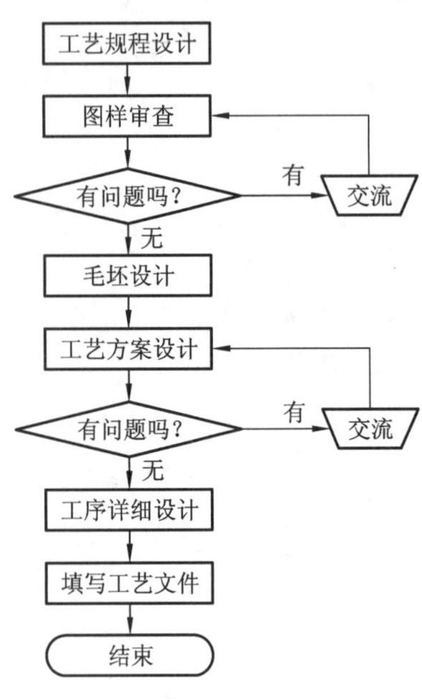

图 2-2　工艺规程设计流程

明细表和专用工艺装备设计任务书等。

(6) 编制工艺定额。

在课程设计中要进行全面的锻炼,要求所有程序都要完成。重点是图样审查、毛坯设计、工艺方案设计、工序详细设计和填写工艺文件,如图 2-2 所示。

2.1.7　工艺规程的审批程序

(1) 审核　工艺规程的审核一般可由产品主管工艺人员进行,关键或重要工艺规程可由工艺部门责任人审核。主要是审核工序安排和工艺要求是否合理,选用设备和工艺装备是否合理。

(2) 标准化审查　工艺规程标准化审查主要是看文件中所用的术语、符号、代号和计量单位是否符合相应标准,文字是否规范,毛坯材料是否符合标准,所选用的工艺装备是否符合标准,工艺尺寸、工序公差和表面结构等是否符合标准,工艺规程中的有关要求是否符合安全、资源消耗和环保标准。

(3) 会签　工艺规程经审核和标准化审查后,应送交有关部门会签。在会签时,应根据本生产部门的生产能力,审查工艺规程中安排的加工或装配内容在本生产部门能否实现,工艺规程中选用的设备和工艺装备是否合理。

(4) 批准　经会签后的成套工艺规程一般需经工艺部门责任人批准,成批生产产品和单件生产关键产品的工艺规程应由总工艺师或总工程师批准。

在课程设计中,工艺规程的审批程序由指导教师完成。

2.2　生产类型的确定

2.2.1　生产纲领

生产纲领是指企业在计划期间应当生产的产品数量。计划期常为一年,所以生产纲领常称为年产量。当设计题目以需要数量的形式给出零件的数量时,就要先确定生产纲领,再确定生产类型。对零件而言,产品的产量除了包括制造机器所需要的数量之外,还包括备品和废品的数量,因此零件的生产纲领应按下式计算:

$$N=Qn(1+a)(1+b)$$

式中:N——零件的年产量(件/年);

Q——产品的年产量(台/年);

n——每台产品中该零件的数量(件/台);

a——该零件的备品率(%);

b——该零件的废品率(%)。

零件的备品率和废品率取决于企业的产品结构、生产方法、设备条件、生产规模、专业化程度、工人技术水平、管理水平、市场需求等。生产实际中,零件的备品率和废品率大多依靠经验确定，课程设计中一般取 $a=2\%\sim4\%$，$b=0.3\%\sim0.7\%$。

2.2.2 生产类型

机械制造业通常按年产量划分生产类型，如表 2-3 所示。

表 2-3 机械加工零件生产类型的划分

生产类型	工作地点每月担负的工序数	产品年产量/件		
		重型(＞2000 kg)	中型(100～2000 kg)	轻型(＜100 kg)
单件生产	不做规定	＜5	＜20	＜100
小批生产	＞20～40	5～100	20～200	100～500
中批生产	＞10～20	100～300	200～500	500～5000
大批生产	＞1～10	300～1000	500～5000	5000～50000
大量生产	1	＞1000	＞5000	＞50000

由于大批生产和大量生产特点相近，单件生产和小批生产特点相近，所以在实际中，生产通常分为大批大量生产、成批生产和单件小批生产。生产类型不同，工艺过程的特点也是不同的。在一般情况下，大批大量生产采用机器造型、模锻等高效率的毛坯制造方法，毛坯精度高，加工余量小；采用高效率的专用机床、夹具、刀具、量具等工艺装备，工艺规程要求详细。单件小批生产采用手工木模造型、自由锻等毛坯制造方法，毛坯精度低，加工余量大，采用通用的机床、夹具、刀具、量具等工艺装备，工艺规程要求简单。成批生产的特点介于上述二者之间，采用部分机器造型、模锻等的毛坯制造方法，毛坯精度和加工余量中等，采用“通用＋专用”结合的工艺装备，对关键零件的工艺规程有详细要求。

课程设计中因缺乏具体的生产条件，在确定了生产类型后，就要把不同的生产类型所具有的工艺过程的特点作为工艺规程设计的方向，完成后续的工艺规程设计。

2.3 图样审查

零件图样是最终验收产品的标准之一，也是指导工艺规程制定的主要依据。工艺规程设计之前，应该认真地针对零件图样的完整性和正确性、各项加工技术要求的合理性、各表面加工的难易程度，以及零件的结构工艺性等进行全面审查，如发现问题应及时解决。总结起来，零件图样审查的内容如下：

(1) 熟悉产品的用途、性能和工作条件。

(2) 检查零件图样的完备性和正确性。

(3) 审查零件材料的选择是否恰当。

(4) 分析零件的技术要求是否合理。

(5) 审查零件的结构工艺性。

在课程设计中主要是对图样进行“三审查”——视图审查、技术要求审查和结构工艺性审查。

提供给设计者的零件图样并非生产用图，图样上会留有一些供设计者审查后修改的问题，在审图时应注意查找。若发现问题请及时与指导教师联系，确认问题，然后修改图样。

2.3.1 视图审查

当拿到给定的零件图样时，首先要进行视图审查。制订工艺规程的最终目的是要将图样中由点、线、面组成的图形变成具体的零件实体，如果视图错误，依据错误的图样将设计出错误的工艺规程，从而将加工出错误的零件，甚至无法加工出零件。

视图审查包括视图的完备性和正确性审查，依据就是机械制图有关的标准。可先从看懂图样，根据图样建立零件的总体轮廓印象开始。

如图 5-2 所示的手柄零件图。从图样可以判断，该零件为典型的杆类零件，而且为连杆类零件。因此，其主要的几何特征要素应该包括两侧面和大、小头孔。另外，还有其他的辅助几何特征要素：小头的槽和大头的径向孔，以及杆身部分的锻造结构。由此分别根据相关的几何特征要素分析其投影关系，建立其三维立体的轮廓。

又如图 5-5 所示的轴承座零件图。从图样可以判断，该零件为典型的支座类零件。支座类零件的主要几何特征要素是支承孔，以及安装底平面。其他辅助几何特征要素包括底平面的安装孔、支承孔周围的轴承盖连接孔以及支承座身的铸造结构。

再如图 5-13 所示的蜗杆零件图。从图样上看，该零件似乎比前两个零件复杂许多，其实这也就是一个典型的轴类零件，其上多出了蜗杆的几何特征，相当于螺纹面。轴类零件的主要几何特征要素就是轴颈，包括支承轴颈和工作轴颈。

其次，在读图时还可根据需要为各个面命名，以便于描述。如果知道各个面的功能，可按照功能取名。也可以根据各个面在视图中所处的方位来命名，或用尺寸或者字母等命名。

最后，判断零件的所有结构要素是否有足够数量的视图（包括剖面图和断面图）来表达，视图投影关系是否正确。如果仅凭平面投影图判断有困难，使用计算机辅助造型来检查也是可行的。如图 5-9 所示的阀体零件图样，竖直方向由 $R22.5$ 和 $R16$ 半圆柱面及两个平面所组成的异形柱面，水平方向 $\phi48$ 的圆柱面及尺寸为 36 mm 的两平面中的上平面，这三者相交处俯视图的投影就有错误。

2.3.2 技术要求审查

技术要求包括尺寸精度要求、几何精度要求、表面结构要求、材料及热处理要求、物理与力学性能要求等。

保证技术要求的正确性及合理性对学生来说的确是困难的，目前唯一遵循的就是在机械制图和互换性与测量技术课程中学到的关于标注的要求。至于是不是要标注某一技术要求（如尺寸精度、几何精度、表面粗糙度要求），一方面与产品的设计性能要求有关，另一方面也需要根据经验来确定。所以要做一个好的设计师或工艺师就必须多读图，特别是要多读正规的设计图样，以增强自己的感性认识。再者，技术要求的合理性与当前的加工条件有着密不可分的关系，不了解本企业的生产条件、生产能力的工程师是无法判断图样上的技术要求是否能满足经济性要求的。

对课程设计者来说，审查图样上的技术要求，也是一次认识图样、积累经验的过程。要将技术要求一个不漏地找出来，并用笔记本记录下来，如表 2-4 所示。只要遗漏任何一个加工面及其加工要求，都将加工出不符合图样要求的零件，造成原则性的错误。

表 2-4 手柄零件加工表面及其加工要求

加 工 面	尺寸精度和几何精度要求	表面质量要求
两平面	距离为 26 mm，未注公差尺寸并要求有一定的对中性，是大头孔的基准面	$\sqrt{Ra\ 6.3}$
大头孔	直径为 $\phi 38H8(^{+0.039}_{0})$，孔口倒角 C1，对侧面的垂直度为 0.08 mm	$\sqrt{Ra\ 3.2}$
小头孔	直径为 $\phi 22H9(^{+0.052}_{0})$，孔口倒角 C1，与大头孔的中心距为(128±0.2) mm	$\sqrt{Ra\ 3.2}$
槽	槽宽 $10H9(^{+0.043}_{0})$，控制槽底圆弧中心与大头孔中心距离为 85 mm	$\sqrt{Ra\ 6.3}$
径向孔	$\phi 4$ 注油孔轴线通过两孔位置中心连线及两侧对称面	$\sqrt{Ra\ 12.5}$
辅助工序	孔口倒角及锐边倒钝	

2.3.3 零件结构工艺性审查

零件结构工艺性分为生产工艺性和使用工艺性。生产工艺性是指零件制造的可行性、难易程度与经济性。使用工艺性是指产品的易操作性及其在使用过程中维修和保养的可行性、难易程度与经济性。

审查零件结构工艺性的目的是使产品在满足质量和用户要求的前提下符合工艺性要求，在现有生产条件下能用比较经济、合理的方法将其制造出来，并降低制造过程中对环境的负面影响，提高资源利用率，改善劳动条件，减少对操作者的危害，且便于使用、维修和回收。

零件的结构工艺性审查涉及零件生产和使用的全过程，包括材料选择、毛坯生产、机械加工、热处理、机器装配、机器使用、维护、报废、回收和再利用等。在课程设计中主要考虑有关零件的毛坯生产、机械加工、热处理等方面的生产工艺性。

零件结构工艺性的判断亦无规律可循，更多的是依据所积累的经验，在教材及相关的手册上都有很多这样的图例可供读者研究。其实，结构工艺性的优劣是随着加工手段的进步而不断变化的。对传统工艺方法而言不合理的结构，可能对于新的加工手段却是良好的。所以，判断零件的结构工艺性的优劣，主要应依据所采取的加工工艺手段。以下是《工艺管理导则 第3部分：产品结构工艺性审查》(GB/T 24737.3—2009)所规定的结构工艺性基本要求，可供设计时参考，更详细的内容可以参见《机械零件工艺性手册》(文献[5]，后同)。

1. 零件结构的铸造工艺性基本要求

(1) 铸件的壁厚应合适、均匀，在满足零件要求的前提下，尽量避免大的壁厚差，以降低制造难度。

(2) 铸件圆角要合理，并不得有尖角。

(3) 铸件的结构要尽量简化，并要有合理的起模斜度，便于起模。

(4) 加强肋的厚度和分布要合理，以避免冷却时铸件变形或产生裂纹。

(5) 铸件的选材要合理。

(6) 铸件的内腔结构应使型芯数量少，并有利于型芯的固定和排气。

2. 零件结构的锻造工艺性基本要求

(1) 结构应力求简单对称。

(2) 模锻件应有合理的锻造斜度和圆角半径。

(3) 材料和结构应有可锻性。

3. 零件结构的冲压工艺性基本要求

(1) 结构应尽量简单对称。

(2) 外形和内孔应尽量避免尖角。

(3) 圆角半径大小应利于成形。

(4) 选材应符合工艺要求。

4. 零件结构的焊接工艺性基本要求

(1) 焊接件所用的材料应具有可焊性。

(2) 焊缝的布置应有利于减小焊接应力及变形，并使能量和焊材消耗较少。

(3) 焊接接头的形式、位置和尺寸应满足焊接质量的要求。

(4) 焊接件的技术要求合理。

(5) 零件结构应有利于焊接操作。

(6) 应满足操作安全性和减少环境污染的要求。

5. 零件结构的热处理工艺性基本要求

(1) 对热处理的技术要求要合理。

(2) 热处理零件应尽量避免尖角、锐边、盲孔。

(3) 截面要尽量均匀、对称。

(4) 零件材料应与所要求的物理、力学性能相适应。

(5) 零件材料热处理过程对环境的污染较轻。

6. 零件结构的切削加工工艺性基本要求

(1) 尺寸公差、几何公差和表面结构要求应经济、合理。

(2) 各加工表面几何形状应尽量简单。

(3) 有相互位置要求的表面应尽量在一次装夹中加工。

(4) 零件应有合理的工艺基准并尽量与设计基准一致。

(5) 零件的结构要素宜统一，并尽量使其能使用普通设备和标准刀具进行加工。

(6) 零件的结构应便于多件同时加工。

(7) 零件的结构应便于装夹、加工和检查。

(8) 零件的结构应便于使用较少切削液加工。

2.4 毛坯设计

工艺人员要依据零件设计要求，确定毛坯种类、形状、尺寸及制造精度等。毛坯选择合理与否，对零件质量、金属消耗量、机械加工量、生产效率和加工过程有直接影响。

2.4.1 毛坯的制造形式

毛坯按其制造形式分为六类：型材、铸件、锻件、焊接件、冲压件和其他。每类又有若干种不同的制造方法。各类毛坯的特点及适用范围见表 2-5。选择毛坯种类时主要依据的是以下几个因素。

(1) 零件设计图样规定的材料及力学性能。

(2) 零件的结构形状及外形尺寸。

(3) 零件制造的经济性。

(4) 生产纲领。

(5) 现有的毛坯制造水平。

表 2-5　各类毛坯的特点及适用范围

毛坯种类	制造公差(IT)	加工余量	原　材　料	工件尺寸	工件形状	力学性能	适用生产类型
型材		大	各种材料	小型	简单	较好	各种类型
型材焊件		一般	钢	大中型	较复杂	有内应力	单件
砂型铸件	13 级以下	大	铸铁、铸钢、青铜	各种尺寸	复杂	差	单件小批
自由锻件	13 级以下	大	以钢为主	各种尺寸	较简单	好	单件小批
普通模锻件	11～15	一般	钢、锻铝、铜等	中小型	一般	好	中大批
钢模铸件	10～12	较小	以铸铝为主	中小型	较复杂	较好	中大批
精密锻件	8～11	较小	钢、锻铝等	小型	较复杂	较好	大批
压铸件	8～11	小	铸铁、铸钢、青铜	中小型	复杂	较好	中大批
熔模铸件	7～10	很小	铸铁、铸钢、青铜	小型为主	复杂	较好	中大批
冲压件	8～10	小	钢	各种尺寸	复杂	好	大批
粉末冶金件	7～9	很小	铁、铜、铝基材料	中小尺寸	较复杂	一般	中大批
工程塑料件	9～11	较小	工程塑料	中小尺寸	复杂	一般	中大批

在课程设计中，给定的零件一般是中小零件，毛坯也主要是型材、铸件、锻件等，具体情况看零件图标题栏的材料说明。当零件材料为钢时，是选择型材还是锻件呢？如果是成批生产，一般选择锻件。

2.4.2　毛坯形状的确定

毛坯形状应力求接近成品形状，以减少机械加工量。当毛坯类型为铸件或锻件时，在确定毛坯形状时有以下一些问题要注意(详见《机械零件工艺性手册》和《铸件设计规范》(JB/ZQ 4169—2006))。

1. 铸件形状

(1) 铸件的最小孔径　采用不同铸造方法所得铸件的最小孔径如表 2-6 所示。

表 2-6　铸件的最小孔径　(mm)

铸 造 方 法	成 批 生 产	单 件 生 产
砂型铸造	15～30	30～50
金属型铸造	10～20	—
压力铸造及熔模铸造	5～10	—

(2) 铸件的最小壁厚　常用铸件的最小壁厚如表 2-7 所示。

表 2-7　常用铸件的最小壁厚(不小于)　(mm)

铸造方法	铸件尺寸	铸钢	灰铸铁
砂型	≤200×200	6～8	5～6
	>200×200～500×500	10～12	6～10
	>500×500	15～20	15～20
金属型	≤70×70	5	4
	>70×70～150×150	—	5
	>150×150	10	6

注　①一般铸造条件下，各种灰铸铁的最小允许壁厚：对于 HT100 和 HT150 为 4～6 mm，对于 HT200 为 6～8 mm，对于 HT250 为 8～15 mm，对于 HT300 和 HT350 为 15 mm，对于 HT400 不小于 20 mm。

②当改善铸造条件时，灰铸铁最小壁厚可达 3 mm。

(3) 铸件的起模斜度　为便于起模，铸件在垂直于分型面的面上需有铸造出斜度(称为起模斜度)，且各面斜度数值应尽可能一致。常见起模斜度如表 2-8 所示。详见《铸件模样　起模斜度》(JB/T 5105—1991)。

表 2-8　铸件起模斜度(不大于)

测量面高度/mm	外表面				凹处内表面			
	金属模样、塑料模样		木模样		金属模样、塑料模样		木模样	
	黏土砂	自硬砂	黏土砂	自硬砂	黏土砂	自硬砂	黏土砂	自硬砂
≤10	2°20′	3°30′	2°55′	4°00′	4°35′	5°15′	5°45′	6°00′
>10～40	1°10′	1°50′	1°25′	2°05′	2°20′	2°45′	2°50′	3°00′
>40～100	0°30′	0°50′	0°40′	0°55′	1°05′	1°15′	1°15′	1°25′

注　①当凹处过深时，可用活块或芯子形成模样凹处内表面的起模斜度。

②对于起模困难的模样，允许采用较大的起模斜度，但不得超过表中数值的一倍。

③芯盒的起模斜度可参照本表。

④当造型机工作比压在 700 kPa 以上时，允许在表中起模斜度值的基础上增加，但增加量不得超过表中数值的 50%。

⑤铸件结构本身在起模方向上有足够斜度时，不另增加起模斜度。

⑥同一铸件，上、下两个模样的起模斜度应取在分型面上同一点处。

(4) 铸件圆角半径　铸件壁部连接处的转角应有铸造圆角。壁厚不大于 25 mm 且以直角连接时，铸造内圆角半径一般取壁厚的 0.2～0.4 倍，计算后圆整为 4 mm、6 mm、8 mm 或 10 mm，外圆角半径可取为 2 mm。详见《铸件内圆角》(JB/ZQ 4255—2006)、《铸件外圆角》(JB/ZQ 4256—2006)或《机械设计手册》(文献[7])。同一铸件的圆角半径大小应尽量相同或接近。

(5) 铸件浇铸位置及分型面选择　铸件的重要加工面或主要工作面一般应处于底面或侧面，避免气孔、砂眼、疏松、缩孔等缺陷出现在工作面上；大平面尽可能朝下或采用倾斜浇铸，避免夹砂或夹渣缺陷；铸件的薄壁部分放在下部或侧面，以免产生浇不足的情况。

(6) 铸件的最小凸台高度　当尺寸不大于 180 mm 时，铸钢件的最小凸台高度为 5 mm，灰铸铁件的为 4 mm。

2. 锻件形状

(1) 锻件分模面的确定　锻件分模面的确定原则是保证锻件形状与零件的形状一致,并方便将锻件从锻模中取出。因此,锻件的分模位置应选择在具有最大水平投影的位置上,如图 2-3 所示。一般分模面选在锻件侧面的中部,以便于发现上、下错模;分模线应尽可能呈直线状。

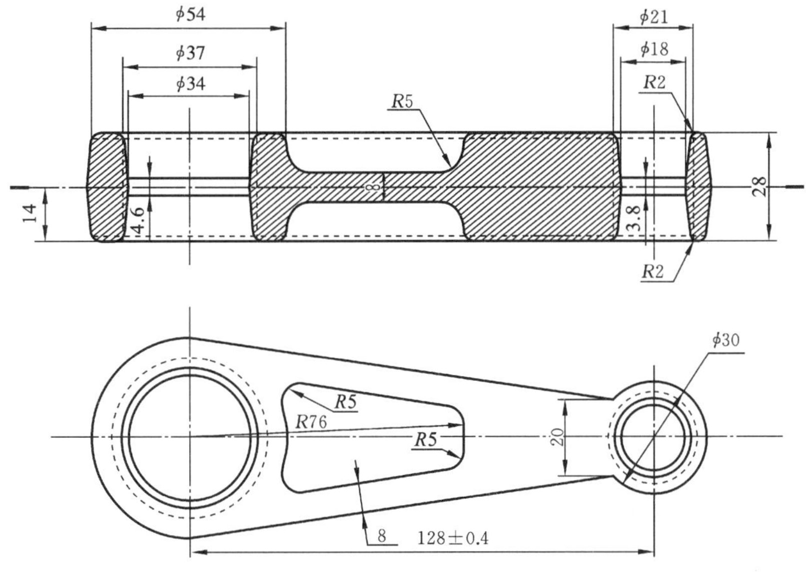

图 2-3　手柄零件锻造毛坯图

(2) 模锻斜度　模锻斜度是为了让锻件成形后能顺利出模,其数值如表 2-9 所示。

表 2-9　锤上模锻件的外模锻斜度值

长宽比 L/B	高宽比 H/B				
	≤1	>1～3	>3～4.5	>4.5～6.5	>6.5
≤1.5	5°	7°	10°	12°	15°
>1.5	5°	5°	7°	10°	12°

注　内模锻斜度按表中数值增大 2°～3°(15°除外)。

(3) 模锻件圆角　模锻件所有的转接处均需要圆角连接过渡。模锻件圆角半径数值可按表 2-10 中的公式计算后优先取 1 mm、1.5 mm、2 mm、2.5 mm、3 mm、4 mm、5 mm、6 mm、8 mm、10 mm、12 mm、15 mm、20 mm、25 mm 或 30 mm。

表 2-10　模锻件圆角半径计算表　(mm)

高宽比 H/B	内圆角半径 r	外圆角半径 R
≤2	$0.05H+0.5$	$2.5r+0.5$
>2～4	$0.06H+0.5$	$3.0r+0.5$
>4	$0.07H+0.5$	$3.5r+0.5$

2.4.3　毛坯尺寸的确定

1. 型材毛坯尺寸的确定

毛坯为精轧圆棒料时,可以通过零件的公称尺寸及零件长度与公称尺寸之比查得毛坯直径尺寸。端面余量根据零件的长度及加工状态查得。

毛坯为易切削钢圆棒料时，通过零件的公称尺寸和车削长度与公称尺寸之比查得毛坯的直径。棒料的主要技术参数参见表 5-3 至表 5-6。

2. 铸件毛坯尺寸的确定

铸件的尺寸公差及加工余量由材料、铸造方法和生产类型决定，具体查阅《铸件 尺寸公差、几何公差与机械加工余量》(GB/T 6414—2017)确定。

如图 5-3 所示的套筒座，其所用材料为灰铸铁，大批量生产时选择的毛坯铸造方法是金属型铸造机器造型，根据表 5-7 至表 5-11：铸件公差等级为 DCTG8～10，取 DCTG9；加工余量等级为 D～F，取 F 级；总长 150 mm 的机械加工余量为 1.5 mm，即该总长的公称尺寸为 151.5 mm，尺寸公差为 2.5 mm；ϕ50H7 孔的机械加工余量为 0.5 mm，即该孔的公称尺寸为ϕ49.5 mm，尺寸公差为 2 mm；底面和凸台面的加工余量和尺寸公差等级可参考总长确定，其他尺寸参照零件图查得。最后按照入体原则标注毛坯尺寸，得到如图 2-4 所示的毛坯尺寸。

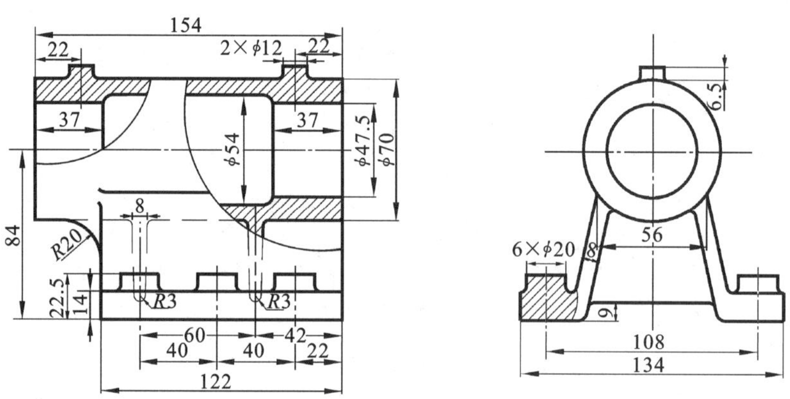

图 2-4 套筒座零件毛坯尺寸确定

3. 锻件毛坯尺寸的确定

锻件的加工余量及公差主要取决于锻件的长、宽、高、外径、内径、厚度、中心距等尺寸，具体可查阅《锤上钢质自由锻件机械加工余量与公差 一般要求》(GB/T 21469—2008)、《锤上钢质自由锻件机械加工余量与公差 轴类》(GB/T 21471—2008)、《锤上钢质自由锻件机械加工余量与公差 盘、柱、环、筒类》(GB/T 21470—2008)和《钢质模锻件 公差及机械加工余量》(GB/T 12362—2016)确定。

模锻件的尺寸公差分为普通级和精密级两级，机械加工余量只有一级。确定模锻件公差及机械加工余量时主要需考虑的因素如下。

(1) 锻件质量 根据零件图公称尺寸估计机械加工余量，估算出锻件质量，按此质量查表确定公差和机械加工余量。

(2) 锻件的形状复杂系数 该系数由锻件的质量与相应的锻件外廓包容体的质量之比 S 确定，分为四级：S_1 级(简单)，$0.63<S\leqslant1$；S_2 级(一般)，$0.32<S\leqslant0.63$；S_3 级(较复杂)，$0.16<S\leqslant0.32$；S_4 级(复杂)，$0<S\leqslant0.16$。

(3) 分模线形状 分模线按形状分有平直分模线、对称弯曲分模线和不对称弯曲分模线三种。

(4) 锻件的材质系数 该系数按材料的碳元素和合金元素含量分为 M_1 和 M_2 两级。碳的质量分数小于 0.65%的碳素钢或合金元素总的质量分数小于 3%的合金钢材质系数属于 M_1 级，碳的质量分数不小于 0.65%的碳素钢或合金元素总的质量分数不小于 3%的合金钢材质系数属于 M_2 级。

(5) 零件加工表面粗糙度　按照表面粗糙度不低于 Ra 1.6 μm 和表面粗糙度低于 Ra 1.6 μm 分两类。

(6) 加热条件。

如图 5-2 所示的手柄，毛坯估算质量约为 1.1 kg；批量生产时选择的毛坯制造方法是模锻；分模线平直对称；材质系数为 M_1 级；形状复杂系数 $S \approx 1$，为 S_1 级；厚度为 26 mm，按照普通级，由表 5-16 查得其极限偏差为 $^{+1.0}_{-0.4}$ mm，由表 5-17 查得厚度方向的加工余量为 1.5～2.0 mm。最终确定毛坯尺寸为 $28^{+1.0}_{-0.4}$ mm。

2.4.4 毛坯图的画法

把经过上述设计所确定的毛坯形式、形状、尺寸、分型面（分模面）、材料信息、技术要求等用图表达出来。如果设计时间有限，为提高效率，突出设计重点，也可以在给定的零件图的基础上添加必要的加工余量、毛坯结构要素和尺寸，绘制成零件-毛坯综合图。

1. 铸造毛坯图

1) 铸造毛坯图的内容

铸件的毛坯图一般包括铸造毛坯的形状、尺寸公差、加工余量与工艺余量、铸造斜度及圆角、分型面、浇冒口残存位置、工艺基准、合金牌号、铸造方法及其他技术要求。

在图上标注出尺寸和有特殊要求的公差、铸造斜度和圆角；一般要求的公差、铸造斜度和圆角不标注在图上，应写在技术要求中。

2) 铸件的技术要求

(1) 材料　取自零件图，把零件图上的材料标记补充完整。

(2) 铸造方法　根据具体条件合理确定。

(3) 铸造的精度等级　参照零件图确定。

(4) 未注明的铸造斜度及半径　一般取自零件图。

(5) 铸件综合技术条件及检验规则的文件号　取自零件图或按有关文件自行确定。

(6) 铸件的检验等级　取自零件图。

(7) 铸件的交货状态　铸件的表面状态应符合标准，包括允许浇冒口残存的大小。

(8) 铸件是否进行气压或液压试验　取自零件图。

(9) 热处理硬度　取自零件图或按机械加工要求确定。

2. 锻造毛坯图

1) 锻件尺寸标注

在锻件图上用细双点画线绘出零件的轮廓，并采用机械加工相同的基准，使检验划线方便。零件尺寸用括号标注于锻件尺寸的下方；水平尺寸一般从交点注出，而不从分模面标注；尺寸标注基准应与机械加工时的基准一致，避免链式标注；对于侧斜走向的肋，应注出定位尺寸，避免标注角度；外形尺寸不应从变动范围大的工艺半径的圆心注出；零件的尺寸公差不应注出。

2) 锻件技术要求

(1) 锻件的热处理及硬度要求，测定硬度的位置。

(2) 试件的金相组织。

(3) 未注明的模锻斜度、圆角半径、尺寸公差。

(4) 锻件表面质量要求，表面允许缺陷的深度。

(5) 锻件外形允许的公差。

(6) 锻件的质量。

(7) 锻件内在的质量要求。

(8) 锻件的检验等级及验收的技术条件。

(9) 打印零件号和熔批号的位置等。

2.5 机械加工工艺路线拟定

2.5.1 工作内容

前面已经研究了图样,也认识(设计)了毛坯,零件图样标示着工作最终要达到的目标,而毛坯是工作起步时的状态。现在要做的就是,规划出一条合理的工艺路线,以充分地利用现有的生产条件,高效率、低成本地使零件从初始的毛坯状态最终转变图样要求的状态。这个过程必定是一个循环往复、不断优化的过程,同时也是并行工作的过程,即每时每刻都要综合考虑所做的每一个选择对整体工作的影响。这个过程要考虑的问题很多,其中以下一些技术问题是必须要考虑的。

1. 工件的装夹

机械加工工艺过程是由一道道工序组成的,而工件在每道工序加工时都需要装夹,即要完成对工件先定位后夹紧的工艺过程。工件是否容易装夹,选择什么样的定位面和夹紧面,夹具设计是否简单,各道工序采用的装夹方式能否统一以避免基准多次更换带来的误差,这些都是工件装夹方案选择时应该注意的。

2. 加工方法的选择

要加工出的零件不仅仅是一个几何实体,零件各个表面还有不同的技术要求。除了标有不去除材料加工符号(○√)的表面外,其他表面都要一个不漏地用机械加工的方法完成加工,达到表面加工精度要求、表面质量要求及其他要求。如何才能给各加工表面选择出合适的加工方法(链)呢?同时,加工方法(链)的经济性问题、效率问题,还有现有条件的限制等,都是选择加工方法(链)时应该注意的。

3. 工序内容的组织

不能把所有表面的加工全部放在一道工序中完成,也不能每一道工序只完成一个表面的某一次加工。应该将具有相近的加工性质的不同表面的加工内容组合到一道工序中,这就要用到集中与分散的原则。

4. 合理划分加工阶段

零件的各个表面,特别是要求较高的主要表面,需经过粗加工、半精加工、精加工和光整加工等逐渐精化的步骤,以达到图样要求。精加工和光整加工主要用来达到图样的精度要求,加工余量小;粗加工主要用来将后续工序不能去除的加工表面余量不多不少地全部切除。根据完成的任务性质的不同,要将零件的机械加工工艺过程划分为多个阶段。应如何划分?有哪些好处?是不是一定要划分?对这些问题需要加以考虑。

5. 机械加工工序排序

在机械加工工艺过程中需要考虑哪些工序安排在前、哪些工序安排在后的问题。不仅要注意主要的机械加工工序排序的问题,还要注意热处理等辅助工序合理安插的问题。热处理、表面处理、检验、去毛刺、清洗等也都是机械加工工艺过程中必不可少的内容，必须根据需要，在工艺路线中进行合理安排。

2.5.2 合理选择定位基准

1. 定位基准

在最初的工序中，定位基准是经过铸造、锻造或轧制等得到的表面，这种未经加工的定位基准称为粗基准，俗称毛面。用粗基准定位加工出光洁的表面后，就应该尽可能地用已经加工过的表面来作为定位表面，这种定位表面称为精基准。有时由于零件结构的限制，为了便于装夹或获得所需的加工精度，在工件上特意加工出用于定位的表面，这种表面称为辅助基准。基准可以是有形的表面，也可以是无形的中心或对称平面；可以是今后实际与定位元件接触的表面，也可以是事先划线、加工时通过找正方法得到的表面。基准选择的好坏直接关系到零件加工要求能否得到满足，以及装夹是否具有可靠性和方便性。

基准选择的最主要的目标当然是满足每道工序的加工要求，特别是满足重要表面的关键工序的加工要求。所以基准的选择应该从这样的加工工序开始，即首先正确地选择精基准，然后再决定选择什么样的毛坯面作为加工精基准的粗基准。由此也将工艺过程原则上一分为二：前面工序的主要任务是将后面要用到的精基准加工出来；后面工序的任务是利用已经加工好的精基准去达到图样要求。基准的选择和利用也就成为贯穿机械加工工艺过程始终的一条红线。

2. 精基准的选择

1）三个问题

（1）经济合理地达到加工要求。

（2）精基准的确定。

（3）第二基准的选择。

2）两条要求

（1）足够的加工余量。

（2）足够大的定位面和接触面积。

3）一个关键

应尽量减少误差。

4）四项原则

（1）基准重合原则　用工序基准作为精基准，实现“基准重合”，以免产生基准不重合误差。

（2）基准统一原则　当工件以某一组精基准定位可以较方便地加工其他各表面时，应尽可能在多数工序中采用此组精基准定位，实现“基准统一”，以减少工装设计制造费用，提高生产率，避免基准转换误差。

（3）自为基准原则　当精加工或光整加工工序要求余量尽可能小而均匀时，应选择加工表面本身作为精基准，即遵循“自为基准”的原则。该加工表面与其他表面的位置精度要求由先行工序保证。

（4）互为基准原则　为了获得均匀的加工余量或较高的位置精度，可以遵循互为基准、反复加工的原则。

5）实例分析

如图5-3所示的套筒座零件，该零件上的重要表面是$\phi 50H7(^{+0.030}_{0})$套筒支承孔，由于其轴线对底面有平行度要求，所以底面自然就成为精基准。考虑到第二基准选择的方便性，将底板上的一对螺栓过孔选为定位基准，并将其尺寸由原来的 $\phi10.5$ 变为 $\phi10.5\text{H7}(^{+0.018}_{0})$，即将尺寸精度提高了。这种一面两孔的基准组合在后续支承孔及支承孔上径向孔的加工中都将作为精基准。显然，应该在工艺的开始阶段安排加工底面和底面工艺孔，将来作为精基准。

3. 粗基准的选择

粗基准的选择可根据以下几条原则来确定。

1) 不加工表面与加工表面有位置要求

如果必须首先保证工件上加工表面与不加工表面之间的位置要求，应该以不加工表面作为粗基准。如果工件上有很多不加工表面，则应以其中与加工表面的位置精度要求较高的表面为粗基准。

2) 主要表面要求保证余量均匀

如果必须首先保证工件某重要的表面的余量均匀，应选择该表面作为粗基准。

很显然，在轴承座的粗基准的选择上应该考虑到支承孔的加工余量要均匀，所以选择支承孔作为粗基准来加工底面。

3) 粗基准的质量要求要高

所选择的粗基准应平整、光洁，没有浇口、冒口或飞边等缺陷，以使定位可靠。

4) 粗基准不要重复使用

在同一加工尺寸方向上，粗基准原则上不应重复使用，以免产生较大的位置误差。

4. 辅助工艺基准的选择

辅助工艺基准的选择应符合工艺要求，以统一定位面，或者以合理选择定位面为目的，但以不破坏零件的功能和外观为前提。

如图 5-13 所示蜗杆零件上的重要表面是两个支承轴颈 $\phi30\text{k6}(^{+0.018}_{+0.002})$ 及一个蜗杆螺纹面。在加工蜗杆螺纹面、键槽等特征面时采用基准重合原则以支承轴颈定位，而在加工支承轴颈时，必须考虑事先加工出顶尖孔，来作为辅助工艺基准进行定位。

5. 定位夹紧符号表达

机械加工工艺定位与夹紧符号参见 3.2.2 节。在使用定位与夹紧符号时应注意以下几点：

(1) 在专用工艺装备设计说明书中，一般用定位与夹紧符号标注。

(2) 在工艺规程中一般使用定位装置符号标注。

(3) 可以用一种符号标注或两种符号混注。

(4) 尽可能用最少的视图标全定位、夹紧或定位装置符号。

(5) 夹紧符号的标注方向应与夹紧力的实际方向一致。

(6) 当仅用符号表示不明确时，可用文字补充说明。

2.5.3 零件表面加工方法的选择

零件表面的加工方法取决于加工表面的技术要求。这些技术要求包括因基准不重合而提高的对某些表面的加工要求，将某些表面当作精基准而可能对其提出的更高要求。根据各加工表面的技术要求，首先选择能保证该要求的最终加工方法，然后确定前期的加工方法。

1. 选择加工方法应考虑的因素

(1) 加工要求　加工方法的选择要与零件加工要求相适应。

(2) 经济精度　加工方法的选择要与零件加工经济精度相适应。

(3) 生产纲领　加工方法的选择要与零件加工生产纲领相适应。

(4) 结构形状　加工方法的选择要与零件结构形状相适应。

(5) 尺寸大小　加工方法的选择要与零件尺寸大小相适应。

(6) 生产实际　加工方法的选择要与生产现场实际相适应。

2. 加工方法分类

根据零件制造工艺过程中原有物料与加工后物料在质量上有无变化及变化的方向(增大或减少),可将零件制造工艺方法分为三类:材料成形法、材料去除法和材料累加法。

1) **材料成形法**

材料成形法的特点是进入工艺过程的物料,其初始质量等于(或近似等于)加工后的最终质量。常用的材料成形法有铸造、锻压、冲压、粉末冶金、注塑成形等。

2) **材料去除法**

材料去除法的特点是零件的最终几何形状局限在毛坯的初始几何形状范围内,零件形状的改变是通过去除一部分材料,即减小质量来实现的。材料去除法又分为轨迹法、成形法、相切法和展成法等四种。

3) **材料累加法**

传统的材料累加法主要是指焊接、粘接或铆接等工艺方法,通过这些不可拆卸的连接方法使物料结合成一个整体,形成零件。近几年发展起来的快速原型制造(RPM)技术是材料累加法的新成果。

3. 加工方法的选择

(1) 同一加工精度可以通过不同加工方法的组合来实现。

(2) 不同加工方法的组合可以达到同一精度。

(3) 遵循由后往前的原则。

(4) 综合考虑其他表面。

4. 传统加工方法

1) **外圆表面加工**

外圆表面加工方法有车削、成形车削、旋转拉削、研磨、铣削、成形外圆磨(横磨)、普通外圆磨、无心磨、车铣和滚压等。

2) **内圆表面加工**

内圆表面加工方法有钻孔、扩孔、铰孔、镗孔、拉孔、挤孔和磨孔等。

3) **平面加工**

平面加工方法包括刨削、插削、铣削、磨削、车(镗)削和拉削等。

4) **螺纹加工**

螺纹加工方法包括车螺纹、攻螺纹、套螺纹、盘形铣刀铣螺纹、梳形铣刀铣螺纹、旋风铣螺纹、磨螺纹、滚压螺纹等。

5) **齿形加工**

渐开线齿形常用的加工方法有两大类,即成形法和展成法。成形法包括铣齿和成形磨齿,展成法包括滚齿、剃齿、插齿和磨齿等。

5. 常用的加工工艺路线

1) 外圆表面的典型加工工艺路线

外圆表面的典型加工工艺路线如图 2-5 所示。

(1) 粗车→半精车→精车　这是应用最广泛的一条工艺路线。只要工件材料可以进行车削加工，精度要求不高于 IT7、表面粗糙度不低于 *Ra* 0.8 μm 的零件表面，均可采用此工艺路线。如果精度要求较低，可只用到半精车，甚至只用粗车。

(2) 粗车→半精车→粗磨→精磨　这条工艺路线主要用于切削黑色金属材料，特别是结构钢零件和半精车后有淬火要求的零件。表面精度要求不高于 IT6、表面粗糙度不低于 *Ra* 0.16 μm 的外圆表面，均可安排此工艺路线。

(3) 粗车→半精车→粗磨→精磨→光整加工　若采用工艺路线(2)仍不能满足精度，尤其是不能满足表面粗糙度要求时，可采用此工艺路线，即在精磨后增加一道光整加工工序。常用的光整加工方法有研磨、超精加工、砂带磨、精密磨削及抛光等。

(4) 粗车→半精车→精车→金刚石车　此工艺路线主要适用于工件材料不宜采用磨削加工的高精度外圆表面，如铜、铝等有色金属及其合金，以及非金属材料的零件表面。

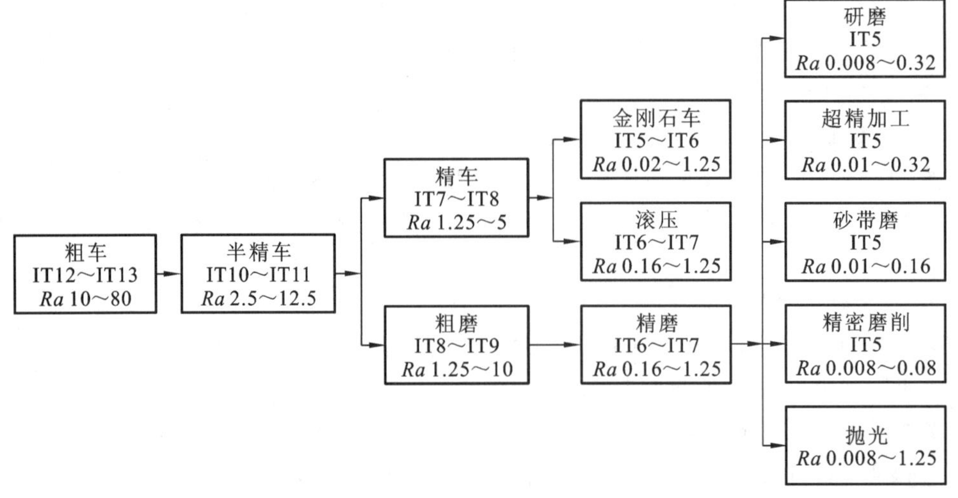

图 2-5　外圆表面的典型加工工艺路线

2) 内圆表面的典型加工工艺路线

内圆表面的典型加工工艺路线如图 2-6 所示。

(1) 钻(粗镗)→粗拉→精拉　此工艺路线多用于大批量生产中加工盘套类零件的圆孔、单键孔和花键孔。加工出的孔的尺寸精度可达 IT7 级，且加工质量稳定，生产效率高。当工件上无铸出或锻出的毛坯孔时，第一道工序安排钻孔；若有毛坯孔，则安排粗镗孔；如毛坯孔的精度高，也可直接拉孔。

(2) 钻→扩→铰　此工艺路线主要用于直径 $D<50$ mm 的中小孔加工，是一条应用最为广泛的加工路线，在各种生产类型中都有应用。加工后孔的尺寸精度通常达 IT6～IT8，表面粗糙度为 *Ra* 0.8～3.2 μm。若尺寸、几何精度和表面粗糙度要求更高，可在机铰后安排一次手铰。由于铰削加工对孔的位置误差的纠正能力差，因此孔的位置精度主要由钻→扩来保证；位置精度要求高的孔不宜采用此加工方案。

(3) 钻(粗镗)→半精镗→精镗→金刚镗(或浮动镗)　这也是一条应用非常广泛的工艺路线，在各种生产类型中都有应用，用于加工未经淬火的黑色金属及有色金属等材料零件的高精度孔和孔系(IT5～IT7 级,表面粗糙度为 *Ra* 0.16～1.25 μm)。该路线与钻→扩→铰工艺路线的不同之处是:第一,所能加工的孔径范围大,一般直径 $D \geqslant 18$ mm 的孔即可采用装夹式镗刀镗孔;第二,加工出孔的位置精度高,如金刚镗多轴镗孔,孔距公差可控制在±(0.005～0.01)mm,常用于加工位置精度要求高的孔或孔系,如连杆大、小头孔,机床主轴箱孔系等。

(4) 钻(粗镗)→半精镗→粗磨→精磨→研磨(或珩磨)　这条工艺路线用于黑色金属零件,特别是淬硬零件的高精度孔的加工。其中,研磨孔的原理和工艺与前述外圆研磨相同,只是此时所用研具是一圆棒。

说明:利用上述内圆加工工艺路线所得加工精度主要取决于操作者的操作水平;对于小孔加工,可采用特种加工方法。

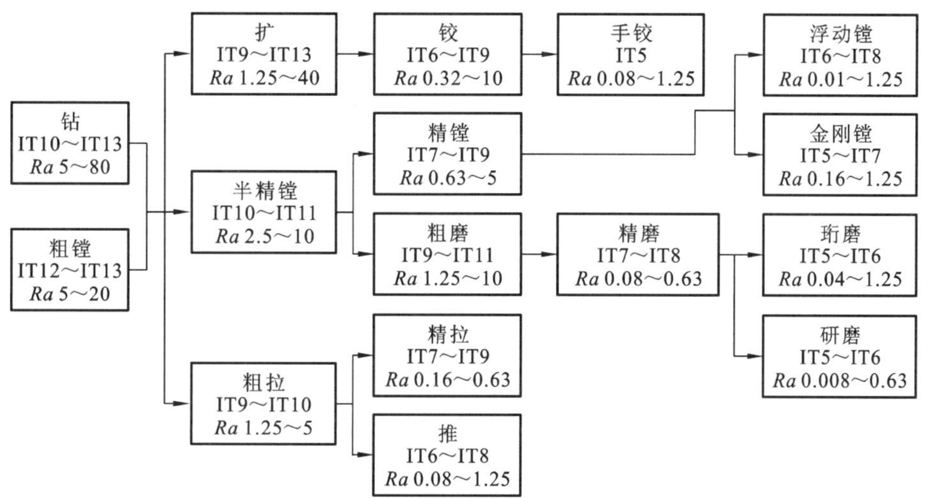

图 2-6　内圆表面的典型加工工艺路线

3) 平面的典型加工工艺路线

平面的典型加工工艺路线如图 2-7 所示。

(1) 粗铣→半精铣→精铣→高速精铣　铣削是平面加工中用得最多的方法。若采用高速精铣作为终加工,不但可达到较高的精度,而且可获得较高的生产效率。高速精铣的工艺特点是:高速($v_c = 200 \sim 300$ m/min),小进给($f = 0.03 \sim 0.10$ mm/z),小背吃刀量($a_p < 2$ mm)。高速精铣的加工精度和效率主要取决于铣床的精度和铣刀的材料、结构和精度,以及工艺系统的刚度。

(2) 粗刨→半精刨→精刨→宽刀精刨或刮研　此工艺路线以刨削加工为主。通常,刨削的生产率较铣削低,但机床运动精度易于保证,刨刀的刃磨和调整也较方便,故在单件小批生产,特别在重型机械生产中应用较多。

(3) 粗铣(刨)→半精铣(刨)→粗磨→精磨→研磨(或精密磨、砂带磨、抛光)　此工艺路线主要用于淬硬表面或高精度表面的加工,淬火工序可安排在半精铣(刨)之后。

(4) 粗拉→精拉　这是一条适合于大批量生产的工艺路线,其主要特点是生产率高,特别是对台阶面或有沟槽的表面进行加工时,优点更为突出。例如,发动机缸体的底平面、曲轴轴瓦的半圆孔及分界面,都是一次拉削完成的。由于拉削设备和拉刀价格高昂,因此只有在大批量生产中使用才经济。

(5) 粗车→半精车→精车→金刚石车　此工艺路线以车削加工为主。通常,车削的生产率较高,机床运动精度易于保证,车刀的刃磨和调整也较方便,故在回转体零件表面加工,特别是在有色金属零件加工中应用较多。

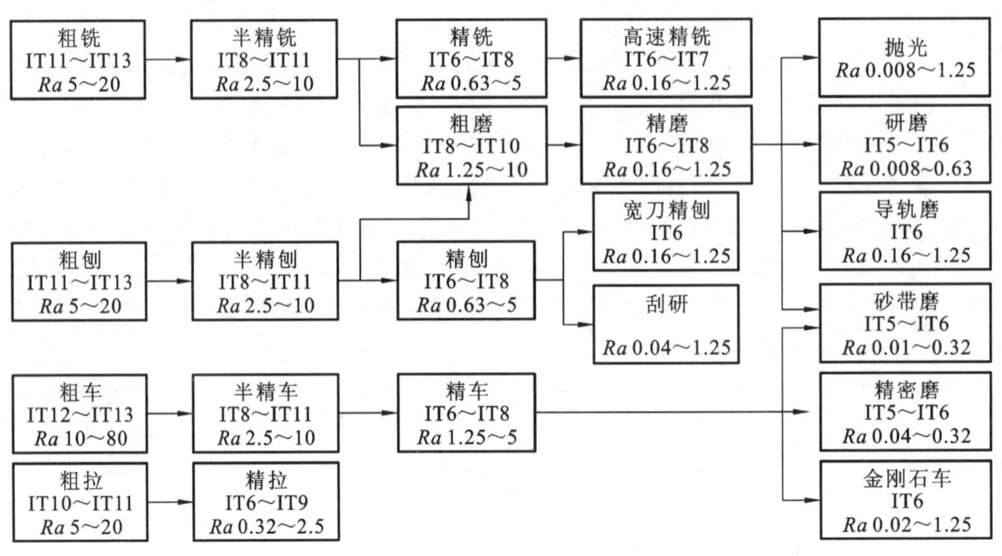

图 2-7　平面的典型加工工艺路线

6. 应用举例

图 5-2 所示的手柄零件，其毛坯图如图 2-3 所示。为了方便描述，分别给各主要的加工部位命名：下平面 A、上平面 B、ϕ38H8 大头孔、ϕ22H9 小头孔、10H9 槽、ϕ4 径向孔。零件的生产类型假定为成批生产。其加工方法的选择如表 2-11 所示。

表 2-11　手柄零件加工方法选择

加工面	尺寸精度和几何精度要求	表面质量要求	加工方法选择
下平面和上平面	距离 26 mm，未注公差并要求有一定的对中性，大头孔的基准面	$\sqrt{Ra6.3}$	粗铣 A 面→粗铣 B 面→精铣 A 面→精铣 B 面
大头孔	直径为 38H8($^{+0.039}_{0}$)，对侧面的垂直度为 0.08 mm	$\sqrt{Ra3.2}$	粗镗→精镗 或扩孔→铰孔
小头孔	直径为 22H9($^{+0.052}_{0}$)，与大头孔中心距为 (128±0.2) mm	$\sqrt{Ra3.2}$	
槽	槽宽 10H9($^{+0.043}_{0}$)，槽底圆弧中心与大头孔中心距离为 85 mm	$\sqrt{Ra6.3}$	铣
径向孔	ϕ4 注油孔轴线通过两孔位置中心连线及两侧对称面	$\sqrt{Ra12.5}$	钻
辅助工序	孔口倒角及锐边倒钝		手工倒角、去毛刺

2.5.4　工序内容的确定

工序内容的确定是通过工序组合完成的。工序组合可采用工序的集中与分散的原则。

1. 工序分散安排方式的特点

在工序分散安排方式下，工序多，工艺路线长，每道工序所包含的加工内容少，极端情况下每道工序只有一个工步；所使用的工艺设备与装备比较简单，易于调整与掌握；有利于选用合理的切削用量，减少基本时间；设备数量多，生产面积大；设备投资相对较少，易于更换产品。

2. 工序集中安排方式的特点

相对工序分散安排方式而言，工序集中安排方式有如下特点：零件各个表面的加工集中在少数几道工序内完成，每道工序的内容和工步都较多；有利于采用高效的专用设备和工艺装备，生产率高；生产计划和生产组织工作得到简化；生产面积和操作工人数量较少；工件装夹次数较少，辅助时间较短，加工表面间的位置精度易于保证；设备、工艺装备投资大，调整、维护复杂；生产准备工作量大，更换新产品困难。

3. 应用举例

工序的分散和集中程度必须根据生产规模、零件的结构特点和技术要求、机床设备等具体生产条件综合分析确定。

例如，对于图 5-2 所示的手柄零件，假如生产类型为中小批，工序内容就趋向于集中，可以采用试切法：先粗铣 A 面，再粗铣 B 面，在一道工序内完成；精铣 A 面，再精铣 B 面，在一道工序内完成；粗镗大头孔，再粗镗小头孔，在一道工序内完成；精镗大头孔，再精镗小头孔，在一道工序内完成。这样工序相对较集中。但采用通用机床加工时，工件的装夹和刀具的调整使得工序的辅助时间延长，效率低。假如生产类型为大批生产，可以将上面所说的粗铣 A、B 面，精铣 A、B 面，粗镗大头孔、粗镗小头孔，精镗大头孔、精镗小头孔分别安排在不同的工序，使每道工序的加工内容单一，但这样使用的机床数量也就多了。

2.5.5 加工阶段的划分

1. 阶段的划分

按加工性质和作用的不同，机械加工工艺过程一般可划分为如下加工阶段：粗加工阶段、半精加工阶段、精加工阶段、光整加工阶段。在下列情况下，可以不划分加工阶段：加工质量要求不高；工件刚度足够；毛坯质量高和加工余量小。例如：在自动机床上加工的零件；装夹、运输不便的重型零件；在一次装夹中完成粗加工和精加工，但需在粗加工后重新以较小的夹紧力夹紧的零件。对这些零件均可以不划分加工阶段。

(1) 粗加工阶段　其主要任务是去除加工面多余的材料，并加工出精基准。这个阶段的主要问题是如何提高生产率。

(2) 半精加工阶段　其主要任务是使加工面达到一定的加工精度，为精加工做好准备。

在这个阶段，应继续切除余量，使主要表面达到一定的精度，并留一定的精加工余量为精加工做准备，同时完成一些次要表面的加工。

(3) 精加工阶段　其主要任务是使加工面精度和表面粗糙度达到要求。

在这个阶段，切除余量少，应使主要表面达到规定的尺寸精度、几何精度和表面粗糙度要求。

(4) 光整加工阶段　其主要任务是精密和超精密加工，采用一些高精度的加工方法，使零件加工最终达到图样给出的精度要求。

在这个阶段，切除余量极少，主要任务是要降低表面粗糙度，使加工表面达到极高精度，一般不能提高几何精度。

划分加工阶段有以下优点：①有利于保证零件的加工质量；②有利于合理使用设备和保持精密机床的精度；③有利于热处理工序的安插；④有利于及早发现毛坯或在制品的缺陷，以减少损失。

划分加工阶段的好处明显，但并非绝对。同一种零件的加工可有不同的划分方法。

2. 应用举例

在课程设计中所用的中小零件，特别是精度要求不高的中小零件，对加工阶段的划分并没有严格的要求,因为这些零件由加工余量带来的切削力、切削热、残余应力等方面问题并不是十分严重。当生产类型为中小批时,可以不划分加工阶段;当生产类型为成批生产时,只需遵循粗、精加工分开的原则就可以了,以便于提高机床的利用率。表 2-12 所示为手柄零件加工阶段的划分。

表 2-12 手柄零件加工阶段的划分

加工阶段	加工内容	说明
基准加工	粗铣 A 面	互为基准,反复加工
	粗铣 B 面	
	精铣 A 面	
	精铣 B 面	
粗加工	粗镗小头孔	
	粗镗大头孔	
	铣槽	若放在精镗工序之后,将会使大、小头孔内的毛刺难以去除
	钻大头径向孔	
精加工	精镗小头孔	若上述的槽和径向孔相对大、小头孔有较高的位置要求,其加工工序应该放在大、小头孔的精镗工序后,然后在槽和径向孔加工完成后增加一道大、小头孔的镗削工序,用于去毛刺
	精镗大头孔	

2.5.6 工序顺序的确定

1. 工序顺序确定的原则

1) 划线工序

对于形状复杂、尺寸较大的毛坯或尺寸偏差较大的毛坯,应先安排划线工序,为精基准加工提供找正基准。

2) 基准先行

按“先基准后其他”的顺序,先加工精基准,再以加工出的精基准为定位基准,安排其他表面的加工。

精加工前应先修整一下精基准。

3) 先粗后精

按先粗后精的顺序,对精度要求较高的各主要表面依次进行粗加工、半精加工和精加工。

4) 先主后次

先考虑主要表面加工,再安排次要表面加工。对次要表面加工,常常从加工方便与经济角度出发安排工序。

次要表面和主要表面之间往往有相互位置要求,常常要求在主要表面加工后,以主要表面定位加工次要表面。

5) 先面后孔

当零件上有较大的平面可以作为定位基准时,先将其加工出来,再以面定位加工孔,这样可以保证定位准确、稳定。

在毛坯面上钻孔或镗孔,容易使钻头偏斜或打刀,若先将此面加工好再加工孔,则可避免这些情况的发生。

6) 关键工序

对于易出现废品的工序,精加工和光整加工可适当提前。在一般情况下,主要表面的精加工和光整加工应放在最后阶段进行。

2. 应用举例

图 5-2 所示手柄零件的机加工工序安排如表 2-13 所示。

表 2-13 手柄零件机加工工序安排

<table>
<tr><th>加工阶段</th><th>加工内容</th><th colspan="2">说明</th></tr>
<tr><td rowspan="4">基准加工</td><td>粗铣 A 面</td><td rowspan="4">基准先行,先面后孔</td><td rowspan="6">先主后次,但次要表面的加工并非是安排在最后加工,要考虑到次要表面的加工对主要表面加工质量的影响</td></tr>
<tr><td>粗铣 B 面</td></tr>
<tr><td>精铣 A 面</td></tr>
<tr><td>精铣 B 面</td></tr>
<tr><td rowspan="4">粗加工</td><td>粗镗小头孔</td><td></td></tr>
<tr><td>粗镗大头孔</td><td></td></tr>
<tr><td>铣槽</td><td colspan="2" rowspan="2">若放在精镗工序之后,将会使得大、小头孔内的毛刺难以去除</td></tr>
<tr><td>钻大头径向孔</td></tr>
<tr><td rowspan="2">精加工</td><td>精镗小头孔</td><td colspan="2" rowspan="2">若上述的槽和径向孔相对于大、小头孔有较高的位置要求,其加工工序应该放在大、小头孔的精镗工序后,然后在槽和径向孔加工完成后增加一道大、小头孔的镗削工序,用于去毛刺</td></tr>
<tr><td>精镗大头孔</td></tr>
</table>

2.5.7 热处理工序安排

(1) 退火与正火　退火与正火属于毛坯预备性热处理,应安排在机械加工之前进行。

(2) 时效处理　为了消除残余应力,对于尺寸大、结构复杂的铸件,需在粗加工前、后各安排一次时效处理;对于一般铸件,需在铸造后或粗加工后安排一次时效处理;对于精度要求高的铸件,需在半精加工前、后各安排一次时效处理;对于精度要求高、刚度低的零件,需在粗车、粗磨、半精磨后各安排一次时效处理。

(3) 淬火　淬火将使工件硬度提高且易使工件变形,故该工序应安排在精加工阶段的磨削加工前进行。

(4) 渗碳　渗碳易使工件产生变形,应安排在精加工前进行。为控制渗碳层厚度,渗碳前需要安排精加工。

(5) 渗氮　渗氮一般安排在工艺过程的后部,需渗氮表面的最终加工之前。在渗氮处理前应进行调质处理。

2.5.8 辅助工序

(1) 中间检验　中间检验一般安排在粗加工全部结束之后、精加工之前,送往外车间加工的前后(特别是热处理前后),花费工时较多的工序和重要工序的前后。

(2) 特种检验　X 射线检查、超声波探伤等多用于工件材料内部质量的检验,一般安排在工艺过程的开始;荧光检验、磁力探伤主要用于表面质量的检验,通常安排在精加工阶段,荧光检验如用于检查毛坯的裂纹,则安排在加工前。

(3) 表面处理　电镀、涂层、发蓝、氧化、阳极化等表面处理工序一般安排在工艺过程的最后进行。表 2-14 所示为前述手柄零件的一种加工工艺路线。

表 2-14　手柄零件加工工艺路线

工　序　号	加 工 内 容	说　　明
010	锻造毛坯	
020	粗铣 A 面	留精铣余量
030	粗铣 B 面	留精铣余量
040	精铣 A 面	留 B 面的精铣余量
050	精铣 B 面	A、B 面达到图样要求
060	粗镗小头孔	留精镗余量
070	粗镗大头孔	留精镗余量
080	铣槽	达到图样要求
090	钻大头径向孔	达到图样要求
100	精镗小头孔	达到图样要求
110	精镗大头孔	达到图样要求
120	去毛刺	手工倒孔口角及去锐边毛刺
130	检验入库	

2.6　机械加工设备及工艺装备的选择

2.6.1　机械加工设备及工艺装备选择相关问题

机械加工设备包括各种机床，工艺装备包括刀具、夹具、模具、量具、检具、辅具、钳工工具、工位器具等，在选择时应注意如下问题。

(1) 在满足零件加工工艺的需要和可靠保证零件加工质量的前提下，设备和工艺装备的选择应与生产批量和生产节拍相适应，并应充分利用现有条件，以降低生产准备费用。

(2) 对必须改装或重新设计的专用或成组工艺装备，应在进行经济性分析和论证的基础上提出设计任务书。

(3) 设备和工艺装备直接影响加工精度、生产效率和制造成本。

(4) 在中小批量条件下可选用通用设备和工艺装备；在大批量条件下可考虑选用制造专用设备和工艺装备。

(5) 设备和工艺装备的选择不仅要考虑投资的当前效益，还要考虑产品改型及转产的可能性，应使其具有足够的柔性。

2.6.2　机床的选择

1. 机床的分类

机床按加工性质和所用刀具的不同，可分为 12 大类：车床、钻床、镗床、磨床、齿轮加工机床、螺纹加工机床、铣床、刨插床、拉床、特种加工机床、锯床和其他机床。每一类机床，又可按其结构、性能和工艺特点的不同细分为若干组。详见国家标准《金属切削机床　型号编制方法》(GB/T 15375—2008)。

2. 机床的编号

机床的编号方法如下所示。

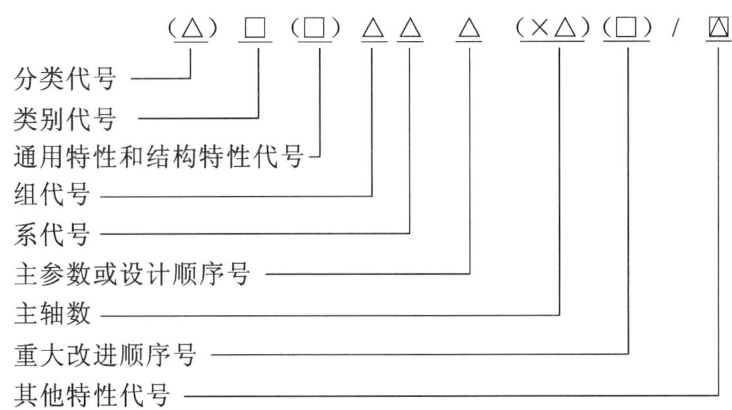

注意：①用"□"符号表示的，为大写的汉语拼音字母；

②用"△"符号表示的，为阿拉伯数字；

③用"☒"符号表示的，为大写的汉语拼音字母或阿拉伯数字，或两者兼有。

④加括号的代号或数字，当无内容时不表示，有内容时应去掉括号。

3. 常用机床的型号和主要技术参数

常用的机床有车床、铣床、钻床、镗床、磨床等。

车削加工特别适合于加工回转表面，因此大部分具有回转表面的零件都可以用车削的方法加工，如加工内、外圆柱面，内、外圆锥面，端面，沟槽，螺纹，成形面及滚花等。此外，在车床上还可以进行钻孔、铰孔和镗孔加工。车削加工的精度一般可以达到IT6～IT8，表面粗糙度可达 *Ra* 0.8～3.2 μm。车床有卧式车床、立式车床、落地车床、六角车床、半自动车床和自动车床等多种，其中卧式车床、六角车床使用较多。常用卧式车床的型号与主要技术参数见表5-18。

铣削加工应用范围广泛，可以加工各种平面（如水平面、垂直面、斜面等）、沟槽（如键槽、直槽、角度槽、燕尾槽、T形槽、V形槽、圆形槽、螺旋槽等）和齿轮等的成形面，还可以进行钻孔、镗孔和切断加工等。铣削加工的精度一般为IT8～IT9，也可以达到IT6，表面粗糙度可达 *Ra* 1.6～6.3 μm。常用的铣床有卧式铣床和立式铣床，此外还有龙门铣床、工具铣床及各种专用铣床。常用铣床型号与主要技术参数详见表5-19和表5-20。

钻削是加工工艺中用得最广泛的方法之一。在实体材料上一次钻成孔的加工称为钻削。钻削加工的孔精度低，表面粗糙度较大。对已有的孔（如铸孔、锻孔、预钻孔等）再进行扩大，以提高其精度和降低表面粗糙度的加工称为扩削。锪孔是在钻孔孔口表面上加工出倒棱、平面或沉孔，锪孔属于扩削范畴。铰削是利用铰刀对孔进行半精加工和精加工。采用以上加工方法时使用的机床为钻床。常用的钻床有台式钻床（尺寸小），立式钻床，摇臂钻床，铣端面、打中心孔机床、深孔钻床等。常用立式钻床，摇臂钻床，铣端面、打中心孔机床的型号与主要技术参数分别见表5-21、表5-22、表5-23。

镗削加工是用各种镗床进行镗孔的一种主要工艺手段，其工作过程是：工件装在工作台或附件上固定不动，刀具随镗床的主轴做旋转运动，靠移动主轴或工作台做进给运动，从而实现镗削。镗床具有万能性，它可以用于镗削单孔和孔系，锪、铣平面，镗止口及镗车端面等。配备各种附件、专用镗杆和装置后，还可以用来切槽、车螺纹、镗锥孔及球面等。镗孔加工可以保证孔径精度（IT6～IT7）、孔距精度（0.015 mm左右）和较低的表面粗糙度（*Ra* 0.8～1.6 μm）。常用的镗床有卧式镗床、立式坐标镗床、金刚镗床。常用卧式镗床、金刚镗床的型号与主要技术参数分别见表 5-24 和表 5-25。

磨削可以加工平面，内、外圆柱面，沟槽，成形面(如螺纹、齿轮成形面等)及刃磨各种工具；不仅可以加工铸铁、碳钢、合金钢等一般的金属材料，而且还可以加工一般刀具难以加工的淬火钢、硬质合金、陶瓷和玻璃等高硬度材料，但不易加工塑性较强的非金属材料。磨削加工的精度一般为 IT6～IT7，表面粗糙度为 Ra 0.2～0.8 μm。常用的磨床有外圆磨床、平面磨床、内圆磨床等，其型号和主要技术参数分别见表 5-26、表 5-27、表 5-28。

4. 机床的选择原则

正确选择机床设备是一件很重要的工作，它不但直接影响工件的加工质量，而且还影响工件的加工效率和制造成本。选择机床时需考虑以下几点：

(1) 机床尺寸规格应与工件的形状尺寸相适应。

(2) 机床精度等级应与本工序加工要求相适应。

(3) 机床电动机功率应与本工序加工所需功率相适应。

(4) 机床自动化程度和生产效率应与生产类型相适应。

5. 机床的选择示例

图 5-2 所示手柄零件各机械加工工序机床选择如表 2-15 所示。

表 2-15　手柄零件各机械加工工序机床选择

工序号	加工内容	机床设备	说明
010	锻造毛坯		外协
020	粗铣 A 面	X5032	常用，工作台尺寸、机床电动机功率均合适
030	粗铣 B 面	X5032	常用，工作台尺寸、机床电动机功率均合适
040	精铣 A 面	X5032	常用，工作台尺寸、机床电动机功率均合适
050	精铣 B 面	X5032	常用，工作台尺寸、机床电动机功率均合适
060	粗镗小头孔	T68	常用，最大镗孔直径、机床电动机功率均合适
070	粗镗大头孔	T68	常用，最大镗孔直径、机床电动机功率均合适
080	铣槽	X5032	常用，工作台尺寸、机床电动机功率均合适
090	钻大头径向孔	Z5125A	常用，工件孔径、机床电动机功率均合适
100	精镗小头孔	T68	常用，最大镗孔直径、机床电动机功率均合适
110	精镗大头孔	T68	常用，最大镗孔直径、机床电动机功率均合适
120	去毛刺	—	手工倒孔口角及去锐边、毛刺
130	检验入库	—	—

2.6.3 刀具的选择

1. 金属切削刀具的选择原则

选择刀具主要是要确定刀具的材料、类型、结构和尺寸，这些都取决于所采用的加工方法、工件材料、加工尺寸、加工精度和表面粗糙度要求、生产率要求和加工经济性等。应尽量采用标准刀具，在大批量生产中应采用高生产率的复合刀具。

课程设计所涉及的刀具有切刀(车刀、刨刀、镗刀)、铣刀、孔加工刀具、砂轮、拉刀和丝锥。

其中拉刀和丝锥属于专用定尺寸刀具，键槽拉刀和矩形花键孔拉刀已经标准化，只需根据公称尺寸和长度选择，详见《键槽拉刀》(GB/T 14329—2008)、《小径定心矩形花键拉刀》(JB/T 5613—2006)，非标准化的拉刀需要专门设计；丝锥根据螺纹种类和公称尺寸(螺纹代号)选择，详见《机用和手用丝锥　第1部分：通用柄机用和手用丝锥》(GB/T 3464.1—2007)。其他几种刀具种类较多、用途广泛，选择时需对其特点加以注意。选择刀具时还要注意同时选定安装刀具用的刀架、刀杆、刀套、刀夹、夹套、夹头、卡头等标准附件。5.4节列出了一些常用标准化通用刀具的技术参数供选择时参考。

2. 铣刀的选择

铣刀是一种应用广泛的多刃回转刀具，它的直径与加工表面的大小、加工表面的分布位置、加工表面至夹具夹紧元件的距离以及加工表面至铣刀刀杆的距离有关。铣刀的直径 d 可根据铣削背吃刀量 a_p、铣削侧吃刀量 a_e 按表2-16选取。

表2-16　铣刀直径的选择 (mm)

铣刀名称	硬质合金面铣刀			圆盘铣刀				槽铣刀及切断刀			
a_p	≤4		~6	≤8	~12	~20	~40	≤5	~10	~12	~25
a_e	≤60	~90	~120	~20	~25	~35	~50	≤4	≤4	~5	~10
铣刀直径	~80	100~125	160~200	~80	80~100	100~160	160~200	~63	63~80	80~100	100~125

注　当铣削背吃刀量 a_p 和铣削侧吃刀量 a_e 不能同时满足表中数值要求时，对于面铣刀应主要根据 a_e 来选择铣刀直径。

铣刀的种类很多，按用途分为加工平面的铣刀(如圆柱平面铣刀、端面铣刀等)、加工沟槽的铣刀(如立铣刀、两面刃或三面刃铣刀、锯片铣刀、角度铣刀等)、加工成形表面的铣刀(如凸半圆铣刀、凹半圆铣刀等)。铣刀类型与用途如表2-17所示。

表2-17　铣刀类型与用途

<table>
<tr><th colspan="2">铣刀名称</th><th>用　途</th></tr>
<tr><td colspan="2">立铣刀</td><td>(1) 铣削沟槽(包括螺旋槽)与工件上各种形状的孔；
(2) 铣削台阶面、凸台平面、侧面与工件上局部下凹小平面；
(3) 按照靠模形状铣削内、外曲面；
(4) 铣削各种平板凸轮与圆柱凸轮</td></tr>
<tr><td colspan="2">T形槽铣刀</td><td>铣削T形槽</td></tr>
<tr><td colspan="2">键槽铣刀</td><td>铣削键槽</td></tr>
<tr><td colspan="2">半圆键槽铣刀</td><td>铣削半圆键槽</td></tr>
<tr><td colspan="2">燕尾槽铣刀</td><td>铣削燕尾槽</td></tr>
<tr><td colspan="2">槽铣刀</td><td>铣削螺钉与其他工件上的槽</td></tr>
<tr><td rowspan="2">锯片铣刀</td><td>粗齿</td><td>(1) 切断(轻合金与有色金属)板料；
(2) 铣削各种槽</td></tr>
<tr><td>细齿</td><td>(1) 切断(钢、铸铁)板料、棒料与各种型材；
(2) 铣削各种槽</td></tr>
<tr><td rowspan="2">三面刃铣刀</td><td>直齿</td><td rowspan="2">(1) 铣削各种槽(优先选用错齿与镶齿)；
(2) 铣削台阶面；
(3) 铣削工件的侧面及其凸台平面</td></tr>
<tr><td>错齿与镶齿</td></tr>
</table>

续表

铣刀名称		用途
圆柱形铣刀	粗齿	粗铣及半精铣平面
	细齿	
铲背成形铣刀	凹半圆铣刀	铣削半径为 1～20 mm 的凸半圆成形面
	凸半圆铣刀	铣削半径为 1～20 mm 的半圆槽与凹半圆成形面
	圆角铣刀	铣削半径为 1～20 mm 的圆角与圆弧
角度铣刀	单角铣刀	(1) 刀具开齿,铣削各种刀具的外圆齿槽与端面齿槽; (2) 铣削各种锯齿形离合器与棘轮的齿形
	对称双角铣刀	(1) 铣削各种 V 形槽; (2) 铣削尖齿、梯形齿离合器的齿形
	不对称双角铣刀	刀具开齿,铣削各种刀具上的外圆直齿、斜齿与螺旋齿槽
镶齿端铣刀	高速钢	粗铣与半精铣各种平面(铣削速度 $v_c \leqslant 30$ m/min)
	硬质合金	粗铣与精铣钢、铸铁、有色金属工件上的各种平面(优先选用)
模具铣刀		铣削各种模具的凹、凸成形面

3. 钻、扩、铰刀具的选择

钻、扩、铰刀具类型与用途如表 2-18 所示,选择时可作参考。

表 2-18 钻、扩、铰刀具类型与用途

刀具名称				用途
钻头	中心钻	打中心孔用的中心钻	不带护锥的中心钻	适用于加工《中心孔》(GB/T 145—2001)规定的 A 型中心孔
			带护锥的中心钻	适用于加工《中心孔》(GB/T 145—2001)规定的 B 型中心孔
			弧形中心钻	适用于加工《中心孔》(GB/T 145—2001)规定的 R 型中心孔
		钻孔定中心用的中心钻		适用于自动车床无钻套钻孔前打中心孔定心
	麻花钻	高速钢麻花钻	直柄小麻花钻	在台钻或车床上用钻卡头装夹麻花钻钻孔,可用钻模
			粗直柄小麻花钻	在自动机床上可用同一种规格的弹簧夹头装夹不同直径的麻花钻钻微孔
			直柄短麻花钻	在自动机床、六角车床或手动工具上钻浅孔或打中心孔
			直柄麻花钻	在各种机床上用钻模或不用钻模钻孔
			直柄长麻花钻	在各种机床上用钻模或不用钻模钻较深孔
			锥柄麻花钻	在各种机床上用钻模或不用钻模钻孔
			锥柄长麻花钻	在各种机床上用钻模或不用钻模钻较深孔
			锥柄加长麻花钻	在各种机床上用钻模或不用钻模钻深孔
			粗锥柄麻花钻	在有振动或较强负荷的条件下钻孔
			直柄超长麻花钻	用于钻削一般麻花钻钻削不到的箱体零件上的较浅孔
			锥柄超长麻花钻	用于钻削一般麻花钻钻削不到的箱体零件上的较浅孔
		硬质合金麻花钻	整体硬质合金麻花钻	适用于钻削玻璃纤维或纸板线路板
			镶片硬质合金麻花钻	适用于孔深与直径之比小于 5 的孔
		扁钻	整体扁钻	适用于加工有色金属的阶梯孔
			装配式扁钻	
		硬质合金可转位浅孔钻		适用于在平或不平的实心料上钻孔
		方孔钻		适用于钻通或不通的方孔
		四刃钻		用在高效的钻、扩复合工序中

续表

刀具名称				用途
钻头	深孔钻	钻实心料孔深孔钻	外排屑深孔钻	钻深孔
			内排屑深孔钻	
			喷吸钻	
			DF 系统深孔钻	
		深孔套料钻		在实心材料上钻孔，同时可以将中心材料取出
	扩孔钻	整体高速钢扩孔钻		用于要求表面粗糙度达 Ra 3.2 μm 的孔
		硬质合金扩孔钻		主要用于加工铸铁件与有色金属件
	锪钻	外锥面锪钻		用于孔口倒角或去毛刺
		内锥面锪钻		用于倒螺栓外角
		平面锪钻		用于锪沉头孔或锪平面
铰刀	高速钢铰刀	手用铰刀		铰削要求加工精度为 IT5～IT10、表面粗糙度为 Ra 0.2～1.6 μm 的孔，在单件小批或装配中使用
		直柄机用铰刀		成批生产条件下在机床上使用
		锥柄机用铰刀		成批生产条件下在机床上使用
		锥柄长刃机用铰刀		成批生产条件下在机床上加工较深孔
		套式机用铰刀		成批生产条件下套在 1∶30 锥度心轴上铰较大直径孔
		镶齿套式机用铰刀		
		锥柄机用桥梁铰刀		用于桥梁铰铆钉孔
		1∶8 锥形铰刀		在机床上铰 1∶8 锥度孔
		锥柄机用 1∶50 锥度销子铰刀		装配工作中在机床上铰削较大直径圆锥销的锥度孔
		锥柄莫氏圆锥和公制圆锥铰刀		成批或大量生产条件下在机床上铰莫氏圆锥或公制圆锥孔
	硬质合金铰刀	硬质合金直柄机用铰刀		成批或大量生产条件下在机床上使用
		硬质合金锥柄机用铰刀		成批或大量生产条件下在机床上使用
		硬质合金胀压可调铰刀		成批或大量生产条件下在机床上使用
	其他铰刀	枪铰刀		整体硬质合金，牌号 YG6 或 YW2
		无刃铰刀		适用于加工铸铁，可获得 Ra 0.63～1.25 μm 的表面粗糙度
		螺旋槽铰刀		加工时平稳、振动小，适用于加工断续表面
孔加工复合刀具	不同类工艺复合刀具	四刃带阶梯麻花钻		用于钻出孔倒角或钻出孔锪沉孔
		钻-铰复合刀具		常用于钻、铰壳体零件上直径不大的定位销孔，表面粗糙度为 Ra 3.2 μm
		钻-攻复合刀具		适用于在立式钻床上钻、攻较浅的螺纹孔，不常用
	同类工艺复合刀具	复合扩孔钻		用于粗扩和精扩复合的通孔
		复合铰刀		用于粗铰和精铰复合的通孔

4. 车刀的选择

车刀及其简介如表 2-19 所示，供选用时参考。

表 2-19　车刀

刀具名称	刀具图片	简　介
整体车刀		它是用整块高速钢做成的长条形状车刀，俗称“白钢刀”。其刃口可磨得较锋利，主要用在小型车床上，多用于加工有色金属
焊接车刀	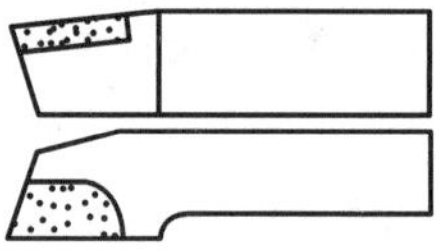	它是将一定形状的刀片和刀柄用紫铜或其他焊料通过镶焊连接成一体的车刀，一般刀片选用硬质合金，刀柄用 45 钢。小车刀多为焊接车刀
焊接装配车刀	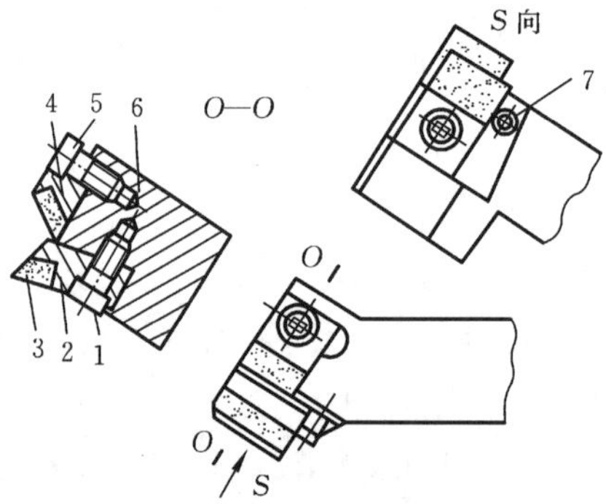 1、5—螺钉；2—小刀块；3—刀片； 4—断屑器；6—刀体；7—销	它是将硬质合金刀片钎焊在小刀块上，再将小刀块装配到刀杆上而制成的。焊接装配车刀多为重型车刀，采用装配式结构以后，可使刃磨省力，刀杆也可重复使用
机夹车刀	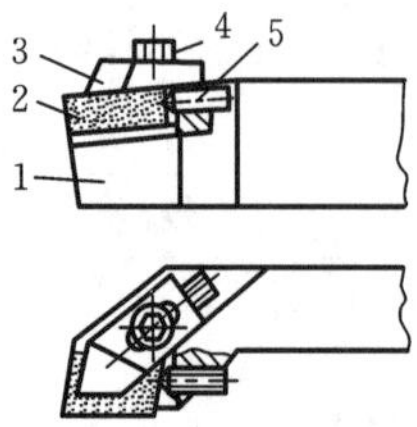 (a)上压式机夹车刀 1—刀杆；2—刀片；3—压板； 4—螺钉；5—调整螺钉 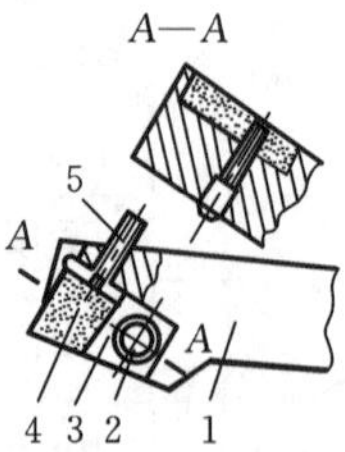 (b)侧压式机夹车刀 1—刀杆；2—螺钉；3—楔块； 4—刀片；5—调整螺钉	机夹车刀是指用机械方法定位、夹紧刀片，通过刀片体外刃磨与倾斜安装，综合形成刀具角度的车刀。机夹车刀可用于加工外圆、端面、内孔及车槽、车螺纹等

续表

刀具名称	刀具图片	简　介
可转位车刀	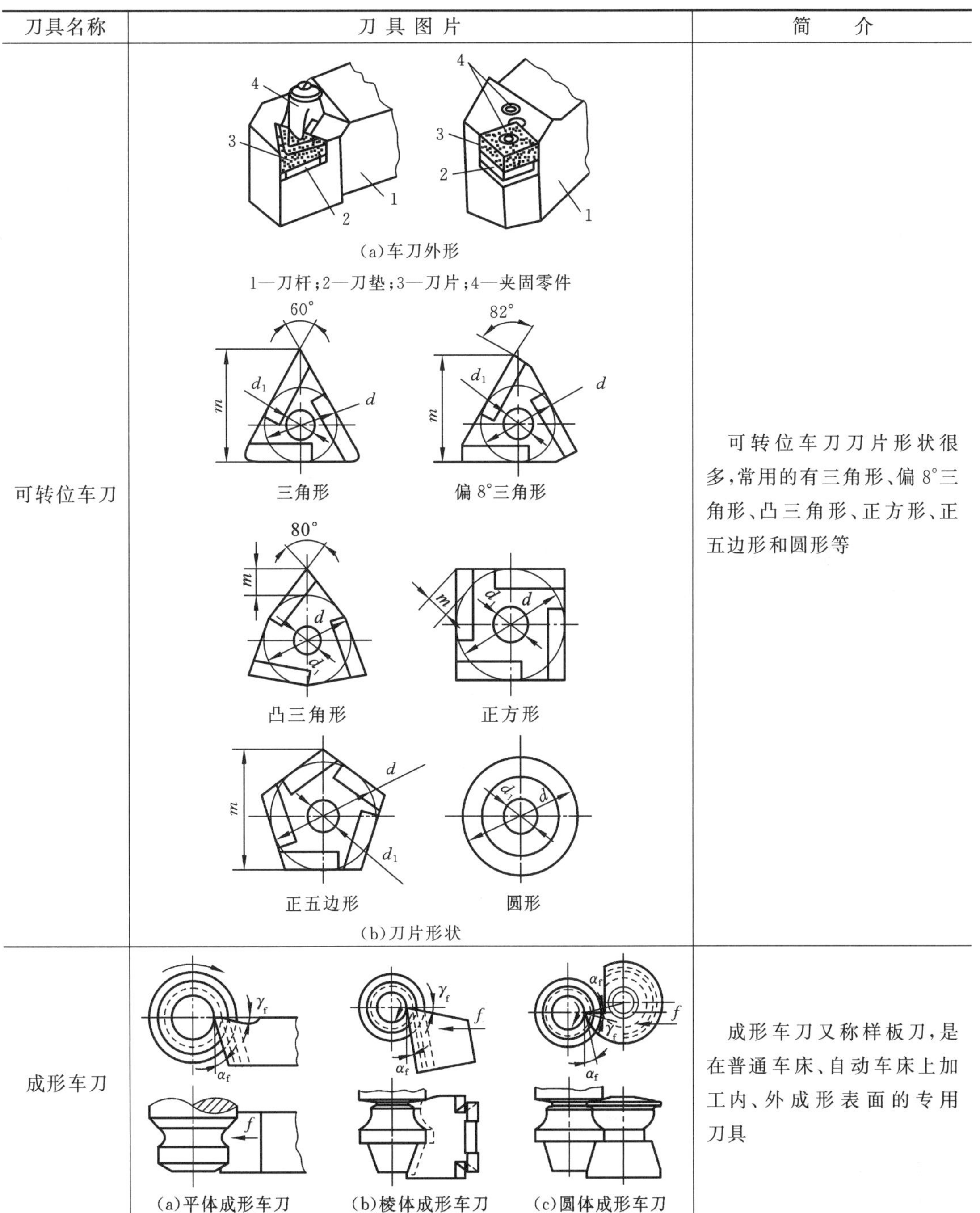 (a)车刀外形 1—刀杆;2—刀垫;3—刀片;4—夹固零件 三角形　偏 8°三角形 凸三角形　正方形 正五边形　圆形 (b)刀片形状	可转位车刀刀片形状很多,常用的有三角形、偏 8°三角形、凸三角形、正方形、正五边形和圆形等
成形车刀	(a)平体成形车刀　(b)棱体成形车刀　(c)圆体成形车刀	成形车刀又称样板刀,是在普通车床、自动车床上加工内、外成形表面的专用刀具

大多数车刀已经标准化,可根据类型、结构和用途的需要从标准中选择。整体车刀选择可参考《高速钢车刀条　第 1 部分:型式和尺寸》(GB/T 4211.1—2004);焊接车刀选择可参考《焊接聚晶金刚石或立方氮化硼车刀》(JB/T 10720—2007);机夹车刀选择可参考《机夹切断车刀》(GB/T 10953—2006)和《机夹螺纹车刀》(GB/T 10954—2006);可转位车刀选择可参考《可转位车刀及刀夹　第 1 部分:型号表示规则》(GB/T 5343.1—2007)和《可转位车刀及刀夹　第 2 部分:可转位车刀型式尺寸和技术条件》(GB/T 5343.2—2007);各种结构用的硬质合金刀片可参考

《硬质合金车刀　第1部分:代号及标志》(GB/T 17985.1—2000)、《硬质合金车刀　第2部分:外表面车刀》(GB/T 17985.2—2000)和《硬质合金车刀　第3部分:内表面车刀》(GB/T 17985.3—2000)。成形车刀需要专门设计。

5. 镗刀的选择

镗刀按切削刃数量分为单刃、双刃和多刃镗刀,按工件加工表面分为通孔、阶梯孔、盲孔和端面镗刀,按刀具结构分整体式、装夹式、组合式和可调式镗刀等。镗刀可在镗床、铣床、车床上使用。

单刃镗刀在镗杆上可以直角或斜角安装,加工适应性强,结构简单,易于制造,但调整困难,适用于单件小批生产。常用的单刃镗刀是焊接聚晶金刚石镗刀和立方氮化硼镗刀。其技术参数详见《焊接聚晶金刚石或立方氮化硼镗刀》(JB/T 10723—2007)。

机夹可转位镗刀的结构与可转位内孔车刀相同,它是把可转位刀片安装在专用的镗杆上构成的,其结构紧凑,调整方便,适用于各种生产类型。选择时先根据镗孔直径和长度选定镗杆,再选择刀片。应尽可能把刀杆截面面积选得大一些,以保证刀杆的刚度。可转位镗刀杆的技术参数详见《装可转位刀片的镗刀杆(圆柱形)　尺寸》(GB/T 20335—2006)。

在镗床上也可以使用孔加工刀具或铣刀来完成一些孔加工或铣削工序,这时直接把锥柄刀具安装到镗轴上即可。相应的刀具可根据镗轴莫氏圆锥内孔的具体情况参考孔加工刀具或铣刀的技术参数来进行选择。

6. 砂轮的选择

砂轮是由磨料和结合剂构成的磨削工具。

砂轮的特性取决于五个要素,即磨料、粒度、结合剂、硬度和组织。

1) 磨料

用来制作砂轮的磨料,应具有很高的硬度、适当的强度和韧度,以及高温下稳定的物理、化学性能。目前,工业上使用的大多为人造磨料,常用的有刚玉类、碳化硅类和高硬度磨料类。表2-20所示为常用磨料的性能及适用范围等。

2) 粒度

以磨料刚能通过的那一号筛网的网号来表示其粒度,如60;微粉是指直径小于40 μm的磨粒,如W20磨粒,其尺寸在14～20 μm之间。粗磨用粗粒度磨料,精磨用细粒度磨料;当工件材料软、塑性强、磨削面积大时,采用粗粒度磨料,以免磨粒堵塞砂轮组织,烧伤工件。

3) 结合剂

结合剂的作用是将磨料黏合成具有一定强度和各种形状及尺寸的砂轮。

4) 硬度

砂轮硬度是指砂轮工作时在磨削力作用下磨粒脱落的难易程度。硬度取决于结合剂的结合能力及所占比例,与磨料硬度无关。硬度高,磨料不易脱落;硬度低,自锐性好。硬度分7大级(超软、软、中软、中、中硬、硬、超硬)16小级。

砂轮硬度选择原则如下。

(1) 磨削硬材,选软砂轮;磨削软材,选硬砂轮。

(2) 磨导热性差的材料,由于材料不易散热,选软砂轮,以免烧伤工件。

(3) 砂轮与工件接触面积大时,选较软的砂轮。

(4) 成形磨和精磨时,选硬砂轮;粗磨时选较软的砂轮。

5) 组织

砂轮组织反映砂轮中磨料、结合剂和气孔三者体积的比例关系,即砂轮结构的疏密程度。砂轮结构的疏密程度分紧密、中等、疏松三类,共13级。

在实际使用时,可根据砂轮特性的五要素及其形状(见表2-20至表2-25)选取砂轮。

表 2-20　常用磨料性能及适用范围

磨料名称		代号	主要成分及其质量分数	颜色	力学性能	反应性	热稳定性	适用磨削范围
刚玉类	棕刚玉	A	Al_2O_3,95% TiO_2,2%～3%	褐色	韧度、硬度高	稳定	2100 ℃时熔融	碳钢、合金钢、铸铁
	白刚玉	WA	Al_2O_3,＞99%	白色				淬火钢、高速钢
碳化硅类	黑碳化硅	C	SiC,＞95%	黑色		与铁有反应	温度高于1500 ℃时氧化	铸铁、黄铜、非金属材料
	绿碳化硅	GC	SiC,＞99%	绿色				硬质合金等
高硬磨料类	氮化硼	CBN	六方氮化硼	黑色	高硬度、高强度	高温时与水碱有反应	温度低于1300 ℃时稳定	硬质合金、高速钢
	人造金刚石	RVD	碳结晶体	乳白色			温度高于700 ℃时石墨化	硬质合金、宝石

表 2-21　常用粒度及适用范围

类别	粒度号	颗粒尺寸/μm	应用范围	类别	粒度号	颗粒尺寸/μm	应用范围
磨粒	12～36	2000～1600 500～400	荒磨、打毛刺	磨粉	W40～W28	40～28 28～20	珩磨、研磨
	46～80	400～315 200～160	粗磨、半精磨、精磨		W20～W14	20～14 14～10	研磨、超级加工、超精加工
	100～280	160～125 50～40	精磨、珩磨		W10～W5	10～7 5～3.5	研磨、超级加工、镜面磨削

表 2-22　常用结合剂及适用范围

结合剂	代号	性　能	适用范围
陶瓷	V	耐热,耐蚀,气孔率大,易保持廓形,弹性差	最常用,适用于各类加工
树脂	B	强度较陶瓷高,弹性好,耐热性差	适用于高速磨削、切断、开槽
橡胶	R	强度较橡胶高,弹性更好,耐热性差	适用于切断、开槽及做无心磨的导轮
青铜	J	强度最高,导电性好,磨耗少,自锐性差	适用于金刚石砂轮

表 2-23　砂轮硬度等级、名称及代号

大级名称	超软			软			中软		中		中硬			硬		超硬
小级名称	超软			软1	软2	软3	中软1	中软2	中1	中2	中硬1	中硬2	中硬3	硬1	硬2	超硬
代号	D	E	F	G	H	J	K	L	M	N	P	Q	R	S	T	Y

表 2-24　砂轮的组织号

组织号	0	1	2	3	4	5	6	7	8	9	10	11	12	13	14
磨料率/(%)	62	60	58	56	54	52	50	48	46	44	42	40	38	36	34
疏密程度	紧密				中等				疏松					大气孔	
使用范围	重负荷、成形、精密磨削、间断及自由磨削,或加工脆性材料				外圆磨、内圆磨及无心磨,工具磨,淬火钢工件及刀具刃磨				粗磨及磨削韧度高、硬度低的工件,适合于磨削薄壁、细长工件,可用在砂轮与工件接触面积大的场合及用于平面磨削等					有色金属及磨料、橡胶等非金属及热敏性好的合金的磨削	

表 2-25 常用砂轮的形状代号及用途

砂轮名称	代号	用途
平形砂轮	1	外圆磨、内圆磨、无心磨、工具磨、平面磨
薄片砂轮	41	切断及切槽
筒形砂轮	2	端磨平面
碗形砂轮	11	刃磨刀具、磨导轨
碟形 1 号砂轮	12a	磨铣刀、拉刀、铰刀，磨齿轮
双斜边砂轮	4	磨齿轮及螺纹
杯形砂轮	6	磨平面、内圆，刃磨刀具

7. 金属切削刀具的选择示例

图 5-2 所示手柄零件各机械加工工序刀具的选择如表 2-26 所示。

表 2-26 手柄零件各机械加工工序刀具选择

工序号	加工内容	机床设备	刀具	说明
010	锻造毛坯	—	—	符合要求
020	粗铣 *A* 面	X5032	镶齿套式面铣刀，刀盘直径为 80 mm	大头直径为 54 mm，查表 5-33 知可以选择刀盘直径为 80 mm
030	粗铣 *B* 面	X5032		
040	精铣 *A* 面	X5032		
050	精铣 *B* 面	X5032		
060	粗镗小头孔	T68	整体高速钢扩孔钻	在镗床上使用扩孔钻代替镗刀加工效率更高，更方便。使用扩孔钻需要在工序详细设计时进行工序尺寸计算，扩孔钻直径待定
070	粗镗大头孔	T68	整体高速钢扩孔钻	
080	铣槽	X5032	ϕ10 直柄立铣刀	
090	钻大头径向孔	Z5125A	ϕ4 直柄麻花钻	根据加工直径选择
100	精镗小头孔	T68	机夹单刃镗刀	ϕ22H9
110	精镗大头孔	T68	机夹单刃镗刀	ϕ38H9
120	去毛刺	—	—	—
130	检验入库	—	—	—

2.7 机械加工工艺过程卡片的填写

2.7.1 方案的综合

前面介绍了在机械加工工艺路线拟定过程中需要解决的主要问题。为了便于方案分析，需要把各方面的结果综合起来，以一定的形式表现出来供分析。为了便于进行方案的比较，可以采取机械加工工艺综合卡片的格式，如表 2-27 所示。其中，加工尺寸的具体数值可以不在工序简图上注出，待以后在工序详细设计阶段计算确定。

表 2-27 工艺方案综合卡片样例

工序号	工序说明	工序简图	机床		刀具名称	夹具	量具	辅具
			名称	型号				
030	以 A 面为基准粗铣手柄端平面 B。用两个 V 形块和一块支承板定位	B、A、Ra 12.5、26.5	立式铣床	X5032	镶齿套式面铣刀	专用夹具	游标卡尺	—
040	以 B 面为基准精铣手柄端平面 A。用两个 V 形块和一块支承板定位	A、B、Ra 6.3、26	立式铣床	X5032	镶齿套式面铣刀	专用夹具	游标卡尺	—

2.7.2 方案分析

对同一个零件，不同的人会设计不同的加工方案；同一个人对同一个零件也可以设计不同的加工方案，即在一定的生产条件下有多种可行的方案。机械加工方案没有最好的，但还是有相对较好的。

工艺方案的优劣分析主要从机械加工工艺规程的特性指标及工艺成本的构成两方面进行，但课程设计由于不受实际生产条件的限制，故不可能进行各项经济指标的分析。因此，判断工艺方案的优劣主要应从以下两个方面来考虑。

1. 加工质量

在这方面需要考虑的问题有：

(1) 所有应加工表面是否已经安排加工？

(2) 加工方法(链)的选择是否能达到加工表面的加工要求，是否与加工表面的结构形状、尺寸大小相适应？

(3) 每道工序的定位面、夹紧面是否选择得合适？符合六点定位原理吗？夹紧是否可靠？

(4) 次要表面的加工是否会影响到主要表面的加工质量？

2. 加工效率

在这方面需要考虑的问题有：

(1) 加工设备的负荷是否基本平衡？

(2) 节拍是否合理？

2.7.3 方案的确定

由于在课程设计中无法进行各项具体的技术经济指标的分析，再加上设计者的经验有限，最终应该在指导教师的指导下提出一套可行的、合理的工艺路线方案。

2.7.4 机械加工工艺过程卡片的填写

机械加工工艺过程卡片作为零件加工工艺的指导性文件，应记录加工该零件的每道工序的加工内容、车间、工段、所用设备、工艺装备和工时等。具体内容如下。

(1) 抬头 “抬头”是指工序内容栏以上的表格部分，主要载明零件的基本信息。应按照所给零件图样或任务书填写。

(2) 工序号、名称和内容 “名称”栏填写加工方法的简称即可，“工序内容”栏应填写清楚加工方法、加工表面和应达到的加工要求。

(3) 车间和工段 由于是课程设计，对此内容学生可根据对生产环境的了解，选填或不填。

(4) 设备和工艺装备 “设备”栏填写机床型号或专机名称，“工艺装备”栏写明本工序需要使用的刀具、夹具、量具和辅具的名称。

(5) 工时 该项必须待工序设计完成后才能填写。对于课程设计，工时定额只需填写基本时间。

(6) 其他内容 按照实际情况选填即可。

机械加工工艺过程卡片的格式参见表 5-1。机械加工工艺过程卡片填写示例参见表 6-4。

第 3 章　机械加工工序设计

3.1　概　　述

第 2 章介绍的工艺规程仅反映了零件加工的工序组成、加工方法、加工顺序、各工序的内容和所需的工艺设备及工艺装备，具体在对零件实施加工时，还需要确定加工过程的准确工艺参数，按照工艺参数来完成对零件的加工。因此，工艺路线拟定之后，就要确定各工序的具体内容。机械加工工序设计的内容包括工序余量、工序尺寸及公差的确定，切削用量、时间定额的计算等，最后填写机械加工工序卡片。

3.2　工序简图的绘制

工序简图简称工序图，是机械加工工序卡片上附加的工艺简图，是用以说明被加工零件加工要求的简图。一般应在工序简图上表示出加工表面、工序尺寸和定位夹紧方案。

3.2.1　工序简图的绘制原则

工序简图的绘制应符合以下原则。

(1) 工序简图以适当的比例、最少的视图，表示出工件在加工时所处的位置状态，与本工序无关的部位可不必表示。一般以工件在加工时正对操作者的实际位置为主视图。

(2) 工序简图上应标明定位、夹紧符号，以表示出该工序的定位基准(面)、定位点、夹紧力的作用点及作用方向。

(3) 本工序的各加工表面用粗实线表示，其他部位用细实线表示。

(4) 加工表面上应标注出相应的尺寸、几何精度要求和表面粗糙度要求。与本工序加工无关的技术要求一律不标。

(5) 定位、夹紧和装置符号按照标准《机械加工定位、夹紧符号》(JB/T 5061—2006)的规定选用。

3.2.2　工序简图上的定位、夹紧、定位装置符号

定位符号、定位点的表示方法及图形比例如图 3-1 所示。各种定位、夹紧符号如表 3-1 所示。常用定位装置符号如表 3-2 所示。其中，定位、夹紧、定位装置符号的线宽为标准《机械制图　图样画法　图线》(GB/T 4457.4—2002)规定的图线宽度 d 的 1/2，符号高度 h 应是工序图中数字高度的 1～1.5 倍。

定位符号、夹紧符号、定位装置符号可以单独使用，也可以联合使用，当仅用符号表示不明确时，可用文字补充说明(如定位元件所限制的工件自由度数)。定位、夹紧、定位装置符号的使用示例见表 3-3。

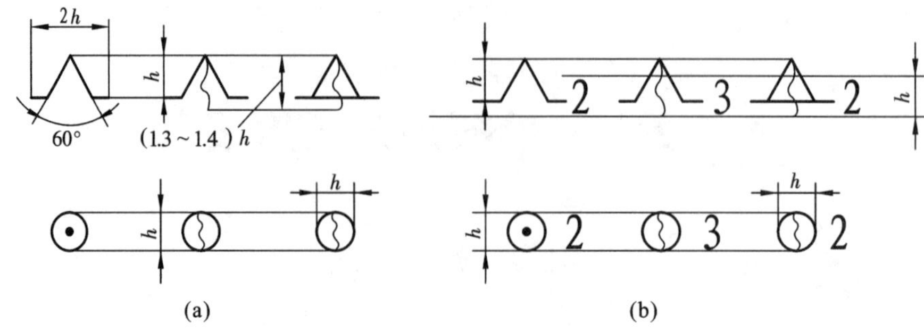

图 3-1　定位符号、定位点表示方法

(a)定位符号;(b)定位点的表示方法及图形比例

表 3-1　机械加工定位、夹紧符号

分类		独立定位		联合定位	
		标注在视图轮廓线上	标注在视图正面	标注在视图轮廓线上	标注在视图正面
定位支承符号	固定式				
	活动式				
辅助支承符号					
夹紧符号	机械夹紧				
	液压夹紧	Y	Y	Y	Y
	气动夹紧	Q	Q	Q	Q
	电磁夹紧	D	D	D	D

注　视图正面是指观察者面对的投影面;表中的字母代号为大写的汉语拼音字母。

表 3-2 常用定位装置符号

 固定顶尖	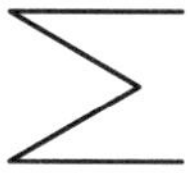 内顶尖	 回转顶尖	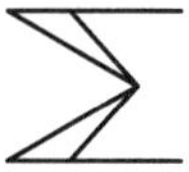 外拨顶尖	 内拨顶尖	 浮动顶尖	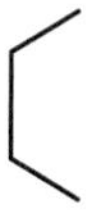 伞形顶尖
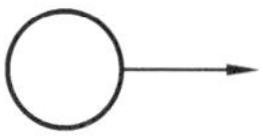 圆柱心轴	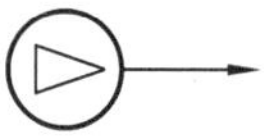 锥度心轴	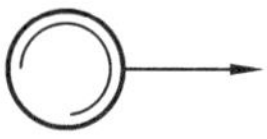 螺纹心轴	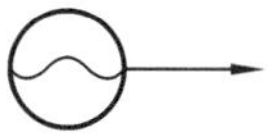 弹性心轴、弹簧夹轴		 三爪卡盘	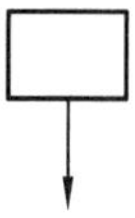 四爪卡盘
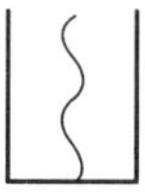 中心架	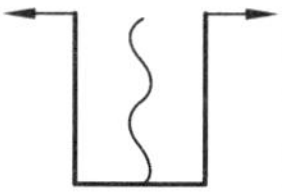 跟刀架	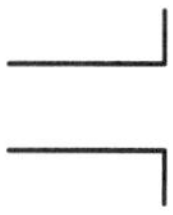 圆柱衬套	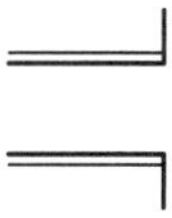 螺纹衬套	 止口盘	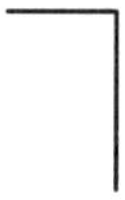 拨杆	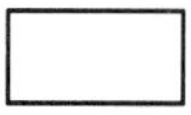 垫铁
 压板	 角铁	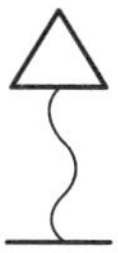 可调支承	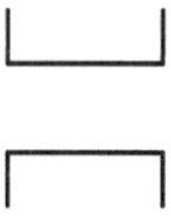 平口钳	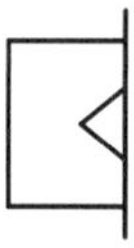 中心堵	 V 形块	 软爪

表 3-3 定位、夹紧、定位装置符号的使用示例

序号	方案说明	定位、夹紧符号标注示意图	装置符号标注或与定位、夹紧符号联合标注示意图
1	床头固定顶尖、床尾固定顶尖定位，拨杆夹紧	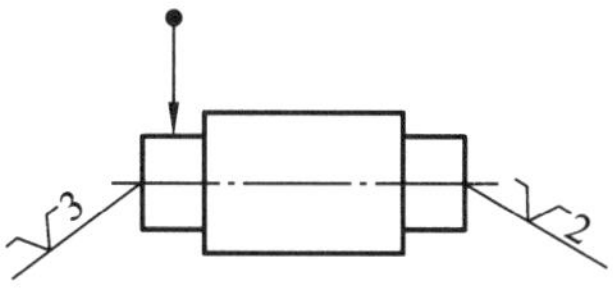 3　2	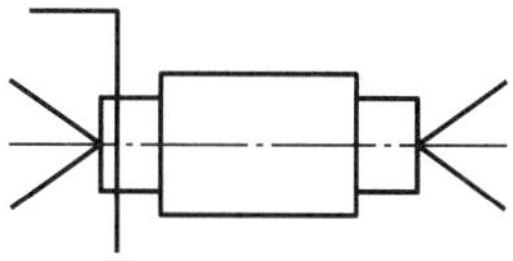
2	床头固定顶尖、床尾浮动顶尖定位，拨杆夹紧	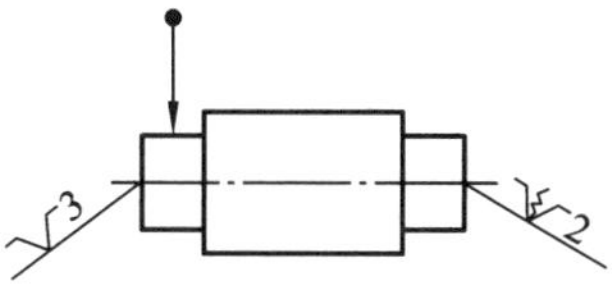 3　2	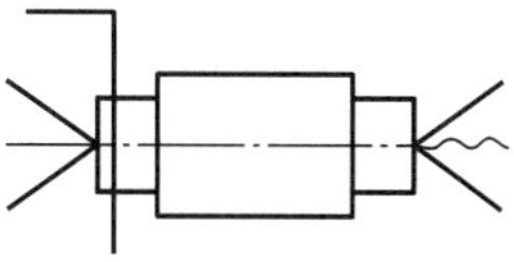
3	床头内拨顶尖、床尾回转顶尖定位夹紧	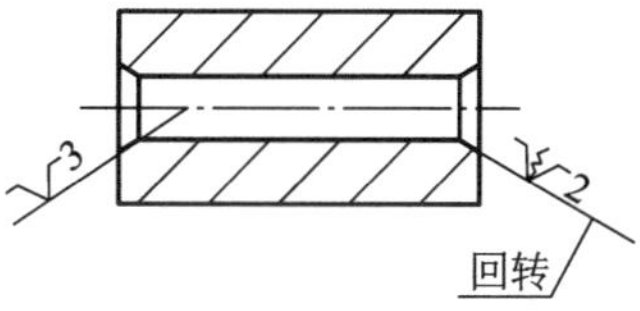 3　2　回转	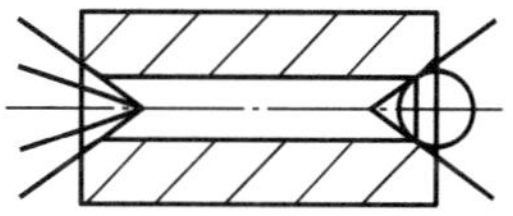

注　数字 3 表示三点定位，数字 2 表示两点定位，一点定位的数字 1 被省略。

3.3 工序余量、工序尺寸及其公差的确定

3.3.1 工序余量的确定

1. 工序余量的基本概念

为保证零件质量，一般至少要从毛坯上切除一层材料。毛坯上留下的、在后面工序中去除的材料层称为加工余量。根据使用场合的不同，加工余量有总余量和工序余量之分。总余量是指某一表面毛坯尺寸与零件设计尺寸之差，即毛坯余量。总余量等于各工序余量之和。

工序余量是指每道工序切除的金属层厚度，即相邻两道工序尺寸之差。工序余量有单边余量与双边余量之分。对于非对称表面，工序余量是单边的，称单边余量，即指以一个表面为基准加工另一个表面时相邻两工序尺寸之差。对于外圆与内圆这样具有对称结构的对称表面，工序余量是双边的，称为双边余量，即相邻两工序的直径尺寸之差。

由于各工序尺寸都有公差，所以各工序实际切除的余量值是变化的，因此工序余量有公称余量、最大余量、最小余量之分。相邻两工序的公称尺寸之差即是公称余量。公称余量的变动范围称为余量公差。

2. 确定工序余量的方法

合理选择加工余量，对确保零件的加工质量、提高生产率和降低成本都有重要的意义。若余量留得过小，则不能完全切除上道工序留在加工表面上的缺陷层和各种误差，也不能补偿本道工序加工时工件的装夹误差，从而影响零件的加工质量，造成废品；余量留得过大，不仅会增加机械加工量、降低生产率，而且会浪费原材料和能源，增加机床与刀具的消耗，使加工成本升高。所以，合理确定加工余量是一项很重要的工作。

确定加工余量的方法有分析计算法、查表修正法和经验估算法等三种。

1) 分析计算法

分析计算法是指首先分析影响加工余量大小的因素，确定各因素原始数值，再采用相应的计算公式求出加工余量的方法。利用此种方法时，考虑问题全面，确定出的余量合理，但计算时需要查阅许多参考资料和数据，而且有些统计资料很难查到，且分析计算复杂，在应用上受到一定的限制，仅在大批量生产中，对某些重要表面或贵重材料零件的加工可能用这种方法确定或核算加工余量。

2) 查表修正法

查表修正法是指由基于工厂生产实践和实验研究积累的经验制成的各种表格查得加工余量数值，再结合实际加工情况对查表所得值加以修正的方法。此方法简便、比较接近实际，在生产上应用广泛。

3) 经验估算法

采用经验估算法时，加工余量由一些有经验的工程技术人员或工人根据经验确定。这种方法虽然简单，但不够科学，不够准确。为防止余量过小而产生废品，确定出的余量值一般偏大。该方法只适用于单件小批生产。

3. 工序余量的选用原则

一般可以按照查表法确定工序间的加工余量。其选用原则如下。

(1) 为缩短加工时间，降低制造成本，应采用最小的加工余量。

(2) 加工余量应保证零件能达到图样上规定的精度和表面粗糙度。

(3) 要考虑零件热处理时引起的变形。

(4) 要考虑所采用的加工方法、设备以及加工过程中零件可能产生的变形。

(5) 要考虑被加工零件尺寸，尺寸越大，加工余量越大。因为零件的尺寸增大后，由切削力、内应力等引起零件变形的可能性也会增加。

(6) 选择加工余量时，还要考虑工序尺寸公差的选择。因为公差决定了加工余量的最大尺寸与最小尺寸。其工序公差不应超出经济加工精度的范围。

(7) 本道工序余量应大于上道工序留下的表面缺陷层厚度。

(8) 本道工序的余量必须大于上道工序的尺寸公差和几何公差。

4. 不同表面的工序余量确定

毛坯的机械加工余量(总余量)取自毛坯图。必要时查阅第5章有关表格，或者根据下列国家标准或有关手册后确定：

《铸件 尺寸公差、几何公差与机械加工余量》(GB/T 6414—2017)；

《锤上钢质自由锻件机械加工余量与公差　一般要求》(GB/T 21469—2008)；

《锤上钢质自由锻件机械加工余量与公差　轴类》(GB/T 21471—2008)；

《锤上钢质自由锻件机械加工余量与公差　盘、柱、环、筒类》(GB/T 21470—2008)；

《钢质模锻件　公差及机械加工余量》(GB/T 12362—2016)。

关于工序机械加工(半精加工和精加工)余量可参见5.5节内容。粗加工余量等于毛坯余量减去半精加工和精加工余量。

1) 轴的加工余量确定

(1) 轴的折算长度　轴的折算长度如表3-4所示。

表3-4　轴的折算长度 L

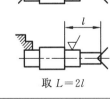

光轴	台阶轴	
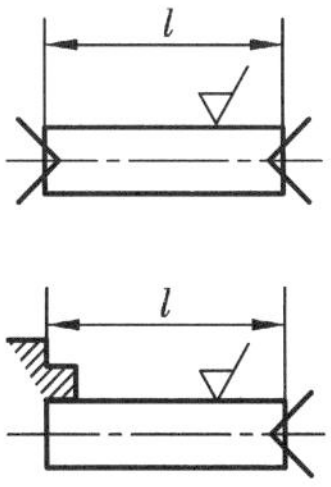 取 $L=l$	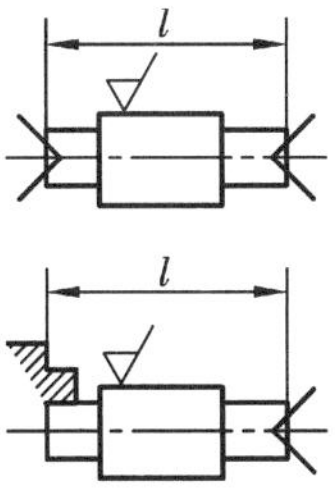 取 $L=l$	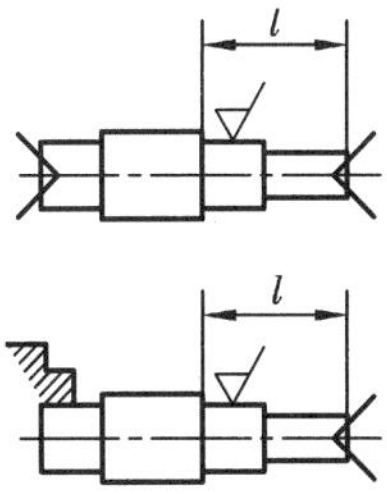 取 $L=2l$
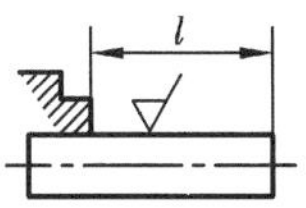 取 $L=2l$	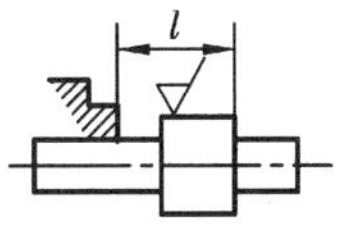 取 $L=2l$	

注　①在单件小批生产时，应将按本表所得的数值乘上系数1.3，并将结果化成一位小数(四舍五入)，这时的粗车外圆公差等级为IT15。

②决定加工余量用的长度的计算与装夹方式有关。

③当工艺有特殊要求时(如中间热处理)，可不按本表规定。

(2) 轴的工序余量确定　轴的工序余量确定包括轴的外圆加工余量、轴的端面加工余量、槽的加工余量等。具体参见表 5-42 至表 5-50。

2) 孔的加工余量确定

孔的加工余量参见表 5-51 至表 5-62。

3) 平面的加工余量确定

平面的加工余量参见表 5-63 至表 5-69。

4) 螺纹的加工余量确定

螺纹的加工余量参见表 5-70。

3.3.2　工序尺寸及其公差的确定

工序尺寸是工件在加工过程中各道工序应保证的加工尺寸。工艺路线确定后，就要计算各道工序加工时应该达到的工序尺寸和公差。工序尺寸及其公差的确定与工序余量的大小、工序尺寸的标注方法、基准选择、中间工序安排等密切相关，是制订工艺规程的一项重要工作。

确定工序尺寸一般的方法是，由加工表面的最后一道工序开始依次向前推算，最后工序的工序尺寸按设计尺寸标注。当无基准转换时，同一表面多次加工的工序尺寸只与工序(或工步)的加工余量有关。当定位基准与工序基准不重合或工序尺寸尚需从继续加工的表面标注时，工序尺寸应用工艺尺寸链解算。

1. 定位基准、工序基准、测量基准与设计基准重合时工序尺寸与公差的确定

定位基准、工序基准、测量基准与设计基准重合时，同一表面经过多工序加工而达到设计尺寸要求，各工序的工序尺寸与公差可按下列步骤进行。

(1) 确定某一被加工表面各加工工序的加工余量　由查表法确定各工序的加工余量(参见 5.5 节)。

(2) 计算各工序尺寸的公称尺寸　从终加工工序开始，即从设计尺寸开始，到第一道加工工序，逐次加上(对被包容面)或减去(对包容面)每道加工工序的基本余量，便可得到各工序尺寸的公称尺寸(包括毛坯尺寸)。

(3) 确定各工序尺寸公差及其偏差　除终加工工序以外，根据各道工序所采用的加工方法及其经济加工精度，确定各工序的工序尺寸公差(终加工工序的公差按设计要求确定)，并按"入体原则"标注工序尺寸公差。

例 3-1　如图 5-3 所示的套筒座，其孔径为 ϕ50H7 mm，表面粗糙度为 Ra 1.6 μm，毛坯材料为 HT250。大批生产时确定其加工方案为：金属型铸造毛坯→粗镗→精镗→磨削。试用查表法确定加工余量，并求解各道工序的有关工序尺寸及公差。

解　(1) 用查表法确定各道工序的加工余量及毛坯总余量。

查表 5-54 知，磨削加工余量为 0.3 mm；查表 5-53 知，精镗(对应表中半精镗孔)加工余量为 1.0 mm，粗镗加工余量为 1.5 mm。则

$$\text{毛坯总余量}=\text{各工序余量之和}=(0.3+1.0+1.5)\text{mm}=2.8\text{ mm}$$

(2) 计算各工序尺寸的公称尺寸。

磨削后孔径应达到图样规定尺寸，因此磨削工序尺寸即图样上的尺寸 $D_3=\phi50\text{H}7$ mm(设计尺寸)。其他各工序公称尺寸依次为

$$D_2=(50-0.3)\text{mm}=49.7\text{ mm(精镗)}$$

$$D_1=(49.7-1.0)\text{mm}=48.7\text{ mm(粗镗)}$$

$$D_0=(48.7-1.5)\text{mm}=47.2\ \text{mm}(\text{毛坯})$$

(3) 确定各工序尺寸的公差及其偏差。

工序尺寸的公差按各加工方法所能达到的经济精度确定，查阅机械制造技术基础相关教材中各种加工方法的经济加工精度表或参阅图2-6进行选择。

磨削前精镗加工精度取IT10级，查表3-5，得 $T_2=0.1$ mm；粗镗加工精度取IT12级，查表3-5，得 $T_1=0.25$ mm。

表3-5 常用标准公差数值(摘自GB/T 1800.1—2020)

公称尺寸/mm		标准公差等级								
		IT5	IT6	IT7	IT8	IT9	IT10	IT11	IT12	IT13
大于	至	/μm							/mm	
—	3	4	6	10	14	25	40	60	0.1	0.14
3	6	5	8	12	18	30	48	74	0.12	0.18
6	10	6	9	15	22	36	58	90	0.15	0.22
10	18	8	11	18	27	43	70	110	0.18	0.27
18	30	9	13	21	33	52	84	130	0.21	0.33
30	50	11	16	25	39	62	100	160	0.25	0.39
50	80	13	19	30	46	74	120	190	0.3	0.46
80	120	15	22	35	54	87	140	220	0.35	0.54
120	180	18	25	40	63	100	160	250	0.4	0.63
180	250	20	29	46	72	115	185	290	0.46	0.72
250	315	23	32	52	81	130	210	320	0.52	0.81
315	400	25	36	57	89	140	230	360	0.57	0.89

毛坯公差取自毛坯图，这里查阅《铸件　尺寸公差、几何公差与机械加工余量》(GB/T 6414—2017)(见表5-9)，取DCTG9级，由表5-7确定其公差 $T_0=2$ mm。

(4) 工序尺寸偏差按"入体原则"标注。

磨削：$\phi50^{+0.025}_{0}$ mm

精镗：$\phi49.7^{+0.1}_{0}$ mm

粗镗：$\phi48.7^{+0.25}_{0}$ mm

毛坯铸造：$\phi47.2\pm1$ mm

为清楚起见，把上述计算和查表结果汇总于表3-6中。

表3-6 孔的工序尺寸及公差的计算 (mm)

工序名称	工序间双边余量	工序达到的公差	工序尺寸及公差
磨削	0.3	IT7	$\phi50^{+0.025}_{0}$
精镗	1.0	IT10	$\phi49.7^{+0.1}_{0}$
粗镗	1.5	IT12	$\phi48.7^{+0.25}_{0}$
毛坯铸造	—	DCTG9	$\phi47.2\pm1$

另外，可以换一个思路来解决问题。从表5-11和表5-8可以查得该灰铸铁金属型铸造毛坯的机械加工余量等级为D～F，相应的机械加工余量为0.3～0.5 mm，剩下的就是如何把总

加工余量分配给粗镗、精镗、磨削工序的问题了。按照这个思路，粗镗、精镗的精度等级要提高，加工余量要减小，这样才能保证毛坯总余量等于各工序余量之和。可见解决实际问题时，不仅仅要查表，还要对表格数据进行合理的修正。

2. 工序基准与设计基准不重合时工序尺寸与公差的确定

当工序基准与设计基准不重合时，需要进行工艺尺寸链计算。当零件在加工过程中多次转换工序基准、工序数目多、工序之间的关系较为复杂时，可采用工艺尺寸链的综合图解跟踪法来确定工序尺寸及公差。

3.4 切削用量的确定

切削用量是切削加工时可以控制的参数，具体是指切削速度 v_c(m/min)、进给量 f(mm/r)和吃刀量 a(mm)三个参数。切削用量的选择对生产率、加工成本和加工质量均有重要影响。

3.4.1 切削用量的一般性选择原则

切削用量主要应根据工件的材料、精度要求以及刀具的材料、机床的功率和刚度等情况确定，在保证工序质量的前提下，充分利用刀具的切削性能和机床的功率、转矩等特性，获得高生产率和低加工成本。

从刀具耐用度角度出发，首先应选定吃刀量 a，其次选定进给量 f，最后选定切削速度 v_c。

粗加工时，加工精度和表面粗糙度要求不高，毛坯余量较大，因此，选择粗加工的切削用量时，要尽量保证较高的金属切除率，以提高生产率；精加工时，加工精度和表面粗糙度要求较高，加工余量小且均匀，因此，选择切削用量时应着重保证加工质量，并在此基础上尽量提高生产率。切削用量的选择原则如表 3-7 所示。

表 3-7 切削用量的选择原则

影响因素和选择原则		详细说明
应考虑的因素	提高切削加工生产率	(1) 在机床、刀具、夹具、工件、工艺规程等已定的前提下，保证工序质量，并获得高的加工效率和低的加工成本； (2) 在切削加工中，金属切除率与切削用量三要素 a、f、v_c 均保持线性关系，即其中任一参数增大 1 倍，都可使生产率提高 1 倍。由于刀具耐用度的制约，当任一参数增大时，其他两个参数必须调整。因此，实现切削用量三要素的合理组合，才是提高效率的关键
	延长或稳定刀具耐用度	(1) 切削用量三要素对刀具耐用度的影响，从大到小的排列顺序为 v_c、f、a； (2) 为保证合理的刀具耐用度，首先应选用尽可能大的吃刀量，然后再选用大的进给量，最后求出切削速度
	加工表面粗糙度	增大进给量将增大表面粗糙度。因此，进给量是精加工时影响生产率提高的主要因素

续表

<table>
<tr><th colspan="3">影响因素和选择原则</th><th>详 细 说 明</th></tr>
<tr><td rowspan="2">刀具耐用度的选择原则</td><td colspan="2">最高生产率刀具耐用度根据单件工时最少的目标确定</td><td rowspan="2">(1) 根据刀具复杂程度、制造和刃磨的成本来选择，复杂和精度高的刀具耐用度应选得比单刃刀具高些；
(2) 对于机夹可转位刀具，由于换刀时间短，为了充分发挥其切削性能，提高生产效率，刀具耐用度可选得低些；
(3) 对于装刀、换刀和调刀比较复杂的多刀机床、组合机床与自动化加工刀具，刀具耐用度应选得高些，以保证刀具可靠性；
(4) 当车间内某一工序的生产率限制了整个车间的生产率的提高时，该工序的刀具耐用度要选得低些；
(5) 当进行大件精加工时，为保证至少完成一次走刀，避免切削时中途换刀，刀具耐用度应按零件精度和表面粗糙度来确定</td></tr>
<tr><td colspan="2">最低成本刀具耐用度根据工序成本最低的目标确定</td></tr>
<tr><td rowspan="4">切削用量确定的一般步骤</td><td rowspan="2">吃刀量 a 的选择</td><td>粗加工</td><td>根据工件的加工余量来确定吃刀量，除留下精加工余量外，一次走刀尽可能切除全部余量，a 可达 8～10 mm。当切削加工余量过大、工艺系统刚度过低、机床功率不足、刀具强度不够或断续切削的冲击振动较大时，可分多次走刀。切削表面层有硬皮的铸、锻件时，应尽量使吃刀量大于硬皮层的厚度，以保护刀尖</td></tr>
<tr><td>半精加工和精加工</td><td>此时一般加工余量较小，可一次切除。为了保证加工精度和表面质量，也可多次走刀，第一次走刀的吃刀量一般为加工余量的 2/3 以上。半精加工（表面粗糙度为 Ra 6.3～3.2 μm）时，a 取为 0.5～2 mm，精加工（表面粗糙度为 Ra 1.6～0.8 μm）时，a 取为 0.1～0.4 mm</td></tr>
<tr><td colspan="2">进给量 f 的选择</td><td>a 选定后，尽可能选用较大的 f，粗加工时主要受工艺系统的强度和刚度制约。半精加工和精加工时，最大进给量主要受工件表面粗糙度的制约。进给量一般根据经验按表格选取（详见第 5 章有关表格）</td></tr>
<tr><td colspan="2">切削速度 v_c 的确定</td><td>(1) 在 a 和 f 选定以后，可在保证刀具合理耐用度的条件下，用计算的方法或用查表法确定 v_c（详见第 5 章有关表格）。
(2) 粗加工的 a 和 f 均较大，故选择较低的 v_c；精加工时，则选择较高的 v_c。
(3) 工件材料的加工性较差时，应选较低的 v_c。加工灰铸铁时 v_c 应较加工中碳钢时低，而加工有色金属时 v_c 则较加工碳钢时高得多。
(4) 刀具材料的切削性能越好，v_c 可选得越高。因此，硬质合金刀具可采用的 v_c 比高速钢刀具高好几倍，涂层硬质合金、陶瓷、金刚石和立方氮化硼刀具可采用的切削速度 v_c 又比硬质合金刀具高许多。
(5) 在粗加工和半精加工时，应注意使 v_c 避开易产生积屑瘤和鳞刺的速度区域。
(6) 在易发生振动的情况下，v_c 应避开自激振动的临界速度。
(7) 在加工带硬皮的铸件、锻件，加工大件、细长件和薄壁件及断续切削时，应选用较低的 v_c</td></tr>
</table>

1. 吃刀量 a 的选择

粗加工时，吃刀量应根据加工余量和工艺系统刚度来确定。由于粗加工是以提高生产率为主要目标的，所以在留出半精加工、精加工余量后，应尽量将粗加工余量一次切除。一般 a 可达 8～10 mm。当遇到断续切削、加工余量太大或不均匀的情况时，则应考虑多次走刀，而此时的吃刀量应依次递减，即 $a_1>a_2>a_3>\cdots$。

精加工时，应根据粗加工留下的余量确定吃刀量，使精加工余量小而均匀。

2. 进给量 f 的选择

粗加工时，若对表面粗糙度要求不高，在工艺系统刚度和强度高的情况下，可以选用大一些的进给量；精加工时，应主要考虑工件表面粗糙度要求，一般表面粗糙度值减小，进给量也要相应减小。

3. 切削速度 v_c 的选择

切削速度主要应根据工件和刀具的材料来确定。粗加工时，v_c 主要受刀具寿命和机床功率的限制，如超出了机床许用功率，则应适当降低切削速度；精加工时，选用的 a 和 f 都较小，在保证合理刀具耐用度的情况下，应选取尽可能高的切削速度，在保证加工精度和表面质量的同时满足生产率的要求。常用刀具合理耐用度参考值如表 3-8 所示。

表 3-8　常用刀具合理耐用度参考值

刀具类型	耐用度参考值/min	刀具类型	耐用度参考值/min
高速钢车刀、刨刀、镗刀	30～60	加工淬火钢用立方氮化硼车刀	120～150
硬质合金可转位刀、陶瓷刀	15～45	仿形车刀	120～180
硬质合金焊接车刀	15～60	多轴钻床上的高速钢钻头	200～300
硬质合金端铣刀	120～180	多轴铣床上的铣刀	400～800
高速钢钻头	80～120	齿轮刀具硬质合金端铣刀	200～300
金刚石车刀	600～1200	数控机床加工用刀具	按班次安排

切削用量选定后，应根据已选定的机床，将进给量 f 和切削速度 v_c 修正成机床所能实现的进给量 f 和转速 n，并计算出实际的切削速度 v_c。机械加工工序卡片上填写的切削用量应是修正后的进给量 f、转速 n 及实际切削速度 v_c。

转速 n(r/min)的计算公式为

$$n=\frac{v_c}{\pi d}\times 1000$$

式中：d——刀具(或工件)直径(mm)；

v_c——切削速度(m/min)。

3.4.2　车削加工切削用量的选择

1. 背吃刀量

(1) 粗加工时，应尽可能一次切去全部加工余量，即选择背吃刀量等于余量。当余量太大时，应考虑工艺系统刚度和机床的有效功率，尽可能选取较大背吃刀量和最小的工作行程数。

(2) 半精加工时，如单边余量 $h>2$ mm，则应分在两次行程中切除：第一次 $a_{p1}=(2/3\sim 3/4)h$；第二次 $a_{p2}=(1/4\sim 1/3)h$。否则可以一次切除。

(3) 精加工时,应该在一次行程中切除精加工工序余量。

2. 进给量

背吃刀量选定后,进给量直接决定了切削面积,从而决定了切削力的大小。因此,允许选用的最大进给量受到机床的有效功率和转矩、机床进给传动机构强度、工件刚度、刀具强度与刚度、图样规定的加工表面粗糙度等因素的影响。

3. 切削速度

在背吃刀量和进给量选定后,切削速度的选定是否合理,对切削效率和加工成本影响很大。一般方式是根据合理的刀具耐用度计算或查表选定。

车削加工的切削用量见表5-71至表5-77。

3.4.3 钻、扩、锪、铰、镗削加工切削用量的选择

钻削用量的选择包括确定钻头直径、进给量和切削速度。应该尽可能选择大直径钻头、大的进给量,再根据钻头的寿命选取合适的钻削速度,以取得高的钻削效率。

钻头直径由工艺尺寸要求确定,应尽可能一次钻出所要求的孔。钻孔时的背吃刀量为孔的半径,扩孔、铰孔的背吃刀量为扩(铰)孔后与扩(铰)孔前孔的半径之差。

进给量主要受钻削背吃刀量和机床进给机构和动力的限制,一般可查表选择。钻削速度通常根据钻头耐用度按照经验选取。

钻、扩、锪、铰、镗削加工的切削用量如表5-78至表5-85所示。

3.4.4 铣削加工切削用量的选择

根据加工余量来确定铣削吃刀量。粗铣时,为提高切削效率,一般选择铣削吃刀量等于加工余量,一个工作行程铣完。半精铣时,吃刀量一般为0.5～2 mm;精铣时一般为0.1～1 mm或更小。

铣削加工时要注意区分的铣削要素包括:

v_c——铣削速度(m/min);

d——铣刀直径(mm);

n——铣刀转速(r/min);

f——铣刀每转工作台移动速度,即每转进给量(mm/r);

f_z——铣刀每齿工作台移动速度,即每齿进给量(mm/z);

v_f——进给速度,即工作台每分钟移动的速度(mm/min);

z——铣刀齿数;

a_e——铣削侧吃刀量,即垂直于铣刀轴线方向的切削层尺寸(mm);

a_p——铣削背吃刀量,即平行于铣刀轴线方向的切削层尺寸(mm)。

铣削加工的切削用量如表5-86至表5-92所示。

3.4.5 磨削加工切削用量的选择

磨削加工切削用量的选择原则是在保证工件表面质量的前提下尽量提高生产率。磨削一般采用普通速度,即 $v_s \leqslant 35$ m/s;有时也采用高速磨削,即 $v_s > 35$ m/s。磨削加工切削用量的选择步骤是先选择较大的工件速度 v_w,再选择轴向进给量 f_a,最后选择径向进给量 f_r。

磨削加工的切削用量如表5-93至表5-96所示。

3.4.6 攻螺纹切削用量的选择

攻螺纹时常发生丝锥折断、丝锥崩齿、丝锥磨损等问题，从而影响攻螺纹的质量，切削速度过快往往是引起这些问题的主要原因。因此攻螺纹时，应该在保证丝锥寿命的前提下选择合适的切削速度。

选择攻螺纹的切削速度具体有计算法和查表法，计算法详见《机械加工工艺手册》。攻螺纹的切削速度如表 5-97 所示。

3.4.7 拉削加工切削用量的选择

选择拉削加工切削用量的原则是在保证拉刀寿命的前提下尽可能地提高拉削速度，以减少拉削过程中容易出现的划伤和鳞刺现象。由于拉削力很大，在查表选定拉削的切削用量后，要进行拉刀强度和拉床功率的校核。

拉削加工的切削用量如表 5-98 所示。

3.5 时间定额的估算

3.5.1 时间定额及其组成

1. 时间定额

时间定额是指在一定生产条件下，规定生产一件产品或完成一道工序所需消耗的时间。

2. 时间定额的组成

时间定额由作业时间 T_B(包括基本时间 T_b 和辅助时间 T_a)、布置工作地时间 T_s、休息和生理需要时间 T_r、准备与结束时间 T_e 等组成。各种时间所包含的内容如表 3-9 所示。

表 3-9 时间定额的组成及工时计算(根据 GB/T 24737.7—2009)

<table>
<tr><th colspan="2">项　目</th><th colspan="2">内　容</th></tr>
<tr><td rowspan="2">作业
时间 T_B</td><td>基本时间 T_b</td><td colspan="2">直接用于改变生产对象的尺寸、形状、相对位置、表面状态或材料性质等工艺过程所消耗的时间。如机器制造业中的铸、锻、焊、金属切削加工、装配等作业时间</td></tr>
<tr><td>辅助时间 T_a</td><td colspan="2">为保证基本工艺过程的实现，必须进行的各种辅助动作所消耗的时间。如机械加工工序中装卸工件，进、退刀，测量，自检，转换刀架，开、停车等操作耗费的时间</td></tr>
<tr><td colspan="2">布置工作地时间 T_s</td><td colspan="2">为使加工正常进行，工人照管工作地(如润滑机床、清理切屑、收拾工具等)所消耗的时间，一般按作业时间的2%～7%计算</td></tr>
<tr><td colspan="2">休息和生理需要时间 T_r</td><td colspan="2">工人在工作班内为恢复体力和满足生理需要所消耗的时间，一般按作业时间的 2%～4%计算，如正常休息、喝水、如厕等耗费的时间</td></tr>
<tr><td colspan="2">准备与结束时间 T_e
(简称准终时间)</td><td colspan="2">工人为了生产一批产品或零部件，进行准备和结束工作所需消耗的时间。如每批工件的数量为 n，则分摊到每个零件上的准备和结束时间为 T_e/n</td></tr>
<tr><td colspan="2" rowspan="2">工时计算</td><td>工 时 类 别</td><td>计 算 公 式</td></tr>
<tr><td>单件时间 T_p
成批生产单件计算时间 T_c
大量生产单件计算时间 T_c</td><td>单件：$T_p=T_B+T_s+T_r=T_a+T_b+T_s+T_r$
成批：$T_c=T_p+T_e/n=T_a+T_b+T_s+T_r+T_e/n$
大量：$T_c=T_p=T_a+T_b+T_s+T_r$</td></tr>
</table>

3.5.2 基本时间的计算

常见加工方法的基本时间可用计算法确定。

1. 车削和镗削基本时间的计算

车削和镗削加工常用符号如下：

T_b——基本时间(min)；

L——刀具或工作台行程长度(mm)；

l——切削加工长度(mm)；

l_1——刀具切入长度(mm)；

l_2——刀具切出长度(mm)；

v——切削速度(m/min 或 m/s)；

d——工件或刀具的直径(mm)；

n——机床主轴转速(r/min)；

f——主轴每转一周刀具的进给量(mm/r)；

a_p——背吃刀量(mm)；

i——走刀次数。

车削和镗削基本时间的计算如表 3-10 所示。

表 3-10 车削和镗削基本时间的计算

加工示意图	计算公式	说明
车外圆和镗孔 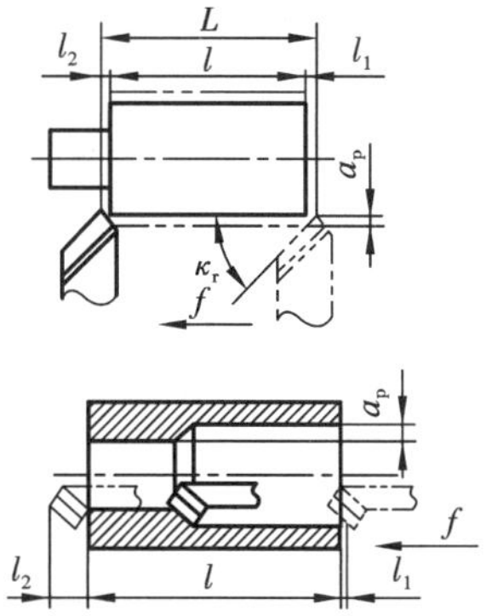	$T_b=\frac{L}{fn}i=\frac{l+l_1+l_2+l_3}{fn}i$	$l_1=a_p/\tan\kappa_r+(2\sim3)$ mm； $l_2=3\sim5$ mm，当加工到台阶时 $l_2=0$ mm，当刀具主偏角$\kappa_r=90°$时 $l_2=2\sim3$ mm； l_3为单件小批生产时的试切附加长度，l_3的值参见表3-11
车端面、切断或车圆环端面、切槽 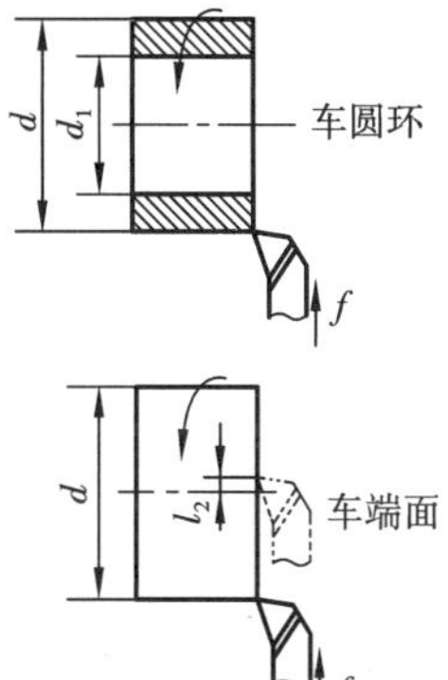 车圆环 车端面	$T_b=\frac{L}{fn}i$	$L=\frac{d-d_1}{2}+l_1+l_2+l_3$； l_1、l_2、l_3同上； 车槽时 $l_2=l_3=0$ mm，切断时 $l_3=0$ mm； d_1为车圆环的内径或车槽的底径(mm)，车实体端面和切断时，$d_1=0$ mm

表 3-11 试切附加长度 l_3 的取值 (mm)

测量尺寸	测量工具	l_3
—	游标卡尺、直尺、卷尺、内卡钳、塞规、样板、深度尺	5
≤250	卡规、外卡钳、千分尺	3～5
>250		5～10
≤1000	内径千分尺	5

2. 钻削基本时间的计算

钻削基本时间的计算如表 3-12 所示。

表 3-12 钻削基本时间的计算

加工示意图	计算公式	说明
钻孔与中心孔 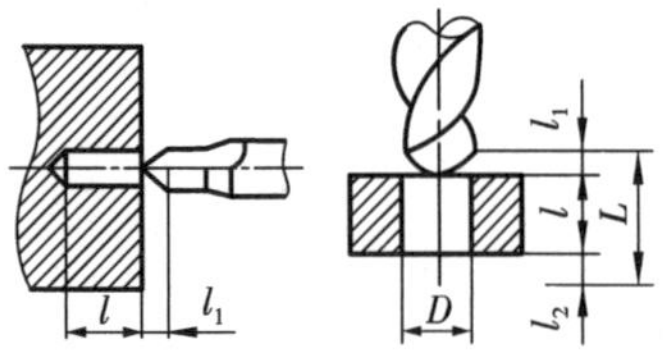	$T_b=\dfrac{L}{fn}=\dfrac{l+l_1+l_2}{fn}$	$l_1=(D/2)\cot\kappa_r+(1\sim2)$ mm，D 为孔径，κ_r 为刀具主偏角； $l_2=1\sim4$ mm，钻中心孔和盲孔时 $l_2=0$ mm
扩钻、扩孔与铰圆柱孔 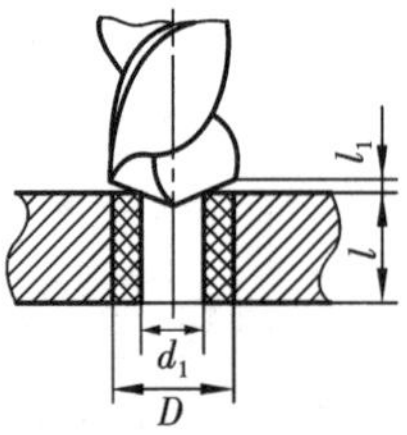	$T_b=\dfrac{L}{fn}=\dfrac{l+l_1+l_2}{fn}$	$l_1=\dfrac{D-d_1}{2}\cot\kappa_r+(1\sim2)$ mm，d_1 为扩、铰前的孔径(mm)，D 为扩、铰后的孔径(mm)，κ_r 为刀具主偏角； 钻、扩和铰盲孔时 $l_2=0$ mm，扩钻、扩孔时 $l_2=2\sim4$ mm，铰圆柱孔时 l_2 见表 3-13
锪倒角、埋头孔、凸台 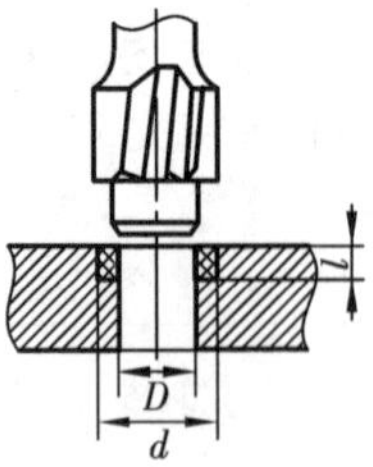	$T_b=\dfrac{L}{fn}=\dfrac{l+l_1}{fn}$	$l_1=1\sim2$ mm
扩、铰圆锥孔 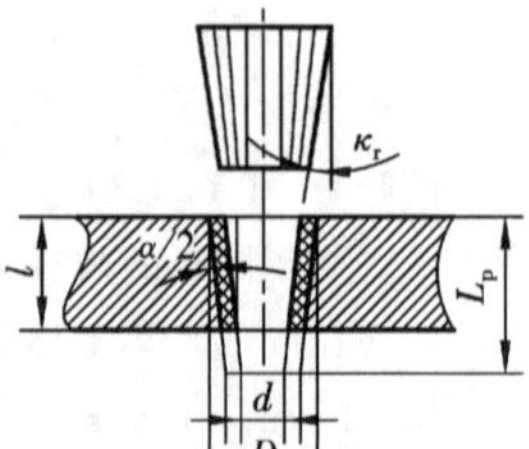	$T_b=\dfrac{L}{fn}=\dfrac{l+l_1+l_2}{fn}$	图中 L_p 为行程计算长度(mm)；κ_r 为刀具主偏角；α 为孔圆锥角

注 l_1——刀具切入长度(mm)；l_2——刀具切出长度(mm)。

表 3-13 铰圆柱孔时的切出长度 l_2 (mm)

$a_p=\frac{D-d}{2}$	0.05	0.10	0.125	0.15	0.20	0.25	0.30
l_2	13	15	18	22	28	39	45

3. 铣削基本时间的计算

铣削常用符号如下：

d——铣刀直径(mm)；

z——铣刀齿数；

l_1——刀具切入长度(mm)；

l_2——刀具切出长度(mm)；

n——铣刀转速(r/min)；

f_M——工作台的进给量(mm/min)，$f_M=f_z zn$；

f_{Mz}——工作台的水平进给量(mm/min)；

f_{Mc}——工作台的垂直进给量(mm/min)；

a_e——铣削侧吃刀量(垂直于铣刀轴线方向的切削层尺寸)(mm)；

a_p——铣削背吃刀量(平行于铣刀轴线方向的切削层尺寸)(mm)。

铣削基本时间的计算如表 3-14 所示。

表 3-14 铣削基本时间的计算

加工示意图	计算公式	说明
圆柱铣刀铣平面、三面刃铣刀铣槽	$T_b=\frac{l+l_1+l_2}{f_{Mz}}$	$l_1=\sqrt{a_e(d-a_e)}+(1\sim3)$ mm； $l_2=2\sim5$ mm
端面铣刀铣平面(对称铣)	$T_b=\frac{l+l_1+l_2}{f_{Mz}}$	当主偏角为 90° 时，$l_1=0.5\left(d-\sqrt{d^2-a_e^2}\right)+(1\sim3)$ mm， 当主偏角小于 90° 时，$l_1=0.5\left(d-\sqrt{d^2-a_e^2}\right)+\frac{a_p}{\tan\kappa_r}+(1\sim2)$ mm； $l_2=3\sim5$ mm
端面铣刀铣平面(不对称铣)	$T_b=\frac{l+l_1+l_2}{f_{Mz}}$	$l_1=0.5d-\sqrt{C_0(d-C_0)}+(1\sim3)$ mm； $C_0=(0.03\sim0.05)d$； $l_2=3\sim5$ mm

续表

加工示意图	计算公式	说明
铣键槽(两端开口) 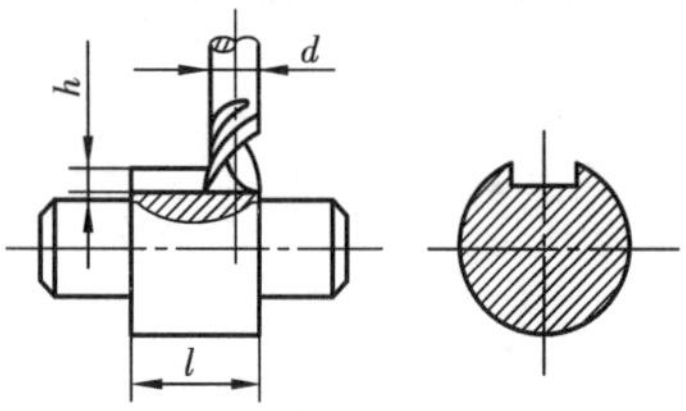	$T_b=\frac{l+l_1+l_2}{f_{Mz}}i$	$l_1=0.5d+(1\sim2)$ mm； $l_2=1\sim3$ mm； $i=h/a_p$，h 为键槽深度(mm)，通常 $i=1$，即一次铣削到设计深度； l 为铣削轮廓的实际长度(mm)
铣键槽(一端闭口) 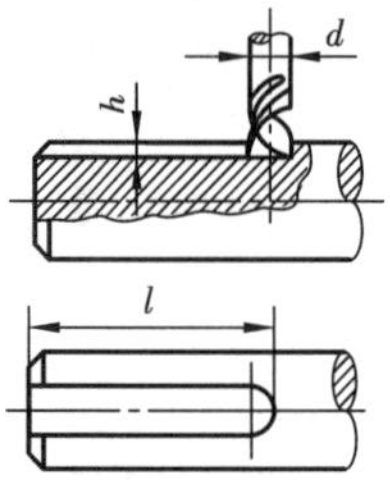	同上	$l_2=0$ mm，其余同上
铣键槽(两端闭口) 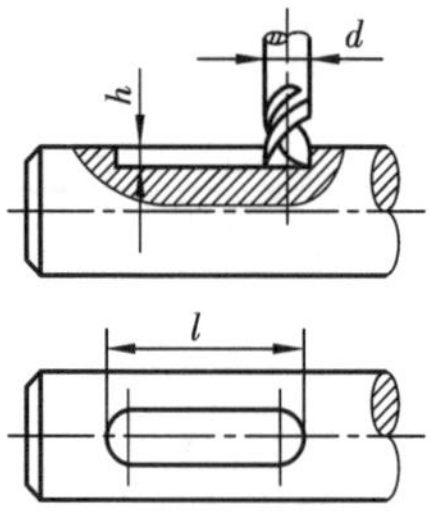	$T_b=\frac{l-d}{f_{Mc}}+\frac{h+l_1}{f_{Mc}}$	$l_1=1\sim2$ mm

4. 螺纹加工基本时间的计算

螺纹加工常用符号如下：

d——螺纹大径(mm)；

P——螺纹螺距(mm)；

l_1——刀具切入长度(mm)；

l_2——刀具切出长度(mm)；

f——工件每转进给量(mm/r)；

q——螺纹的线数。

螺纹加工基本时间的计算如表 3-15 所示。

表 3-15 螺纹加工基本时间的计算

加工示意图	计算公式	说明
在车床上车螺纹 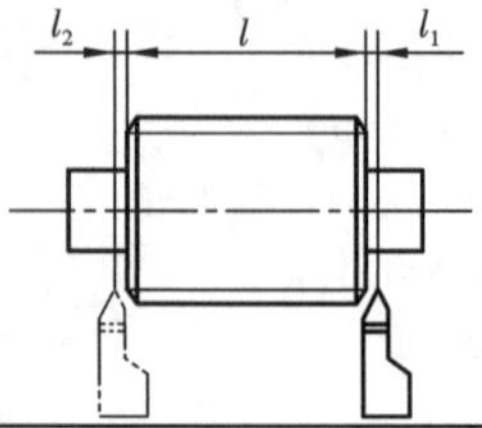	$T_b=\frac{L}{fn}iq=\frac{l+l_1+l_2}{fn}iq$	对于通切螺纹 $l_1=(2\sim3)P$，对于不通切螺纹 $l_1=(1\sim2)P$； $l_2=2\sim5$ mm

续表

加工示意图	计算公式	说明
用板牙攻螺纹	$T_b=\left(\frac{l+l_1+l_2}{fn}+\frac{l+l_1+l_2}{fn_0}\right)i$	$l_1=(1\sim3)P$; $l_2=(0.5\sim2)P$; n_0为工件的转速(mm/min); i为使用板牙的次数
用丝锥攻螺纹	$T_b=\left(\frac{l+l_1+l_2}{fn}+\frac{l+l_1+l_2}{fn_0}\right)i$	$l_1=(1\sim3)P$; $l_2=(2\sim3)P$,攻盲孔时 $l_2=0$ mm; n_0为丝锥或工件回程的转速(r/min); i为使用丝锥的数量; n为丝锥或工件的转速(r/min)

表3-16至表3-18列出了几种常见加工方法下的刀具切入、切出长度,供计算基本时间时参考。

表3-16　用常见加工方法铰孔时的刀具切入、切出长度　(mm)

背吃刀量 a_p	与主偏角 κ_r 有关的切入长度 l_1					切出长度 l_2
	3°	5°	12°	15°	45°	
0.05	0.95	0.57	0.24	0.19	0.05	13
0.10	1.90	1.10	0.47	0.37	0.0	15
0.125	2.40	1.40	0.59	0.48	0.125	18
0.15	2.90	1.70	0.71	0.56	0.15	22
0.20	3.80	2.40	0.95	0.75	0.23	28
0.25	4.80	2.90	1.20	0.92	0.25	39
0.30	5.70	3.40	1.40	1.10	0.30	45

注　对于 $d_1\leqslant18$ mm 的铰刀,l_1要增加0.5 mm;对于 $d_1=17\sim35$ mm 的铰刀,l_1要增加1 mm;对于 $d_1=36\sim80$ mm 的铰刀,l_1要增加2 mm。加工盲孔时 $l_2=0$ mm。

表3-17　用圆柱铣刀铣平面时的切入、切出长度　(mm)

铣削侧吃刀量 a_e	与铣刀直径 d 有关的切入、切出长度 l_1+l_2						
	50	63	80	100	125	160	200
1.0	9	10	11	13	14	16	16
2.0	12	13	15	17	19	21	22
3.0	14	16	17	20	22	25	26
4.0	16	17	20	23	25	28	29

续表

铣削侧吃刀量 a_e	与铣刀直径 d 有关的切入、切出长度 l_1+l_2						
	50	63	80	100	125	160	200
5.0	17	19	21	25	27	30	32
6.0	18	21	23	27	29	33	36
8.0	21	23	26	30	33	37	41
10.0	22	25	28	33	36	41	46
15.0	—	—	33	39	43	49	54
20.0	—	—	—	43	48	55	62
25.0	—	—	—	—	52	60	68
30.0	—	—	—	—	—	65	73

表 3-18　用面铣刀铣平面时的切入、切出长度　(mm)

铣削侧吃刀量 a_e	与铣刀直径 d 有关的切入、切出长度 l_1+l_2							铣削侧吃刀量 a_e	与铣刀直径 d 有关的切入、切出长度 l_1+l_2						
	80	100	125	160	200	250	315		80	100	125	160	200	250	315
10	4	—	—	—	—	—	—	140	—	—	—	50	33	26	22
20	5	—	—	—	—	—	—	160	—	—	—	—	44	33	27
30	8	—	—	—	—	—	—	180	—	—	—	—	60	42	33
40	12	7	7	7	6	—	—	200	—	—	—	—	—	54	40
50	18	9	9	9	9	8	—	220	—	—	—	—	—	71	47
60	—	12	11	11	9	8	—	240	—	—	—	—	—	94	59
80	—	20	17	15	13	11	10	260	—	—	—	—	—	—	72
100	—	—	27	23	18	15	13	280	—	—	—	—	—	—	88
120	—	—	44	34	24	20	16	300	—	—	—	—	—	—	110

3.5.3　辅助时间定额的计算

辅助时间定额从表 3-19 中查取。

表 3-19　典型动作辅助时间定额 T_a 参考值

动　　作	时间/min	动　　作	时间/min
拿取工件并放在夹具上	0.5～1.0	调整尾架偏心或刀架角度，以便车锥度	0.5
拿取扳手，启动和调节切削液	0.05～0.10	拿镗杆将其穿过工件和镗模并连接在主轴上	1
手动夹紧工件	0.5～1.0	在钻头、铰刀、丝锥上刷油	0.1
气、液动夹紧工件，工件快速趋近刀具	0.02～0.05	根据手柄刻度调整吃刀量，用压缩空气吹净夹具	0.05
启动机床，变速或变换进给量，放下清扫工具	0.02	移动摇臂，将钻头对准钻套	0.05～0.08

续表

动　作	时间/min	动　作	时间/min
接通或断开自动进给按钮，放下量具或拿清扫工具	0.03	更换普通钻套，用内径千分尺测量一个孔径	0.3
工件或刀具退离并复位	0.03～0.05	用斜楔从主轴中打出锥柄钻头	0.5
变换刀架或转换方位	0.95	回转钻模转换方位	0.3～0.5
放松、移动并锁紧尾架	0.4～0.5	在工作台上用手翻转钻模，用深度尺测量孔深	0.2
更换夹具导套、测量一个尺寸(用极限量规)	0.10	更换单铣刀	8
更换快换刀具(钻头、铰刀)	0.1～0.2	更换组合铣刀	15
取量具	0.04	摇动分度头分度	0.15
清扫工件或清扫夹具定位基面	0.1～0.2	调整牛头刀架，以便刨斜面	0.4
手动放松和夹紧	0.05～0.08	关闭或移开磨床防护罩	0.02
气、液动放松和夹紧	0.02～0.4	清理磁性工作台，以便安装工件	0.5
操作伸缩式定位件或调整一个辅助支承	0.02～0.05	将拉刀穿过工件并固定在夹头上	0.1
用划线针找正并锁紧工件	0.2～0.3	穿系或解开起吊绳索	0.5～1.0
取下顶尖或换装钻头	0.2	取下工件	0.2～0.8
打开或关上回转压板或钻模板	0.5		

注　①以上数据是在使用通用设备加工中、小零件时得到的。

②对于表中未给出的动作，可参考表中类似的动作确定其辅助时间，如停止机床可参考启动机床的时间。

3.6　机械加工工序卡片的填写

3.6.1　机械加工工序卡片

机械加工工序卡片是在工艺卡的基础上，按照每道工序所编制的一种工艺文件，用来具体指导操作者进行生产。它是生产过程中最常用的工艺文件之一。机械加工工序卡片有不同的格式，常用的机械加工工序卡片可参考机械行业标准《工艺规程格式》(JB/T 9165.2—1998)。

供学生课程设计使用的机械加工工序卡片样式如表5-2所示。

在大批量生产中，每个零件的每道工序都要求有工序卡。成批生产中只要求主要零件的每道工序有工序卡，而一般零件仅关键工序有工序卡。

3.6.2　机械加工工序卡片的内容

作为每道工序的指导性文件，机械加工工序卡片一般应配有相应的工序简图，并详细说明工序的每个工步的加工内容、工艺参数、操作要求及所用设备和工艺装备等，具体包括以下几个项目。

1. 抬头

"抬头"是工步内容栏以上的表格部分，主要表明零件的生产单位、零件的名称、材料、工序名称、工序号、车间、工段等信息。在课程设计中，对此项可以有选择性地填写。

2. 工序简图

工序简图为机械加工工序卡片的核心部分之一，要按照 3.2 节所述要求认真绘制、填写。

3. 工步号及其内容

机械加工工序卡片的内容以工步为基本单元，要求比较详细地填写出每一个工步的顺序号、名称、工步内容，以及每一工步的切削用量、使用的工艺装备和工时定额。在课程设计中，工时定额只填写基本时间。

4. 其他内容

主要包括本工序所选用的机床及其型号，刀具及其牌号，夹具的种类和选用的量具、检具的名称及其精度等级等。其中：属于专用类的，按照专用工艺装备的名称（编号）填写；属于标准类的，填写名称、规格和精度，有编号的也可以填写编号。各项内容注意与机械加工工艺卡片协调一致，有些内容应从机械加工工艺过程卡片照搬过来。

机械加工工序卡片填写示例如表 6-5 所示。

第 4 章　专用夹具设计

4.1　夹具设计概述

机床夹具(简称夹具)是在机械加工中使用的一种工艺装备,它的主要功能是实现对被加工工件的定位和夹紧。通过定位,使各被加工工件在夹具中占有同一个正确的加工位置;通过夹紧,克服加工中存在的各种作用力,使这一正确的位置得到保证,从而使加工过程得以顺利进行。因此,在编制零件加工工艺过程的每道工序中都有一个重要内容,即工件定位方案的确定。工艺人员的一项经常性工作就是设计专用夹具。

机械制造工艺相关教材对夹具的功能、组成、分类和特点有详细的介绍,夹具中经常使用的零件大多也有国家标准供参考使用。这里重点介绍专用夹具设计时的基本要求、基本方法和步骤,提供一些常用的零件和结构供设计者参考。

1. 专用夹具设计的基本要求

(1) 保证被加工要素的加工精度　采用合理的定位、夹紧方案,选择适当的定位、夹紧元件,确定合适的尺寸、几何公差,是保证被加工要素加工精度的基础。

(2) 提高劳动生产率　通过设计合理的夹具结构,可以简化操作过程,有效地减少辅助时间,提高生产效率。

(3) 具有良好的使用性能　简单的总体结构、合理的结构工艺性、加工工艺性,使加工、装配、检验、维修和使用更加简便、安全、可靠。

(4) 具有经济性　在满足加工精度的前提下,夹具结构越简单、元件标准化程度越高,其制造成本越低、制造周期越短,可以获得更好的经济性。

2. 专用夹具设计的一般步骤和需要完成的任务

表 4-1 所示为专用夹具设计的一般步骤及各阶段需要完成的主要任务。

表 4-1　专用夹具设计的一般步骤及各阶段需要完成的主要任务

设计阶段	需要完成的主要设计任务
调研分析	生产纲领和生产类型的分析,机械加工工艺方案分析,工件结构及加工精度要求分析,需要的其他工艺装备情况分析,夹具的操作及生产成本分析。另外,要收集足够的设计参考资料,如机床图册、典型夹具图册、夹具零部件标准等
确定夹具设计方案	确定工件定位方式,选择定位元件,确定夹紧方式,选择夹紧元件,确定对刀、引导方式和元件,确定其他装置结构形式(如分度等),确定夹具总体结构及各部件的关系
方案审查	必要的加工精度分析计算,必要的夹紧力分析计算,必要的零部件强度和刚度分析计算,请相关专业人员进行审查,优化方案
绘制夹具装配图	按现行国家制图标准进行绘图;用双点画线绘制被加工工件(视其为透明体);依次绘制定位、夹紧机构及其他装置;标注必要的尺寸、公差和技术要求;编制夹具的明细表及标题栏
绘制夹具零件图	对夹具中的每个非标准零件都需要画出零件图,并按夹具装配图的要求确定零件的尺寸、公差及技术要求

4.2 夹具总体方案设计

4.2.1 确定工件的定位方案

每道工序的定位方案都需要根据被加工零件的结构、加工方法和具体的加工要素等情况来确定。首先要根据加工要求分析必须限制工件的哪些自由度，然后选择合适的定位元件来限制工件必须限制的自由度。表 4-2 所示为一些具有代表性结构零件的加工要素、加工方法及工件必须限制的自由度的情况。表 4-3 所示为常用定位方式和元件及其组合所限制的自由度。

表 4-2 具有代表性结构零件的加工要素、加工方法及工件必须限制的自由度

工序简图	加工要求	必须限制的自由度	说明
加工槽的各表面	加工尺寸 B；加工尺寸 H；加工尺寸 W	$\vec{X},\overset{\frown}{Z}$ $\overset{\frown}{X},\overset{\frown}{Y},\vec{Z}$	为保证尺寸 B，定位时需要限制工件沿 X 方向的移动自由度和绕 Z 轴的转动自由度。 为保证尺寸 H，定位时需要限制工件沿 Z 方向的移动自由度和绕 X、Y 轴的转动自由度。 尺寸 W 靠刀具的宽度尺寸来保证。 由于加工的是通槽，所以 Y 轴的移动自由度可以不用限制
加工不通槽的各表面	加工尺寸 B；加工尺寸 H；加工尺寸 W；加工尺寸 L	$\vec{X},\vec{Y},\vec{Z}$ $\overset{\frown}{X},\overset{\frown}{Y},\overset{\frown}{Z}$	为保证尺寸 B，定位时需要限制工件沿 X 方向的移动自由度和绕 Z 轴的转动自由度。 为保证尺寸 H，定位时需要限制工件沿 Z 方向的移动自由度和绕 X、Y 轴的转动自由度。 尺寸 W 靠刀具的宽度尺寸来保证。 由于加工的是非通槽，要保证尺寸 L，所以需要限制 Y 轴的移动自由度
加工平面	加工尺寸 H	$\overset{\frown}{X},\vec{Z}$	由于工件加工前为完全对称的圆柱体，加工一个完整的平面，限制工件沿 Z 方向的移动自由度和绕 X 轴方向的转动自由度，就可以满足定位要求

续表

<table>
<tr><th>工序简图</th><th>加工要求</th><th colspan="2">必须限制的自由度</th><th>说　　明</th></tr>
<tr><td> 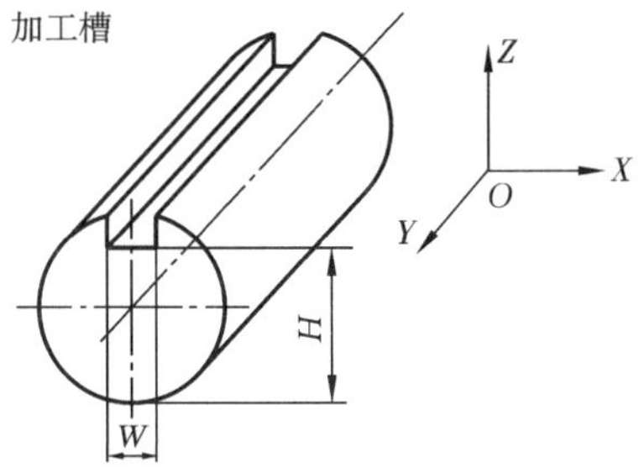加工槽</td><td>加工尺寸 H；加工尺寸 W；加工的通槽有对称度要求</td><td colspan="2">$\vec{X}$，$\widehat{X}$
$\vec{Z}$，$\widehat{Z}$</td><td>由于工件加工前为完全对称的圆柱体，加工的又是一个通槽，所以不限制 Y 轴的移动自由度和转动自由度，也可以满足定位要求</td></tr>
<tr><td> 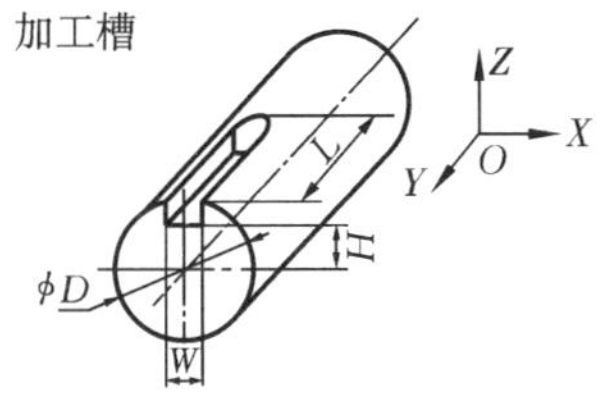加工槽</td><td>加工尺寸 H；加工尺寸 L；加工尺寸 W；加工的非通槽有对称度要求</td><td colspan="2">$\vec{X}$，$\vec{Y}$，$\vec{Z}$
$\widehat{X}$，$\widehat{Z}$</td><td>由于工件加工前为完全对称的圆柱体，加工的又是一个非通槽，所以不限制 Y 轴的转动自由度，也可以满足定位要求</td></tr>
<tr><td rowspan="2"> 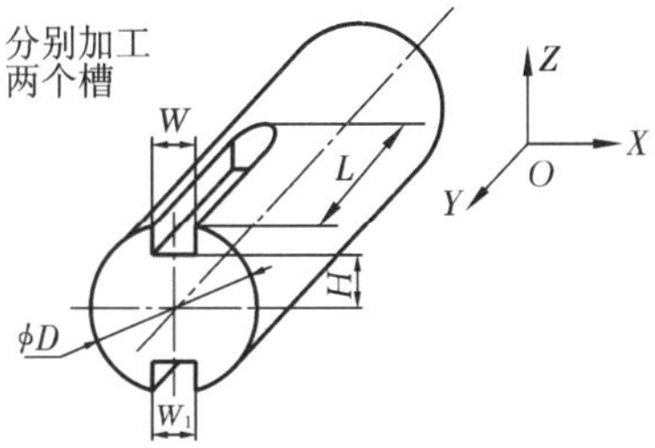分别加工两个槽</td><td rowspan="2">加工尺寸 H；加工尺寸 L；加工尺寸 W、W_1；加工的两侧非通槽有对称度要求</td><td>第一个非通槽</td><td>$\vec{X}$，$\vec{Y}$，$\vec{Z}$
$\widehat{X}$，$\widehat{Z}$</td><td rowspan="2">由于工件加工前为完全对称的圆柱体，加工第一个非通槽时，不用限制绕 Y 轴的转动自由度，可以满足定位要求；而在加工第二个非通槽时，已经为非对称的圆柱体，所以此时要限制绕 Y 轴的转动自由度，才能满足定位要求</td></tr>
<tr><td>第二个非通槽</td><td>$\vec{X}$，$\vec{Y}$，$\vec{Z}$
$\widehat{X}$，$\widehat{Y}$，$\widehat{Z}$</td></tr>
<tr><td rowspan="2"> 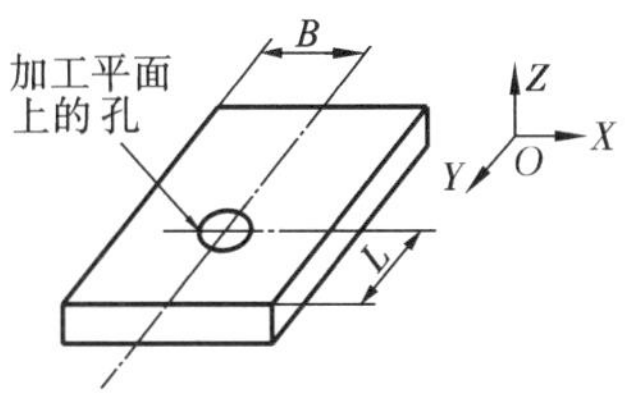加工平面上的孔</td><td rowspan="2">加工尺寸 B；加工尺寸 L</td><td>通孔</td><td>$\vec{X}$，$\vec{Y}$
$\widehat{X}$，$\widehat{Y}$，$\widehat{Z}$</td><td rowspan="2">加工通孔时，可以不用限制工件沿 Z 方向的移动自由度，加工时刀具完全贯穿被加工工件。
如果加工的是盲孔，那么对 Z 方向的加工深度是有要求的，因此需要限制 Z 方向和其他方向的全部6个自由度</td></tr>
<tr><td>盲孔</td><td>$\vec{X}$，$\vec{Y}$，$\vec{Z}$
$\widehat{X}$，$\widehat{Y}$，$\widehat{Z}$</td></tr>
<tr><td rowspan="2">加工平面上的2个 ϕd 孔</td><td rowspan="2">加工尺寸 R；加工的两个孔对中心有位置度要求</td><td>通孔</td><td>$\vec{X}$，$\vec{Y}$
$\widehat{X}$，$\widehat{Y}$</td><td rowspan="2">在普通钻床上、同一工序内，完成两个通孔的加工，可以不限制沿 Z 方向的移动和绕 Z 轴的转动自由度。
如果加工的是盲孔，那么必须限制工件沿 Z 方向的移动自由度</td></tr>
<tr><td>盲孔</td><td>$\vec{X}$，$\vec{Y}$，$\vec{Z}$
$\widehat{X}$，$\widehat{Y}$</td></tr>
</table>

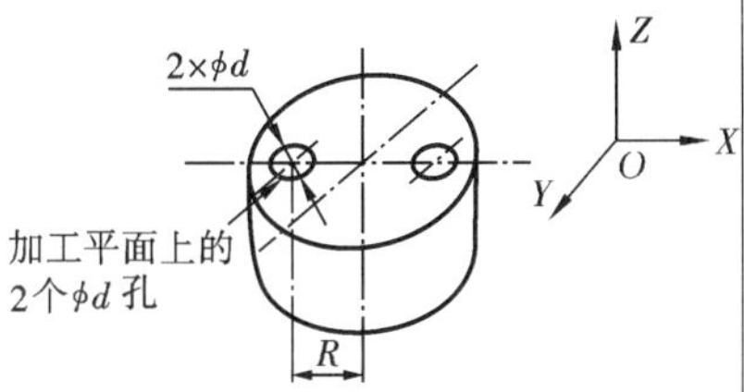

续表

工序简图	加工要求	必须限制的自由度	说明
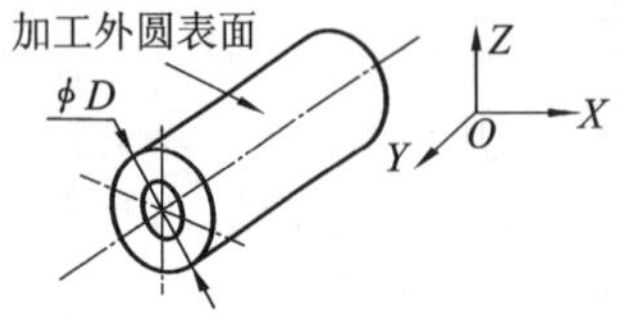 加工外圆表面 ϕD	加工外圆时，需保证其与孔的同轴度要求	$\vec{X},\vec{Z}$ $\widehat{X},\widehat{Z}$	由于加工的为完全对称的回转轴的外圆，定位时，可以不限制其轴线，即不限制沿 Y 方向的移动和绕 Y 轴的转动自由度也可以满足定位要求
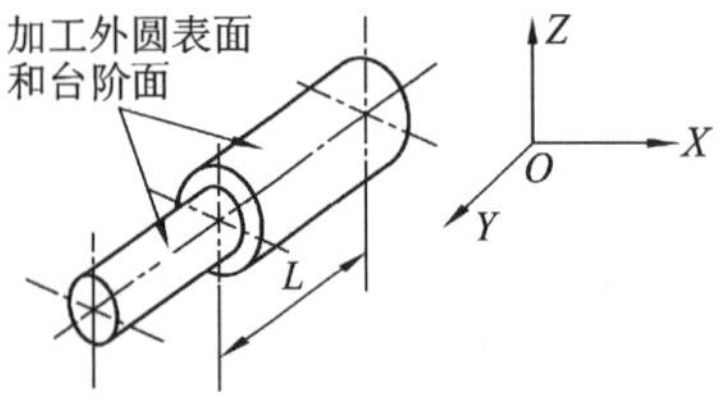 加工外圆表面和台阶面 L	加工尺寸 L；加工的外圆对中心有同轴度要求	$\vec{X},\vec{Y},\vec{Z}$ $\widehat{X},\widehat{Z}$	由于要保证尺寸 L，所以要限制沿 Y 方向的移动自由度。根据被加工零件的对称性，定位时不用限制绕 Y 轴的转动也能满足定位要求

表 4-3　常见定位方式和元件及其组合所限制的自由度

工件定位基准	定位元件	定位方式简图	定位元件特点	限制的自由度
平面	支承钉	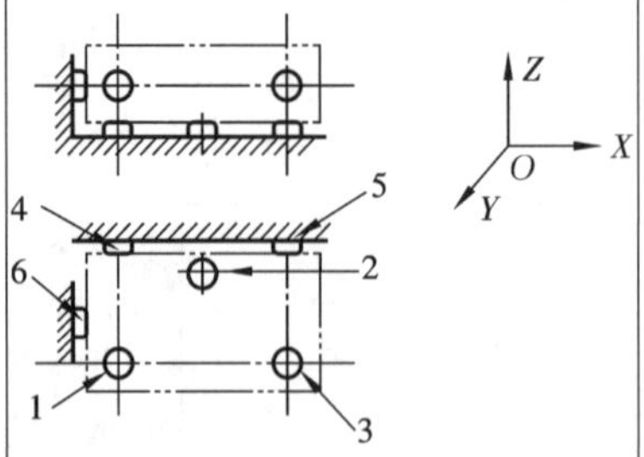 1　2　3　4　5　6	定位支承钉相互独立，组合后起到相应的定位作用。一个平面内的支承钉装配后，要统磨其工作表面使之成为一个平面	1、2、3—$\widehat{X},\widehat{Y},\vec{Z}$ 4、5—$\vec{Y},\widehat{Z}$ 6—$\vec{X}$
平面	支承板	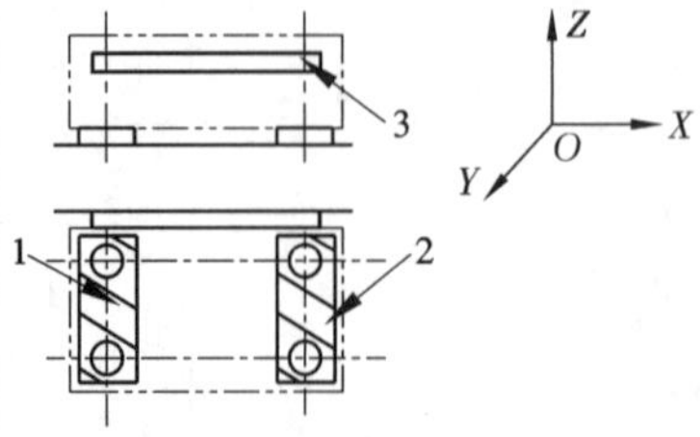 1　2　3	两个支承板独立装配在夹具体上，要统磨其工作表面使之成为一个平面	1、2—$\widehat{X},\widehat{Y},\vec{Z}$ 3—$\vec{Y},\widehat{Z}$

续表

工件定位基准	定位元件	定位方式简图	定位元件特点	限制的自由度
平面	支承板与自位支承或可调支承	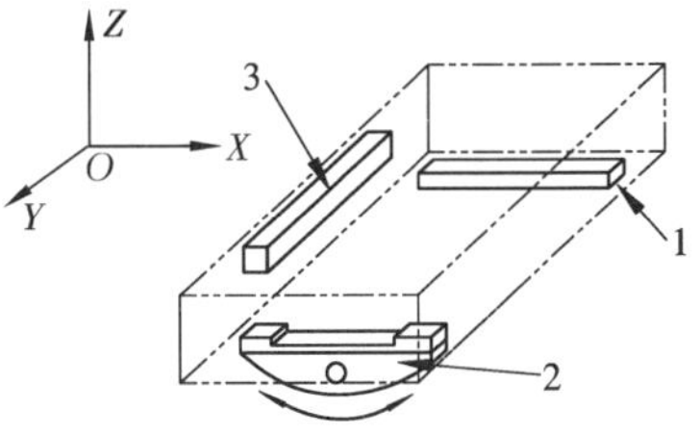 Z, X, Y, O, 1, 2, 3	定位元件 2 为自位支承，与 1 号支承板共同作用形成一个定位平面，也可以用一个支承钉加一个可调支承代替 2 号元件	1、2—$\overset{\frown}{X}$,$\overset{\frown}{Y}$,$\vec{Z}$ 3—$\vec{X}$,$\overset{\frown}{Z}$
外圆表面	一个独立的支承板	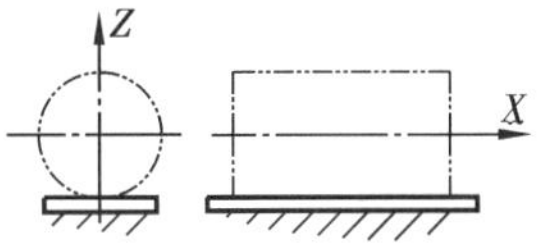 Z, X	支承板与工件线接触	$\vec{Z}$,$\overset{\frown}{Y}$
	圆柱孔	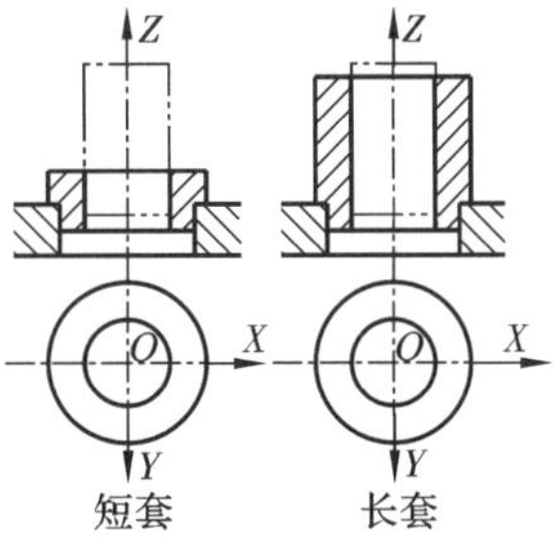 Z, X, Y, O 短套　长套	短套	$\vec{X}$,$\vec{Y}$
			长套	$\vec{X}$,$\vec{Y}$,$\overset{\frown}{X}$,$\overset{\frown}{Y}$
	V 形块	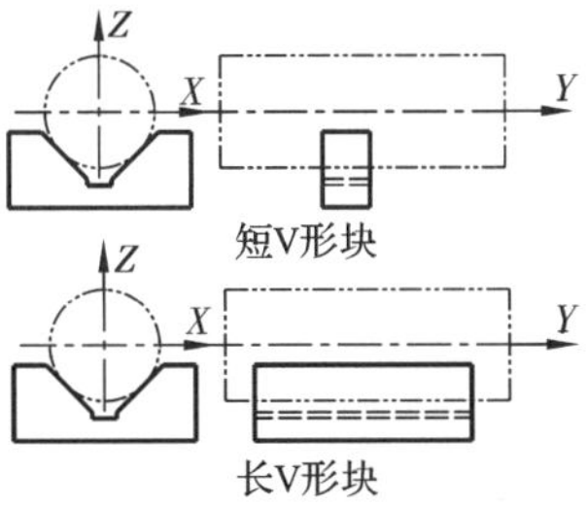 Z, X, Y 短V形块 长V形块	短 V 形块	$\vec{X}$,$\vec{Z}$
			长 V 形块	$\vec{X}$,$\vec{Z}$,$\overset{\frown}{X}$,$\overset{\frown}{Z}$
	锥套	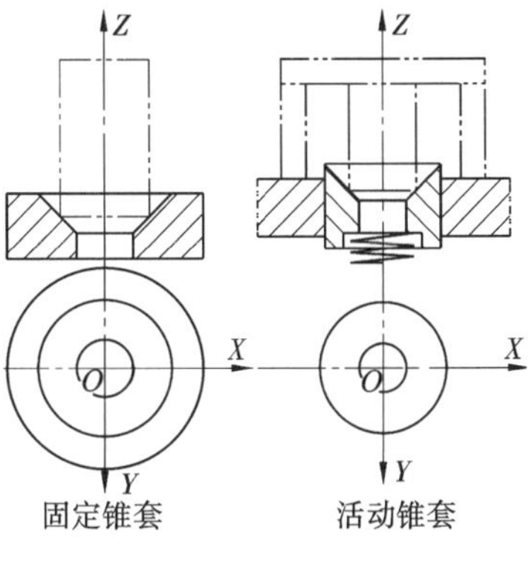 Z, X, Y, O 固定锥套　活动锥套	固定锥套	$\vec{X}$,$\vec{Y}$,$\vec{Z}$
			活动锥套	$\vec{X}$,$\vec{Y}$

续表

工件定位基准	定位元件	定位方式简图	定位元件特点	限制的自由度
定位孔	心轴	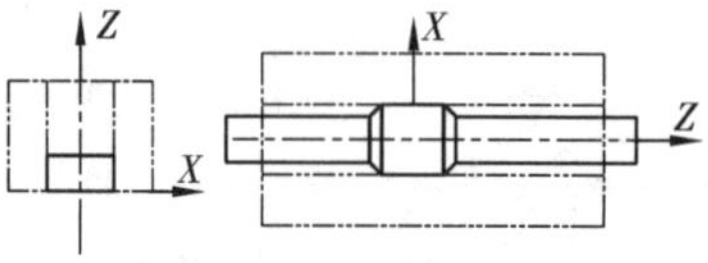	短心轴	$\vec{X},\vec{Y}$
		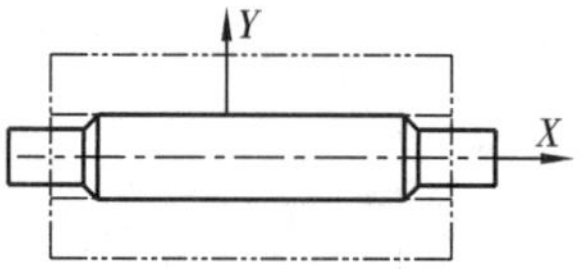	长心轴	$\vec{Y},\vec{Z},\widehat{Y},\widehat{Z}$
		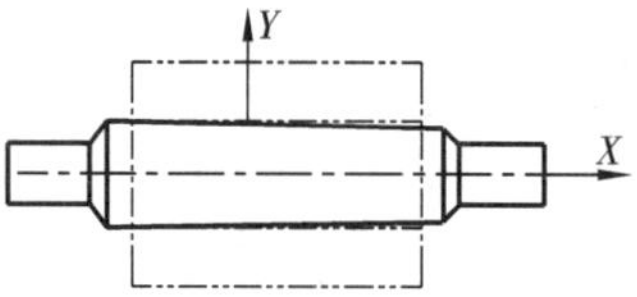	小锥度心轴	$\vec{X},\vec{Y},\vec{Z},\widehat{Y},\widehat{Z}$
顶尖孔	双顶尖	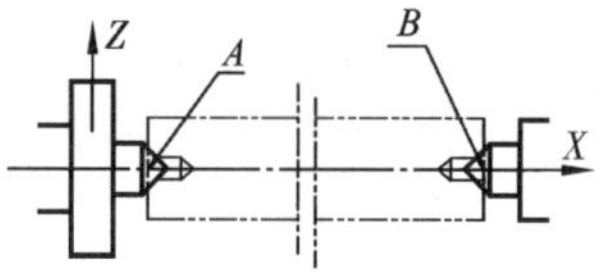	双顶尖组合	$\vec{X},\vec{Y},\vec{Z},\widehat{Y},\widehat{Z}$

4.2.2 确定工件的夹紧方案

定位方式确定后，要选择合适的夹紧方案把工件的位置固定下来。选择夹紧方案的原则是夹得稳、夹得牢、夹得快。进而选择夹紧机构，此时要合理确定夹紧力的三要素：大小、方向和作用点。表 4-4 所示为一些典型夹紧机构及其相关说明，供选择时参考。

确定定位方案和夹紧方案后，可以用夹具方案简图表示出来，如表 4-5 所示，其中定位、夹紧符号在夹具方案简图上的用法参见 3.2 节。

表 4-4 典型夹紧机构及简要说明

类型	夹紧机构简图	受力简图及简要说明
移动压板	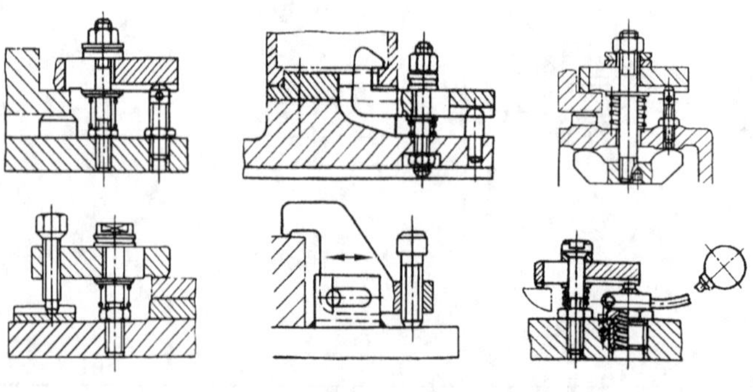	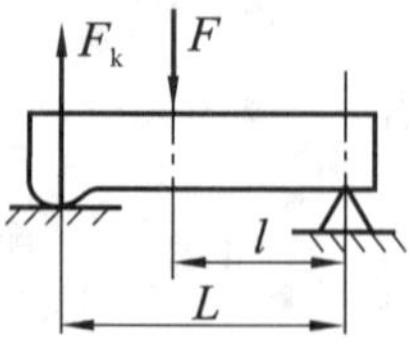 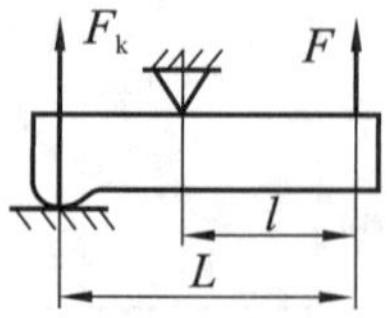

续表

类型	夹紧机构简图	受力简图及简要说明
铰链压板	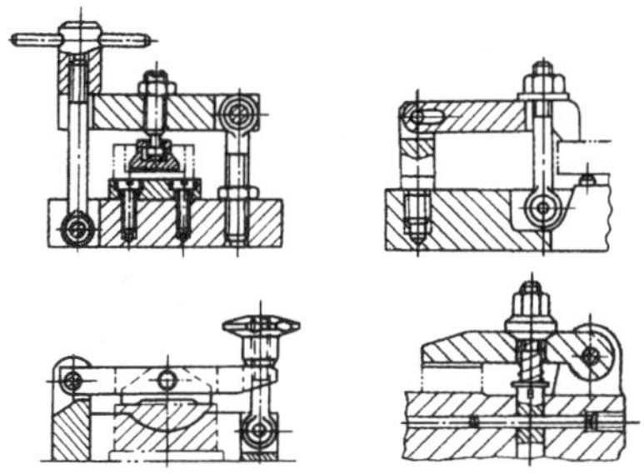	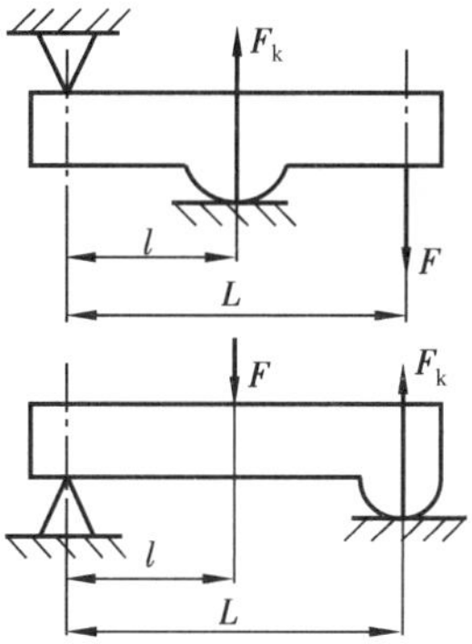
可卸压板	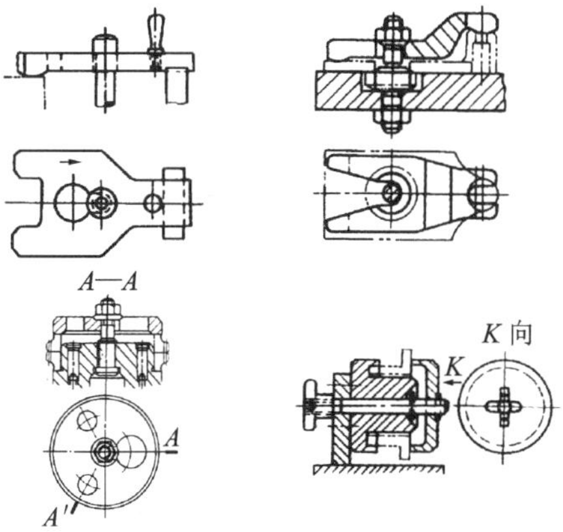	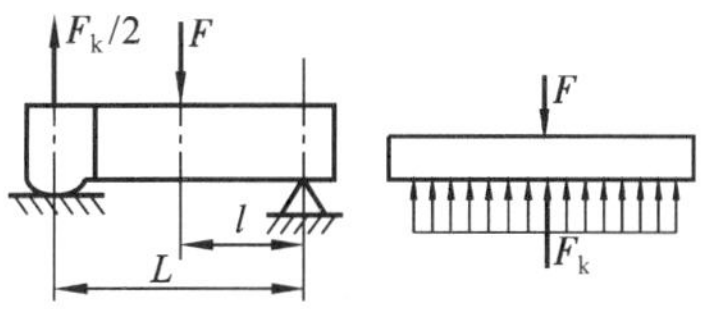
其他压板	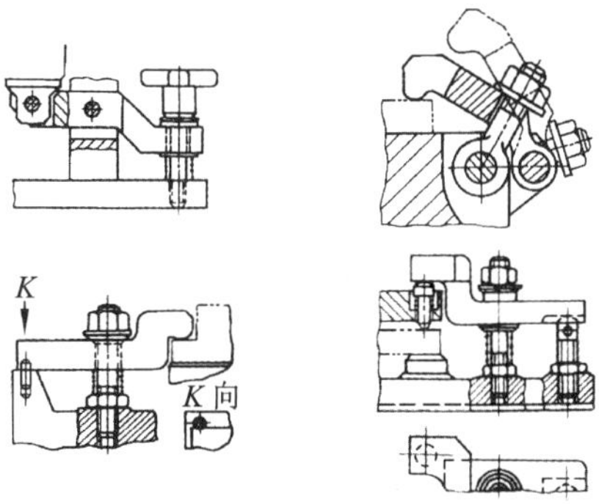	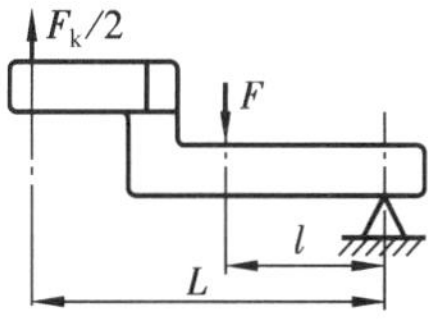
其他夹紧机构	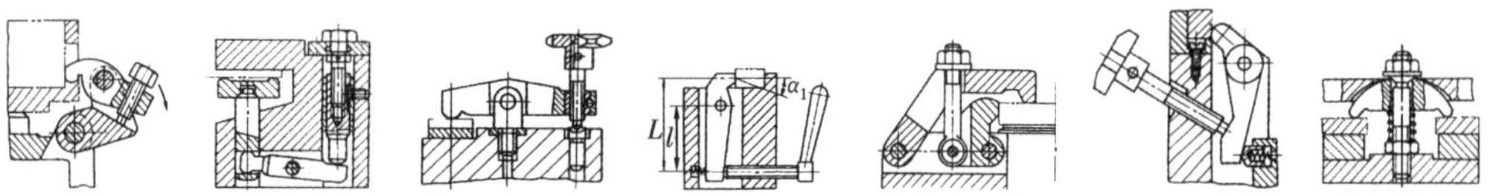 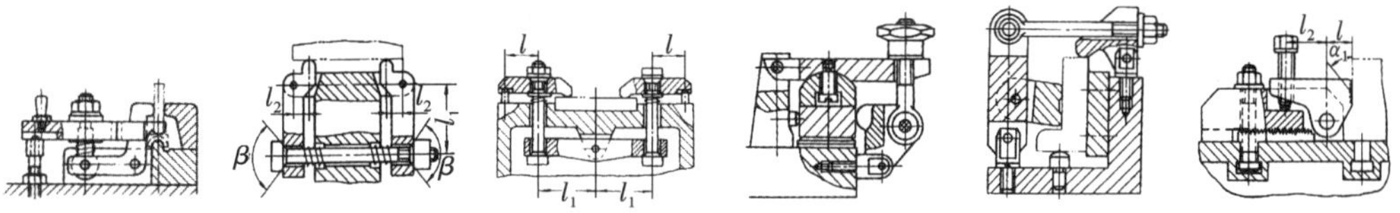	

续表

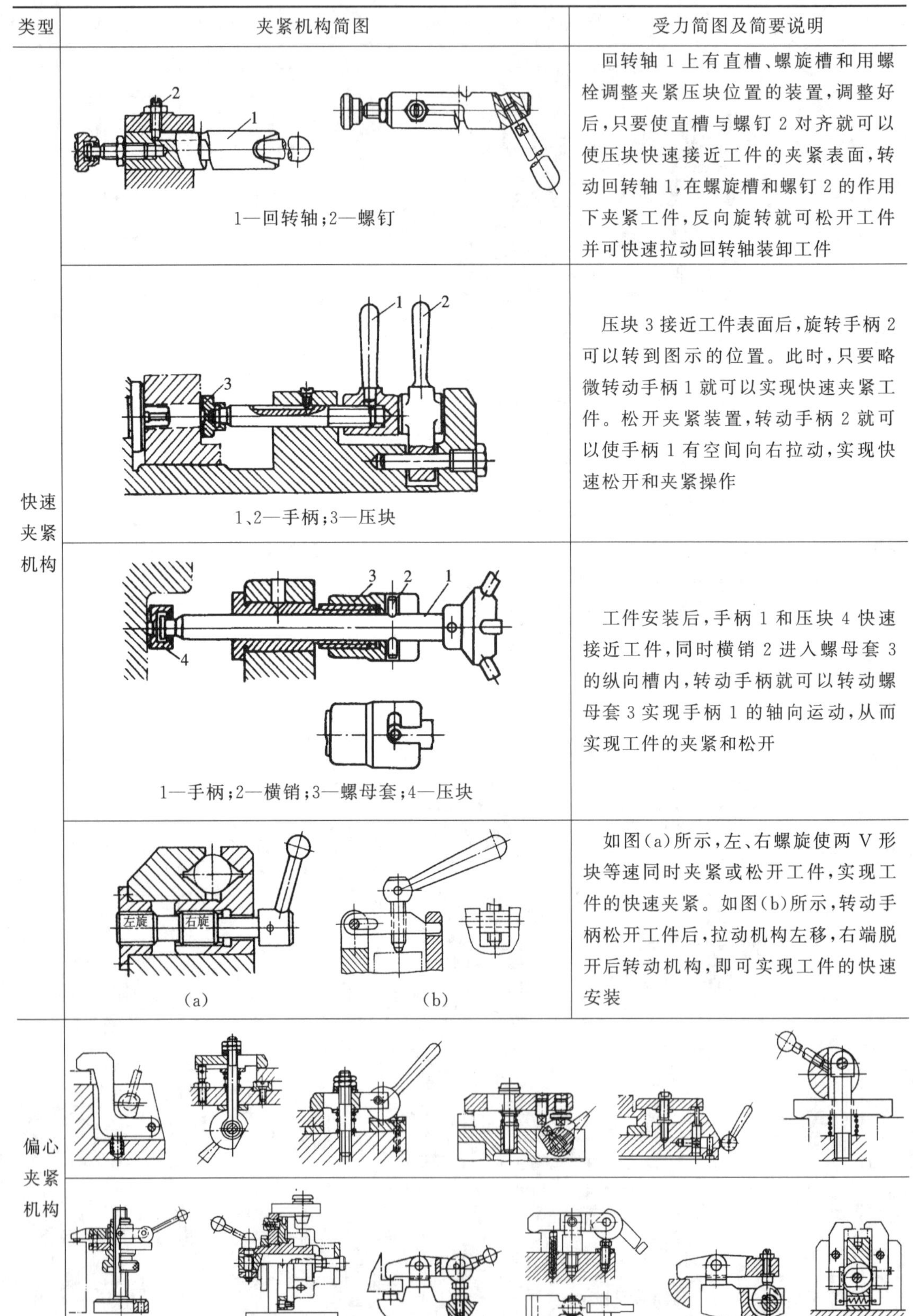

类型	夹紧机构简图	受力简图及简要说明
快速夹紧机构	1—回转轴;2—螺钉	回转轴1上有直槽、螺旋槽和用螺栓调整夹紧压块位置的装置,调整好后,只要使直槽与螺钉2对齐就可以使压块快速接近工件的夹紧表面,转动回转轴1,在螺旋槽和螺钉2的作用下夹紧工件,反向旋转就可松开工件并可快速拉动回转轴装卸工件
	1、2—手柄;3—压块	压块3接近工件表面后,旋转手柄2可以转到图示的位置。此时,只要略微转动手柄1就可以实现快速夹紧工件。松开夹紧装置,转动手柄2就可以使手柄1有空间向右拉动,实现快速松开和夹紧操作
	1—手柄;2—横销;3—螺母套;4—压块	工件安装后,手柄1和压块4快速接近工件,同时横销2进入螺母套3的纵向槽内,转动手柄就可以转动螺母套3实现手柄1的轴向运动,从而实现工件的夹紧和松开
	左旋 右旋 (a) (b)	如图(a)所示,左、右螺旋使两V形块等速同时夹紧或松开工件,实现工件的快速夹紧。如图(b)所示,转动手柄松开工件后,拉动机构左移,右端脱开后转动机构,即可实现工件的快速安装
偏心夹紧机构		

续表

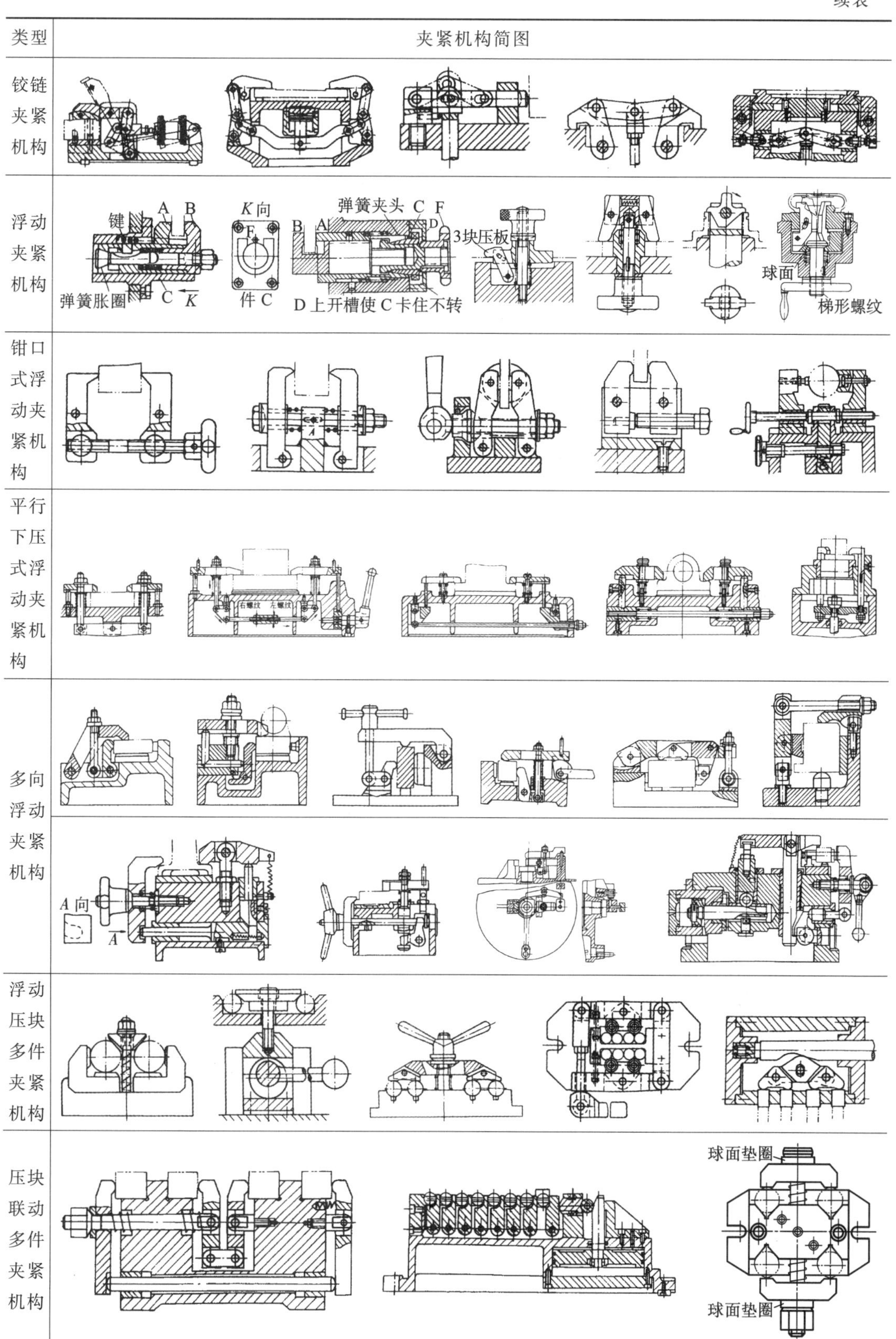
类型
夹紧机构简图
铰链夹紧机构
浮动夹紧机构
键
A
B
K向
F
弹簧夹头
C
F
D
3块压板
球面
梯形螺纹
弹簧胀圈
C
K
件C
D上开槽使C卡住不转
钳口式浮动夹紧机构
A
平行下压式浮动夹紧机构
右螺纹
左螺纹
多向浮动夹紧机构
A向
A
浮动压块多件夹紧机构
压块联动多件夹紧机构
球面垫圈
球面垫圈

续表

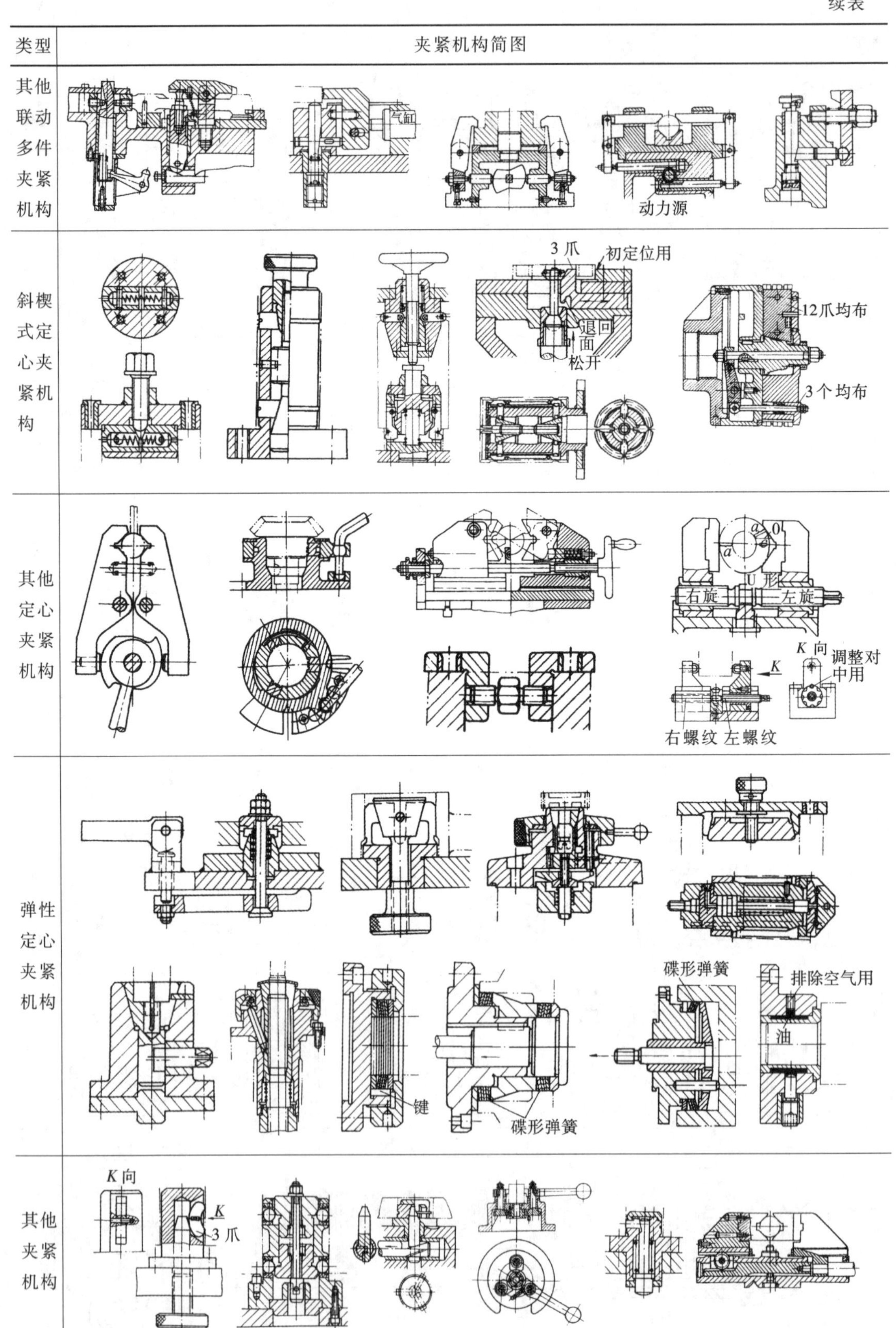

类型	夹紧机构简图
其他联动多件夹紧机构	
斜楔式定心夹紧机构	
其他定心夹紧机构	
弹性定心夹紧机构	
其他夹紧机构	

表 4-5 夹具方案简图示例

方案说明	定位、夹紧符号应用示例	夹具结构示例
安装在铣齿底座上的齿轮(齿形加工)	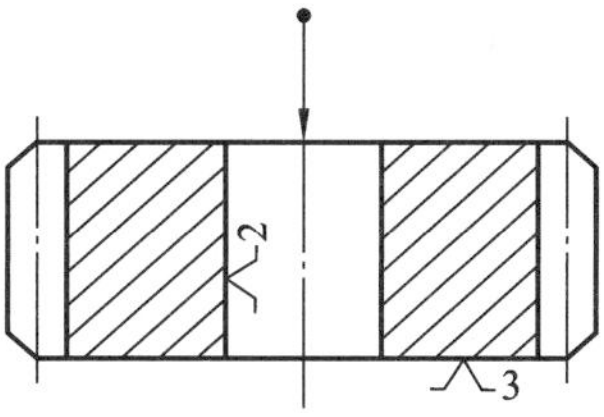 2 3	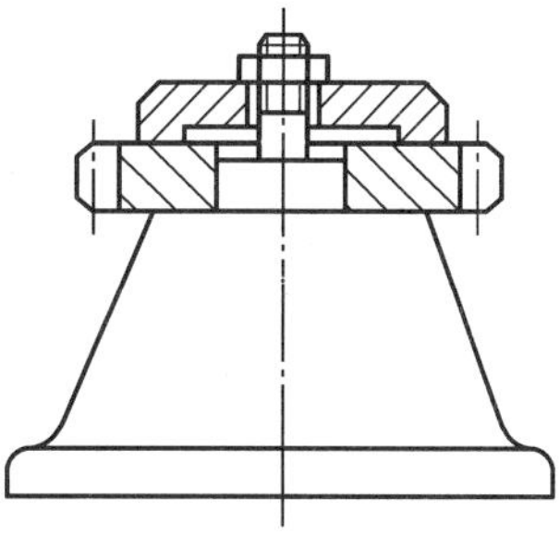

4.2.3 确定刀具的导向或对刀、引导方式

在铣、钻和镗削加工中,常用对刀块、钻套、镗套等元件来解决刀具的对刀、导向问题。

铣削加工中的典型对刀方式及对刀块如表 4-6 所示。镗削夹具中导向套的布置形式如表 4-7 所示,镗套的基本类型如表 4-8 所示。钻夹具中常用的钻套、铣夹具的对刀块和对刀塞尺的结构和尺寸已经标准化,参见 5.7 节有关表格选用。

表 4-6 铣削加工中的典型对刀方式及对刀块

对刀装置名称	对刀图示	用途
平面对刀块	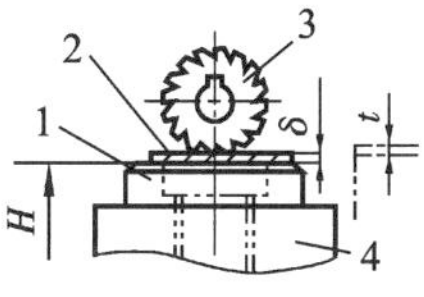 1—对刀块;2—塞尺;3—铣刀;4—夹具体	主要用于加工平面,对刀元件的工作表面为单一平面
直角对刀块	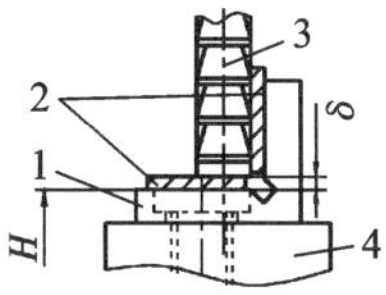 1—直角对刀块;2—塞尺;3—铣刀;4—夹具体	主要用于盘铣刀和圆柱铣刀的对刀,对刀元件的工作表面为一组垂直的平面
非标准对刀块	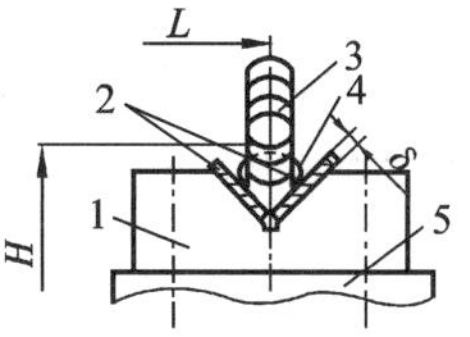 1—对刀块;2—塞尺;3—铣刀;4—心轴;5—夹具体	主要用于成形铣刀的对刀,对刀元件的工作表面根据要求自行设计
	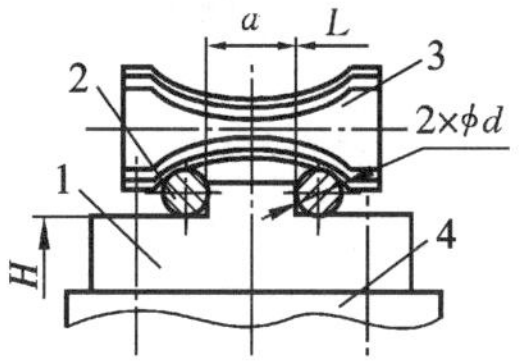 1—对刀块;2—圆柱形塞尺;3—铣刀;4—夹具体	圆柱塞尺主要用于成形铣刀的对刀,对刀元件的工作表面为一组垂直的平面

表 4-7　镗削加工时导向套的布置形式

布置形式	布　置　图	说　　明
单面前导向	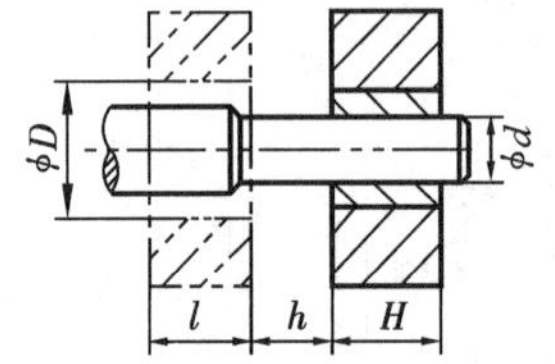	导向支架在刀具的前面，刀具与机床主轴刚性连接，适用于加工直径 $D>60$ mm、加工长度 $L<D$ 的通孔，一般情况下，$h=(0.5\sim1)D$，但 h 不应小于 20 mm，$H=(1.5\sim3)d$
	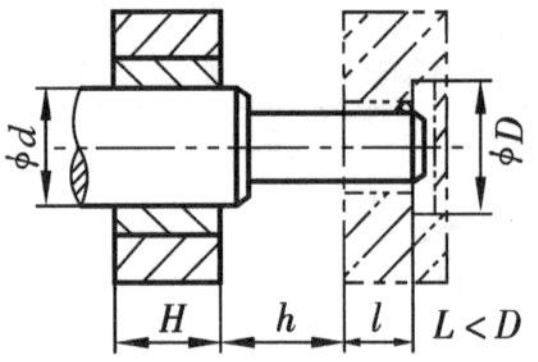 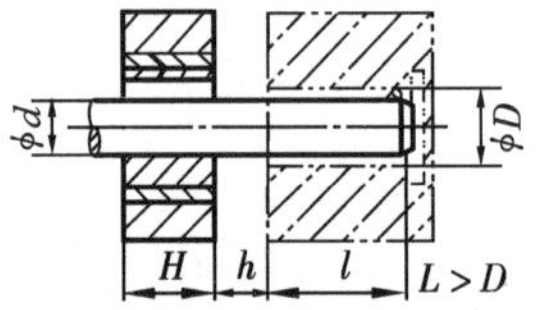	导向支架在刀具的后面，刀具与机床主轴刚性连接。 加工长度 $L<D$ 时，刀具导向部分直径 d 可大于被加工孔的直径 D。刀杆刚度高，加工精度高；加工长度 $L>D$ 时，刀具导向部分直径 d 应小于被加工孔的直径 D，镗杆进入孔内，可以减小镗杆的悬伸量。 $H=(1.5\sim3)d$
单面双导向	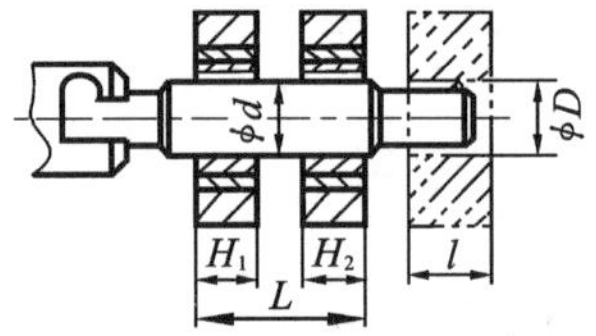	在工件的一侧装有两个导向支架。镗杆与机床主轴浮动连接，$L\geqslant(1.5\sim5)l$，$H_1=H_2=(1\sim2)d$
双面单导向	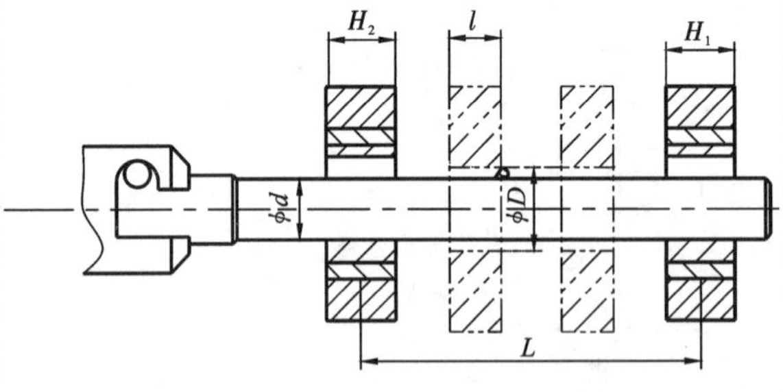	导向支架分别装在工件的两侧，刀具与机床主轴浮动连接。适用于 $L>1.5D$ 的通孔或同轴线且中心距或同轴度要求高的多个孔的加工。当 $L>10d$ 时，应加中间导向支架，导套高度 H_1、H_2： 固定式，$H_1=H_2=(1.5\sim2)d$ 滑动式，$H_1=H_2=(1.5\sim3)d$ 滚动式，$H_1=H_2=0.75d$
双面双导向	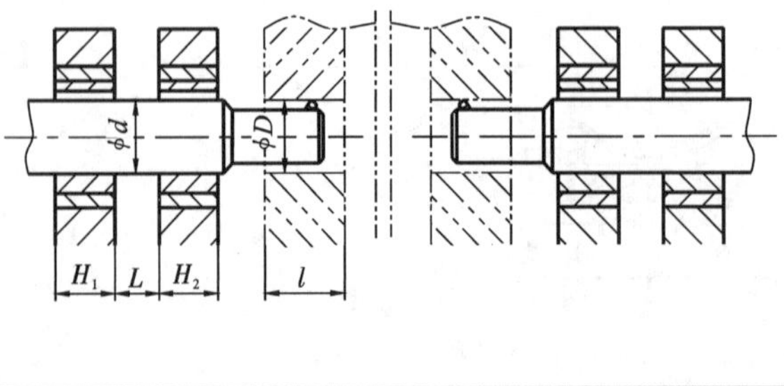	适用于专用的联动镗床，也适用于加工精度高而需要两面镗孔的场合，在大批量生产中应用较广

表 4-8 镗套的基本类型

基本类型	结构简图	使用说明
固定式镗套	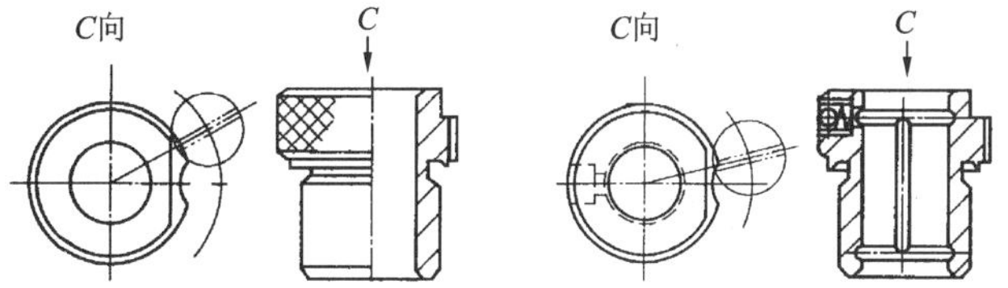 C向 C A型 C向 C B型	结构简单,外形尺寸小,中心位置准确。适用于低速镗孔
外滚式滑动镗套	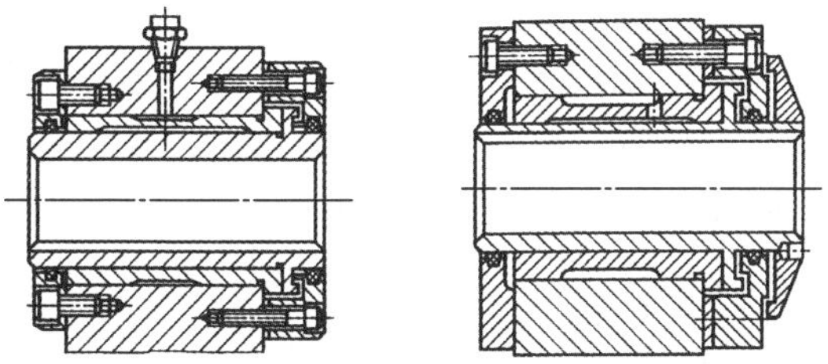	径向尺寸较小,抗振性能好,承载能力大。适用于精加工、回转线速度低于 24 m/min 的场合
	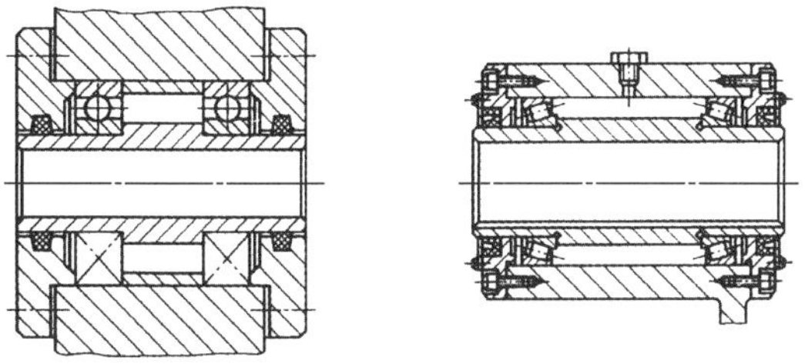	径向尺寸大,回转精度低。适用于粗加工或半精加工的场合
	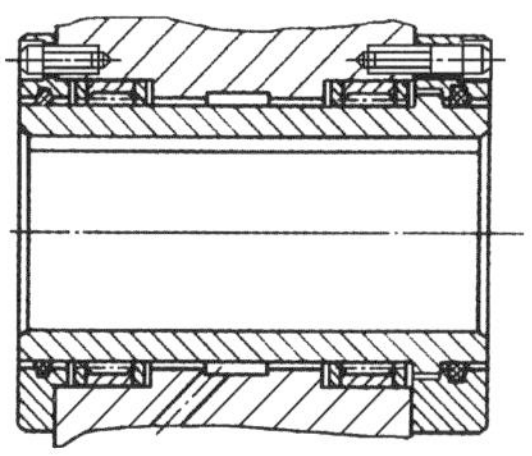	使用滚针轴承,适用于镗孔间距很小或径向负荷很大的场合
	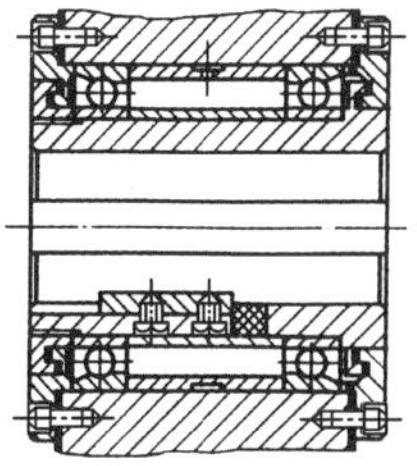	适用于机床主轴有定位装置的场合,以保证其工作过程中镗杆与引刀槽的位置关系准确

续表

基本类型	结构简图	使用说明
内滚式滑动镗套	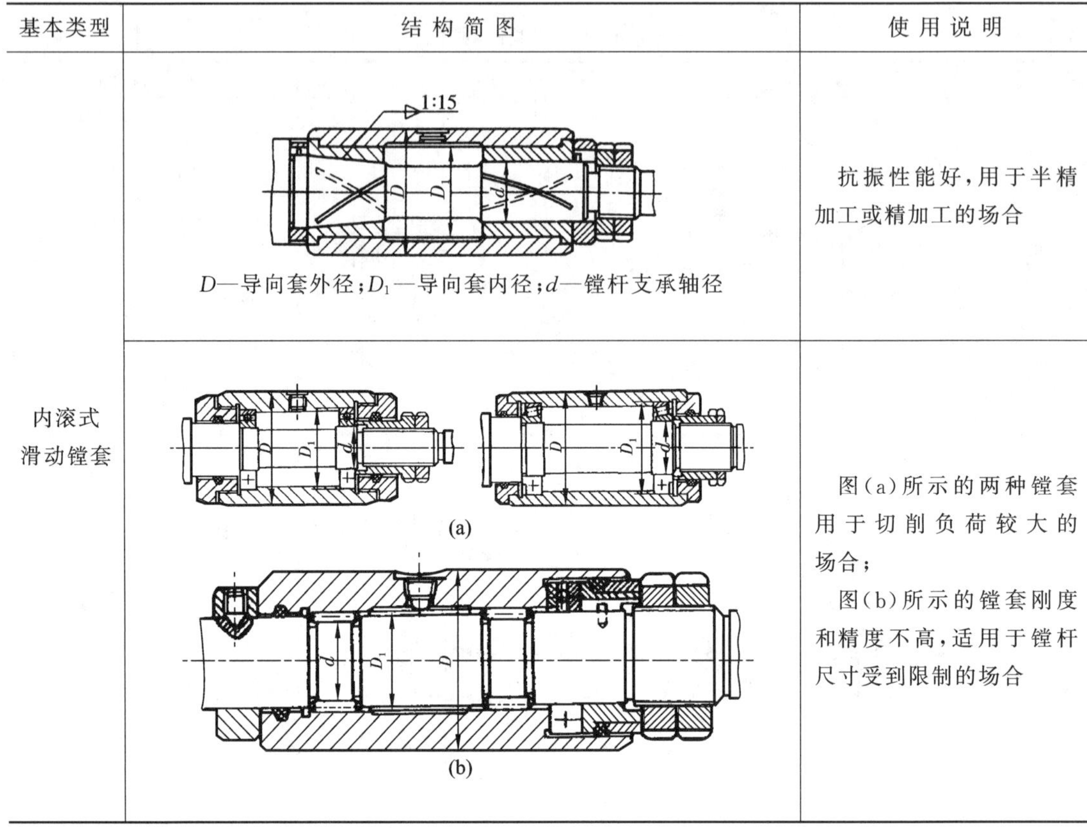 D—导向套外径；D_1—导向套内径；d—镗杆支承轴径	抗振性能好，用于半精加工或精加工的场合
	(a)	图(a)所示的两种镗套用于切削负荷较大的场合；
	(b)	图(b)所示的镗套刚度和精度不高，适用于镗杆尺寸受到限制的场合

4.2.4 设计方案的审查

1. 必要的加工精度分析计算

在确定了夹具的整体结构方案后，根据本工序加工要求，应针对预先设计的相关尺寸公差及位置精度要求，根据影响加工精度的相关因素，进行必要的误差分析计算，以验证所设计的结构及相关的技术要求是否合适，在正式绘制装配图前发现问题并及时更正。其中定位误差是衡量夹具设计质量的一个关键指标。一般情况下，定位误差应该不大于本工序加工允许误差的 1/3。如表 4-9 所示是几种典型定位方式下定位误差的计算公式。

表 4-9 典型定位方式下定位误差的计算公式

定位形式	定位方式简图	定位误差计算公式/mm	说明
用一个平面定位	B、A、D、C、$h^{+\delta}_{0}$	$\Delta_{DW}(A)=0$ $\Delta_{DW}(B)=\delta$	h 尺寸应由前一工序保证。本工序的定位基准为 C 表面，加工 D 表面时，A 尺寸的定位基准与工序基准重合。B 尺寸的定位基准与工序基准不重合

续表

定位形式	定位方式简图	定位误差计算公式/mm	说　明
用两个垂直平面定位	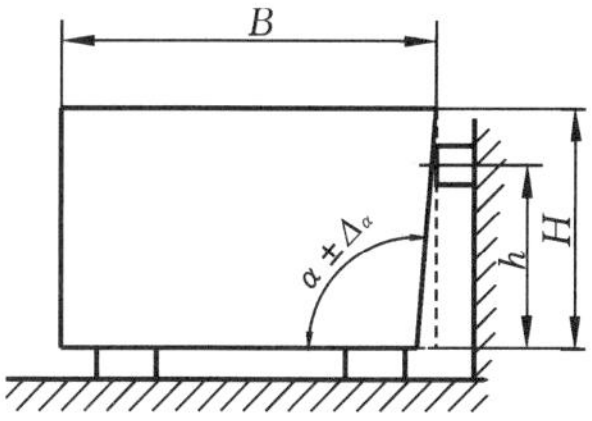	当 $\alpha=90°$、$h<H$ 时， $\Delta_{DW}(B)=2(H-h)\tan\Delta_{\alpha}$	由于角度误差 Δ_{α} 的存在，在此定位状态下，B 尺寸方向有误差
	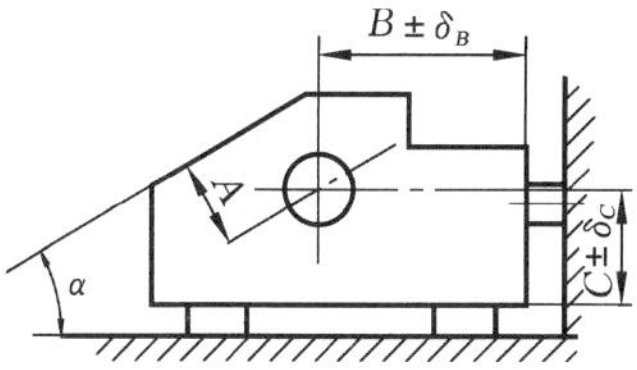	$\Delta_{DW}(B)=2\delta_{C}\cos\alpha+2\delta_{B}\cdot\cos(90°-\alpha)$	加工斜面要求保证尺寸 A
用两个水平面定位	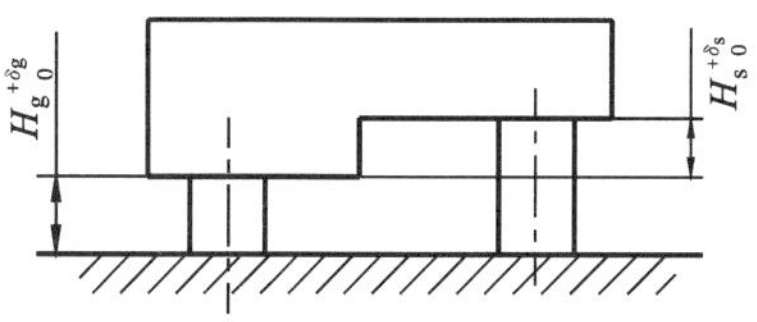	$\Delta_{JW}=\arctan(\delta_{g}+\delta_{s})/L$	H_{g} 为工件的台阶尺寸，H_{s} 为定位元件的高度差尺寸。这样的定位方式将使工件在平行于图面的方向上产生转角误差
用一面一孔定位	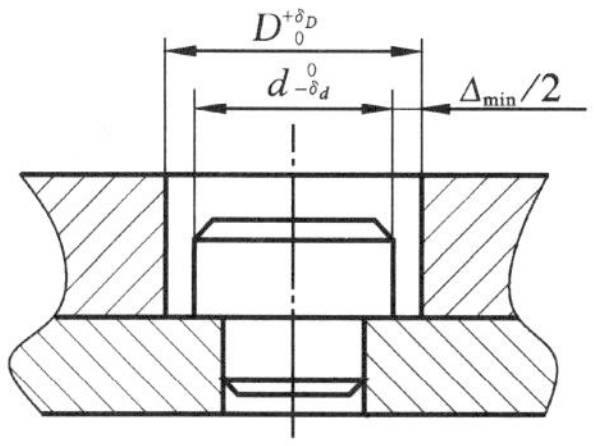	任意边接触： $\Delta_{DW}=\delta_{D}+\delta_{d}+\Delta_{min}$ 固定边接触： $\Delta_{DW}=(\delta_{D}+\delta_{d})/2$	Δ_{min} 为定位副的最小间隙
用一面两孔定位	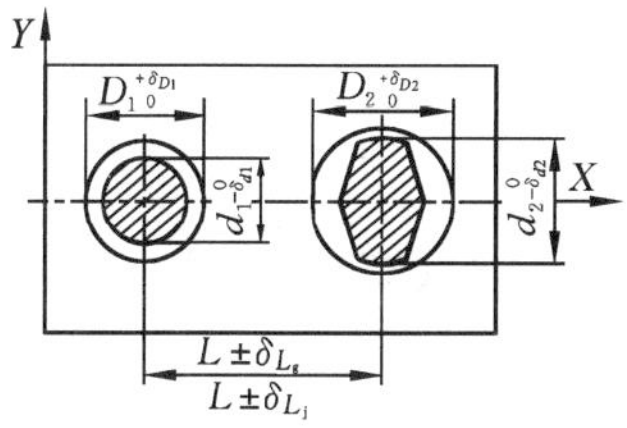	$\Delta_{DW}(Y)=\delta_{D1}+\delta_{d1}+\Delta_{1min}$ $\Delta_{JW}=\pm\arctan(\delta_{D1}+\delta_{d1}+\Delta_{1min}+\delta_{D2}+\delta_{d2}+\Delta_{2min})/2L$	Δ_{1min} 为定位副 1 的最小间隙； Δ_{2min} 为定位副 2 的最小间隙

续表

定位形式	定位方式简图	定位误差计算公式/mm	说　明
用V形块以工件的外圆为基准定位	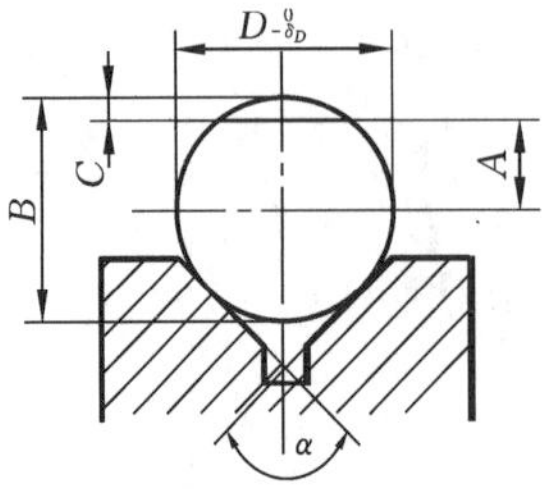	$\Delta_{DW}(A)=\frac{\delta_D}{2\sin\alpha/2}$ $\Delta_{DW}(B)=\frac{\delta_D}{2}\left(\frac{1}{\sin\alpha/2}-1\right)$ $\Delta_{DW}(C)=\frac{\delta_D}{2}\left(\frac{1}{\sin\alpha/2}+1\right)$	在外圆表面上加工一平面，三个公式分别为三种工序尺寸 A、B、C 定位误差的计算公式
	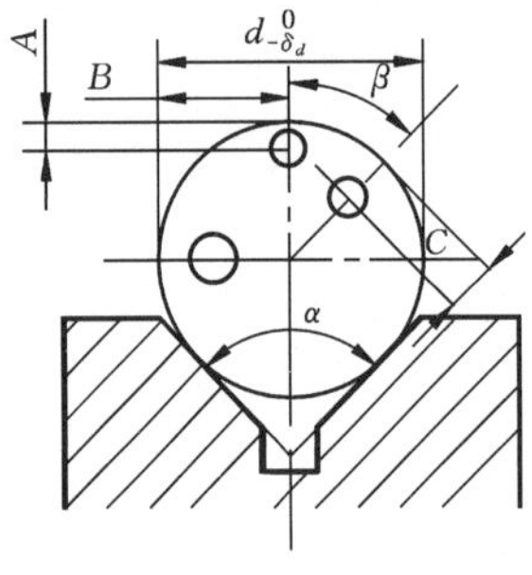	$\Delta_{DW}(A)=\frac{\delta_d}{2}\left(\frac{1}{\sin\alpha/2}+1\right)$ $\Delta_{DW}(B)=\delta_d/2$ $\Delta_{DW}(C)=\frac{\delta_d}{2}\left(\frac{\cos\beta}{\sin\alpha/2}+1\right)$	在圆端面上加工三个孔的情况，三个公式分别为工序尺寸 A、B、C 的定位误差计算公式
定心夹紧机构定位	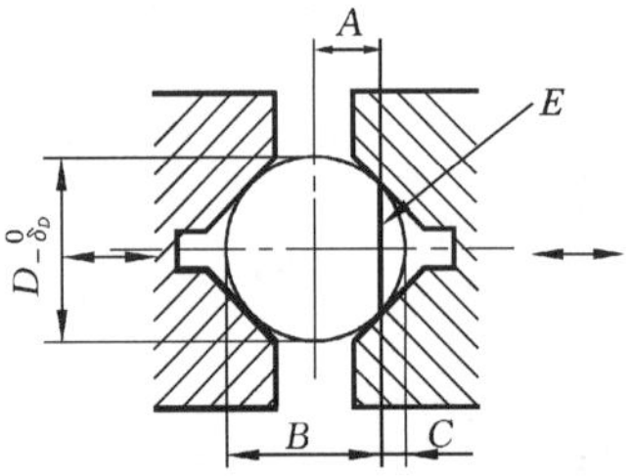	$\Delta_{DW}(A)=0$ $\Delta_{DW}(B)=\delta_D/2$ $\Delta_{DW}(C)=\delta_D/2$	两V形块构成一个定心夹紧机构。在圆端面上加工一平面 E

注　Δ_{DW} 为定位误差，Δ_α 为角度误差，Δ_{JW} 为基准位移误差，δ 为工序尺寸公差。

2. 必要的夹紧力的分析计算

在明确了本工序采用的加工方法及相关的切削用量后，请参考《机械加工工艺手册》，根据切削力的经验公式计算出采用各种加工方法时所产生的切削力，它是确定所需要夹紧力大小的一个主要因素。表4-10所示为各种夹紧方式下所需要夹紧力的估算公式。

表4-10　各种夹紧方式下所需要夹紧力的估算公式

夹紧方式	受力简图	夹紧力的估算公式
工件以平面和圆孔定位，用压板夹紧工件	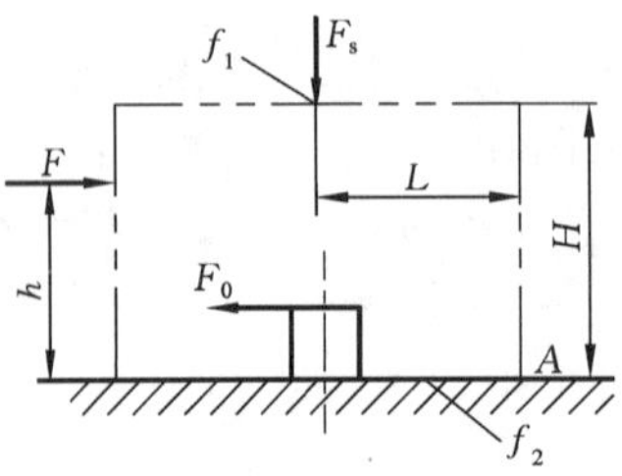	为克服切削力 F，防止工件绕 A 点倾转，所需要的实际夹紧力 $F_s=\frac{KFh}{f_1H+L}$　(N) 为防止工件平移所需要的夹紧力 $F'_s=\frac{K(F-F_0)}{f_1+f_2}$　(N) 式中：F_0 为定位销允许承受的切削力，$F_0=dj[\sigma]$，d 为定位销直径，j 为接触长度；f_1、f_2 为摩擦因数；K 为安全因数

续表

夹紧方式	受力简图	夹紧力的估算公式
工件用三爪卡盘定心夹紧	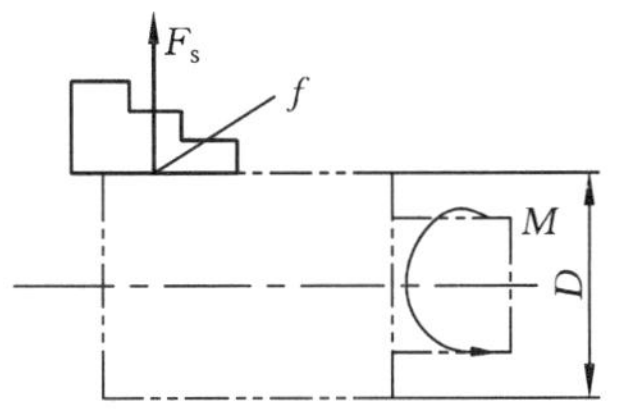	为防止工件绕轴线转动,每个卡爪所需要的实际夹紧力 $F_s = \frac{2KM}{3Df}$ (N) 为防止工件沿轴线移动,每个卡爪所需要的实际夹紧力 $F'_s = \frac{KF_a}{3f}$ (N) 式中:M 为切削转矩(N·m);F_a 为轴向切削分力(N)
工件以两平面定位,侧向夹紧	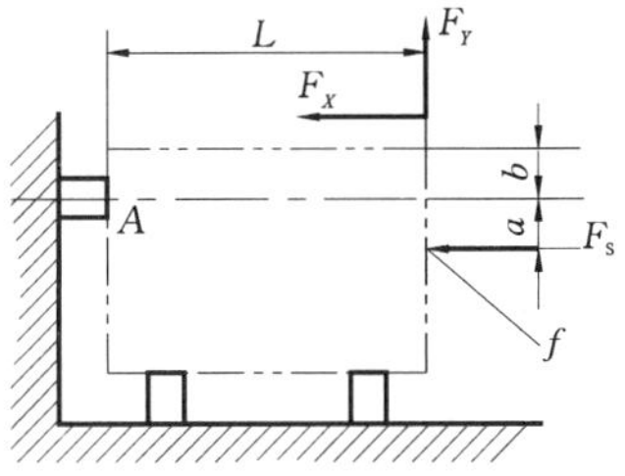	为防止工件绕 A 点转动,所需要的实际夹紧力 $F_s = K\frac{F_X b + F_Y L}{a + fL}$ (N)
工件以一面两孔定位,用压板夹紧	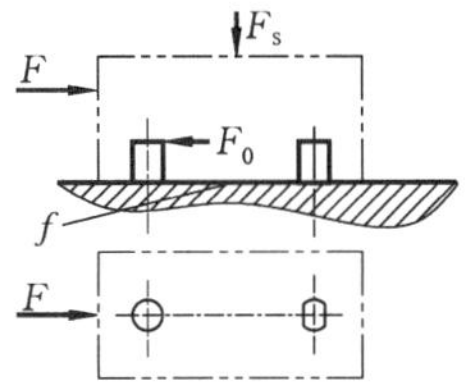	为防止工件在切削力 F 的作用下转动,所需要的实际夹紧力 $F_s = \frac{K(F - F_0)}{f}$ (N) 式中:F_0 为圆柱销允许承受的切削力(N)
工件以圆柱面在 V 形块上定位,用压板夹紧	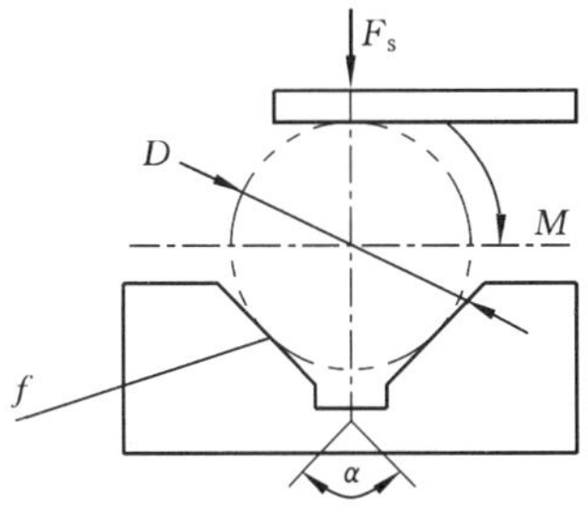	为防止工件绕轴线转动,所需要的实际夹紧力 $F_s = \frac{2KM\sin\frac{\alpha}{2}}{Df\left(1+\sin\frac{\alpha}{2}\right)}$ (N)
工件以圆柱面在 V 形块上定位,用活动 V 形块夹紧	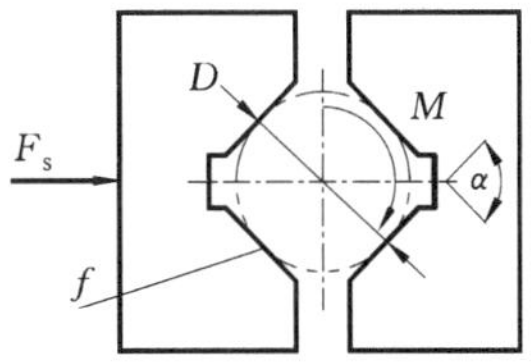	为防止工件绕轴线转动,所需要的实际夹紧力 $F_s = \frac{2KM\sin\frac{\alpha}{2}}{Df}$ (N) 为防止工件在轴向力的作用下移动,所需要的实际夹紧力 $F_s = \frac{2KF_X\sin\frac{\alpha}{2}}{f}$ (N)
工件以圆柱面在 V 形块上定位,用压板夹紧	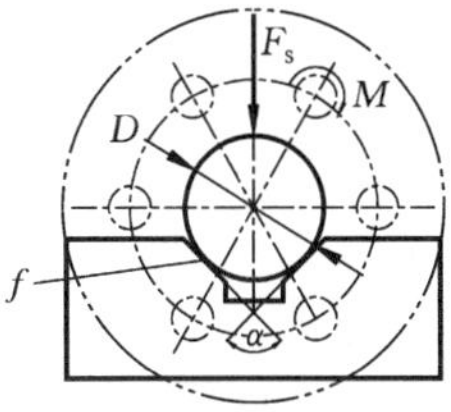	同时加工 6 个孔。为防止工件绕轴线转动,所需要的实际夹紧力 $F_s = \frac{2KM\sin\frac{\alpha}{2}}{Df\left(1+\sin\frac{\alpha}{2}\right)}$ (N)

续表

夹紧方式	受力简图	夹紧力的估算公式
工件以平面和外圆柱面定位，用压板夹紧	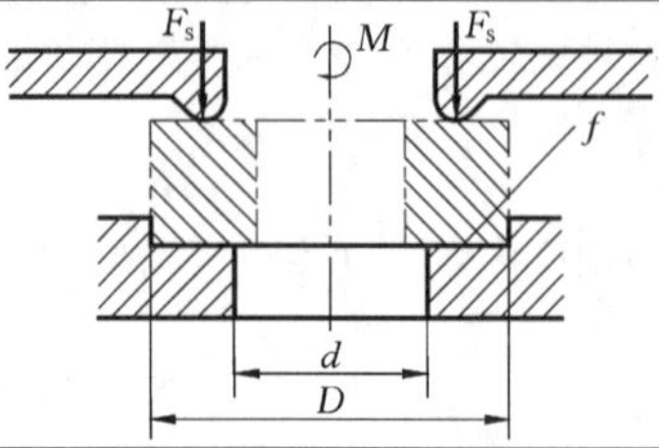 F_s M F_s f d D	为防止工件绕轴线转动，各压板所需要的实际夹紧力 $F_s=\dfrac{KM}{2f(D-d)}$ （N）
工件以圆孔定位，用斜楔-滑块机构定心夹紧	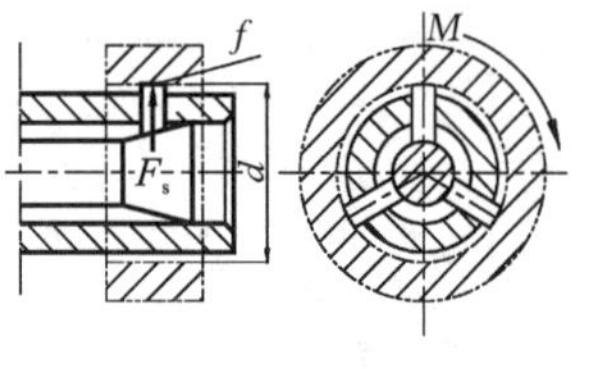 f M F_s d	为防止工件绕轴线转动，各滑块所需要的实际夹紧力 $F_s=\dfrac{2KM}{3df}$ （N） 为防止工件沿轴线移动，各滑块所需要的实际夹紧力 $F_s=\dfrac{KF_X}{3f}$ （N）
工件以圆孔定位，用拉杆压板夹紧	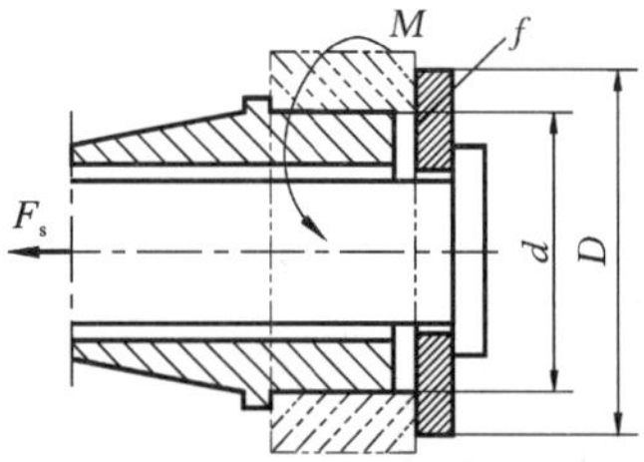 M f F_s d D	为防止工件绕轴线转动，拉杆压板所需要的实际夹紧力 $F_s=\dfrac{4KM}{f(D-d)}$ （N）
工件以圆孔表面定位，用弹簧夹头定心夹紧	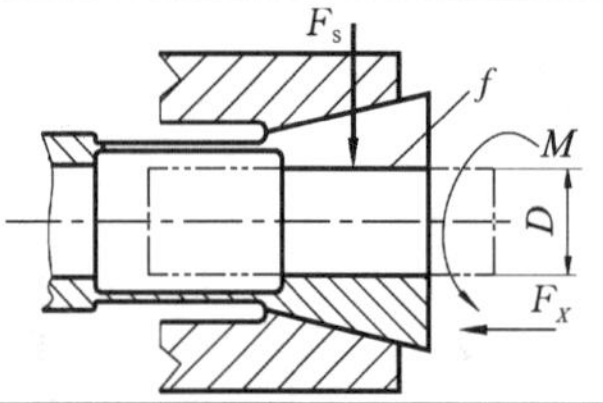 F_s f M D F_X	有内径和外径定心两种形式。为防止工件绕轴线转动和沿轴线移动，所需要的实际夹紧力 $F_s=\dfrac{K}{f}\sqrt{\dfrac{4M^2}{D^2}+F_X^2}$ （N）

3. 零件的强度、刚度分析计算

对那些承受主要夹紧力和切削力的零件，以及其某些尺寸由定位误差引起的变动量超过未注尺寸公差的那些零件，在必要的时候要进行强度和刚度的分析计算。具体请参见机械设计类相关书籍。

4.3 夹具元件的确定

夹具方案审查通过后，可以着手进行各类夹具元件的确定。常用的夹具元件有定位元件、夹紧元件和对刀引导元件。大多数定位元件、夹紧元件和对刀引导元件都已经标准化，可参考1999年发布的机械行业标准中的机床夹具零件及部件系列标准（主要有 JB/T 8004.1 至 JB/T 8004.10，JB/T 8005 至 JB/T 8009，JB/T 8046，JB/T 10116，JB/T 10118，JB/T 10120 至 JB/T 10128）选用，其中常用的元件可参考表 5-99 至表 5-121 选用。

4.3.1 定位元件的确定

定位元件根据前述定位方案的需要来选取。表 4-11 至表 4-13 所示为不同定位方式下常用定位元件的选择及使用说明，供选用时参考。选定定位元件的类型后，根据定位基准面的大小完成具体结构和尺寸的设计。

表 4-11 工件以平面定位时定位元件的选择及使用说明

	定位元件类型与名称	使用说明
支承钉	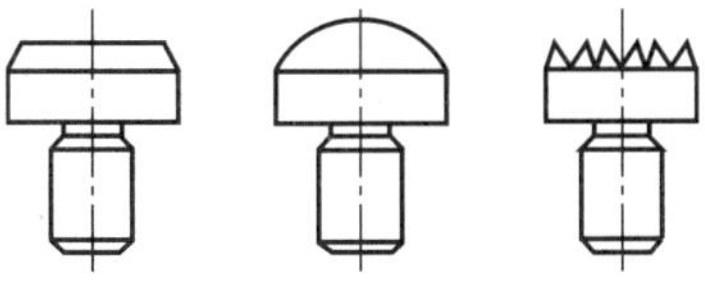 A 型 B 型 C型	定位元件的工作表面为大头的上侧部分,A 型用于精基准,B 型用于粗基准,C 型用于侧面定位,可避免有异物存在影响定位。支承钉与夹具体孔的配合为 H7/r6 或 H7/n6。若支承钉需要经常更换,可加衬套,衬套的外径与夹具体孔的配合为 H7/r6 或 H7/n6,内径与支承钉的配合为 H7/js6。当使用几个 A 型支承钉(处于同一平面)时,装配后应一次磨平工作表面,以保证其平面度
支承板	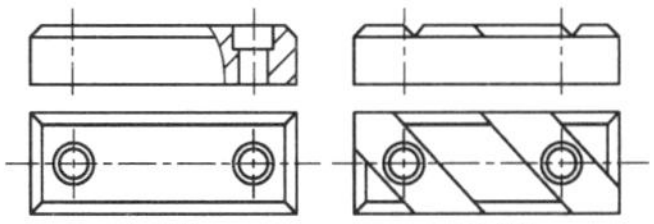 A 型 B 型	A 型适用于精基准定位。其结构简单、紧凑,但切屑易落入螺钉头周围的缝隙中,不易清除。因此,A 型多用于侧面和顶面的定位。B 型的支承板在工作面上有 45°的斜槽,能保持与工件定位基准面连续接触,清除切屑方便,所以多用于平面定位。支承板用螺钉紧固在夹具体上,当采用两个以上的支承板定位时,装配后应一次磨平工作表面,以保证其平面度
可调支承	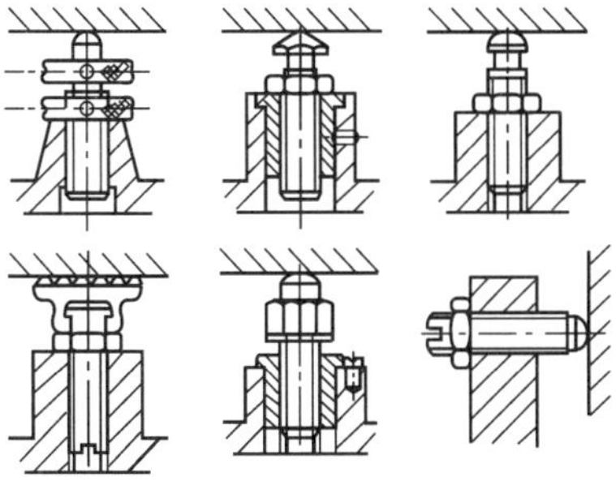	适用于分批制造,进行形状和尺寸变化较大毛坯(如铸、锻件)的粗基准定位。也可用于以同一夹具加工形状相同而尺寸不同的工件的情况,或用在专用可调夹具和成组夹具中,在加工一批工件前调整一次,调整后用锁紧螺母锁紧
自位支承	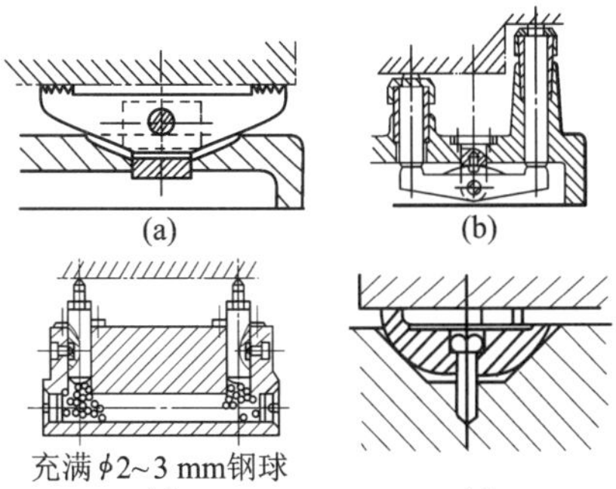 (a) (b) 充满 ϕ2~3 mm钢球 (c) (d)	支承本身在定位过程的位置是随与之接触的工件定位基准面的位置变化而变化的,其作用只相当于一个支承钉,但由于增加了定位支承点数或支承面积,定位刚度和稳定性得到了很大的提高,因此适用于工件以粗基准表面定位、阶梯表面和刚度不足的定位场合
辅助支承	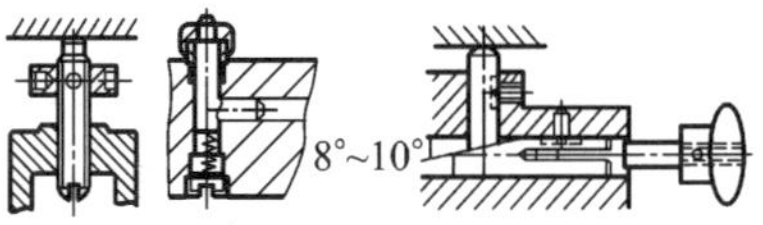 8°~10°	目的在于提高安装刚度,不起限制工件自由度的作用,使用时需要根据工件与辅助支承的实际接触情况,通过调整辅助支承的位置来适应工件支承面的变化。 调整好辅助支承的位置后要锁紧,以保证支承刚度。 其结构简单,但效率低

表 4-12　工件以圆柱孔定位时定位元件的选择及使用说明

	定位元件类型与名称	使用说明
定位销	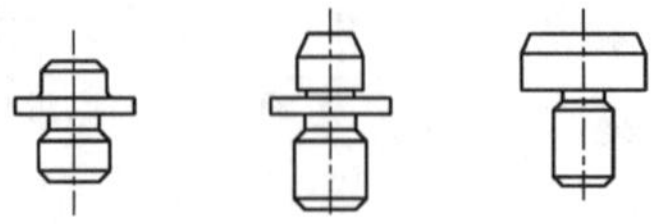 A型  B型	定位销的工作表面为上部的外圆表面，其可根据安装的方便性按 g5、g6、f6、f7 制造。定位销下部与夹具体配合，其配合可选择 H7/r6 或 H7/n6，若支承钉需要经常更换可加衬套，衬套的外径与夹具体孔的配合为 H7/n6，内径与定位销的配合为 H7/h6 或 H7/h5。当使用工件的孔和端面组合定位时，应该加上支承板或支承垫圈
定位心轴	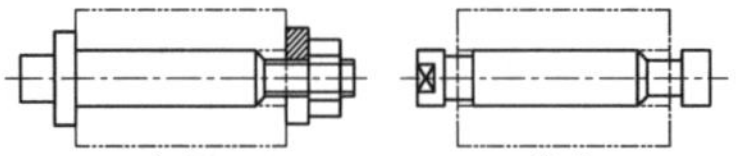 (a)　(b)	工件为以双点画线表示的部分，用孔与定位心轴定位。图(a)所示为间隙配合定位，心轴工作部分按基孔制 h6、g6、f7 制造，其轴肩也起定位作用。定位方便，但定心精度不高。图(b)所示为过盈配合定位，心轴的工作部分按 r6 制造。心轴制造简单，定心准确，安装工件不方便且容易损伤工件定位孔，多用于定心精度要求较高的场合
锥度心轴	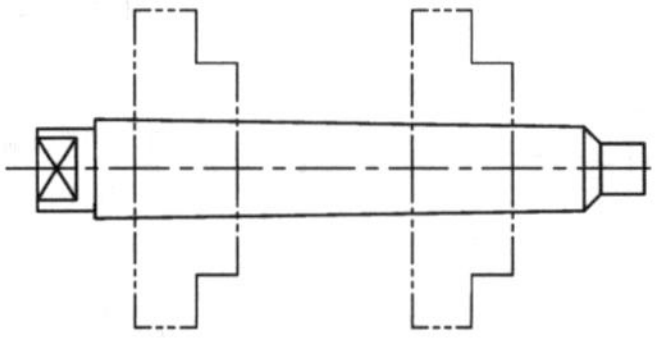	定心精度高，但轴向基准位移较大，靠工件的定位基准孔与锥度心轴表面的弹性变形来夹紧工件，所以传递的转矩较小。适用于外圆表面的精加工。工作面的锥度一般取 1/1000～1/5000
圆锥销	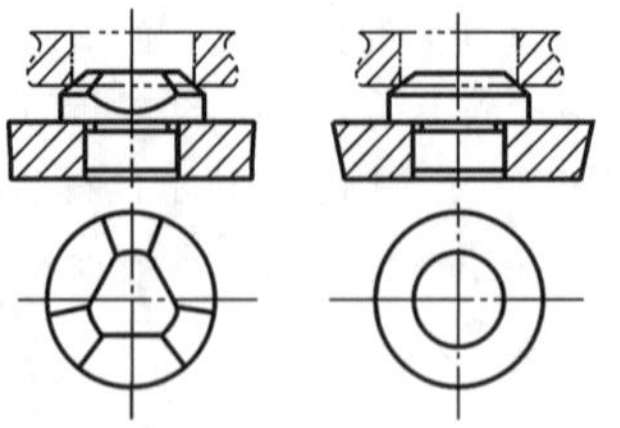 (a)　(b)	用工件的孔和圆锥销的接触实现定位。图(a)所示形式用于粗基准，图(b)所示形式用于精基准。工件以单个圆锥销定位时容易倾斜，所以应该和其他定位元件组合起来进行定位
特殊双顶尖	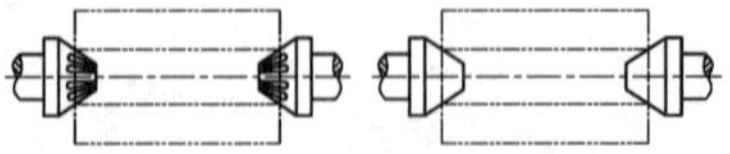	双顶尖定位时一般是一侧为固定顶尖，另一侧为活动顶尖。活动顶尖兼有传递力矩、驱动工件旋转的作用，一般用于粗基准，孔在后续工序中还要进行加工

表 4-13 工件以圆柱面定位时定位元件的选择及使用说明

	定位元件类型与名称	使 用 说 明
固定V形块	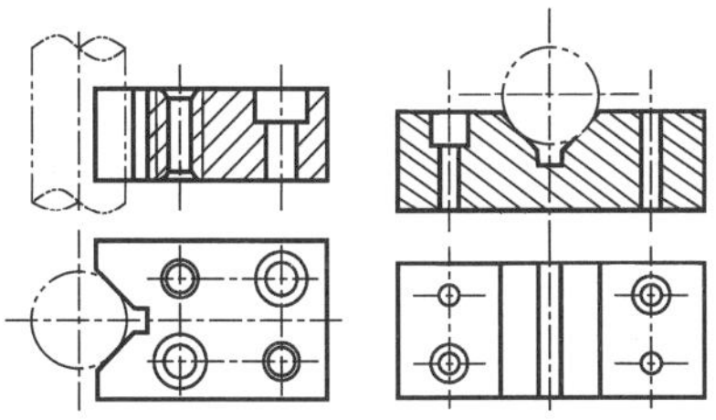	对中性好，能使工件的定位基准（圆柱中心线）在V形块两斜面的对称平面上，而不受定位基准面（圆柱表面）直径误差的影响。安装方便，可用于粗、精基准的定位
活动V形块	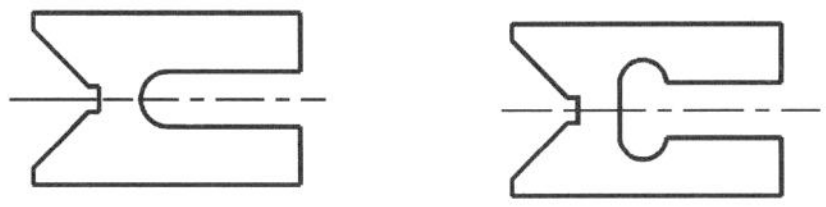 (a) (b)	图(a)所示结构用于同一类型加工尺寸有变化的工件，也用在可调夹具及成组夹具中； 图(b)所示结构用于定位夹紧机构，可沿中心线移动，直至夹紧工件，起消除工件一个自由度的作用
圆柱孔中定位	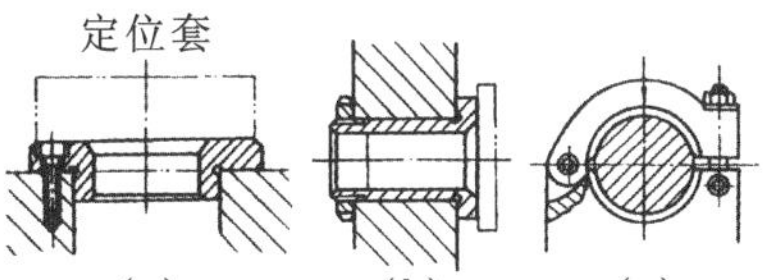 定位套 (a) (b) (c)	图(a)中工件用小端圆柱表面（第二定位基准）和端面组合定位； 图(b)中用外圆柱表面（第一定位基准）和端面组合定位； 图(c)中下半圆起定位作用，上半圆起夹紧作用，适用于大型零件圆柱表面定位

4.3.2 夹紧元件的确定

常用的夹紧元件有螺母、螺钉、垫圈、压块和压板，它们的结构和规格参数参见5.7节。

常用夹紧用螺母的结构、规格参数按表5-99至表5-101选用；常用夹紧用螺钉的结构、规格参数按表5-102和表5-103选用；常用垫圈的结构、规格参数按表5-104至表5-106选用；常用压块和压板的结构、规格参数按表5-107至表5-114选用。

4.3.3 对刀引导元件的确定

常用对刀引导元件已经标准化，按需要选用即可。

常用铣削加工对刀块的结构和参考尺寸见表5-115；常用铣削加工对刀塞尺的结构和参考尺寸见表5-116；常用钻套的基本结构和参考尺寸见表5-117至表5-119，钻套用衬套、钻套螺钉的基本结构和参考尺寸分别见表5-120、表5-121。

在选用钻套时，还要选取合适的钻套高度，以及钻套与零件被加工表面之间合适的排屑间隙。钻套高度越大，导向性越好，但与刀具的摩擦力也越大。排屑间隙越大，越有利于排屑，但导向作用越差。故应该合理地选择钻套高度和排屑间隙。通常可根据表4-14给出的经验值选取。孔径越小、精度越高，则应选取的 H 值越大。

表 4-14 钻套高度和排屑间隙 (mm)

简 图	加工条件	钻套高度	加工材料	排屑间隙
	一般螺孔、销孔、孔距公差为±0.25	$H=(1.5\sim2)d$	铸铁	$h=(0.3\sim0.7)d$
	H7 以上的孔、孔距公差为±(0.1～0.15)	$H=(2.5\sim3.5)d$		
	H8 以下的孔、孔距公差为±(0.06～0.10)	$H=(1.25\sim1.5)d$ $(h+L)$	钢、青铜、铝合金	$h=(0.7\sim1.5)d$

注 孔的位置精度要求高时，允许 $h=0$ mm；钻深孔($L/D>5$)时，h 一般取 $1.5d$；钻斜孔或在斜面上钻孔时，h 尽量取得小一些。

4.4 夹具装置设计

4.4.1 分度装置

在一道工序内，每加工完一个表面后，使工件连同夹具一同转动一个角度(回转式分度)或移动一定距离(直线移动式分度)的装置称为分度装置。表 4-15 所示为几种常见的回转式分度装置。表 4-16 所示为分度销及其操纵机构。为了防止分度装置在工作中因受切削力或力矩的作用而发生位置变化或变形，影响分度精度，一般均设有分度盘的锁紧机构。表 4-17 所示为常见分度盘的锁紧机构。

表 4-15 几种常见的回转式分度装置

类型	分度销结构	简 图	结构特点及使用说明
轴向分度	球头销(钢球分度销)	局部放大	结构简单、操作方便。锥坑的深度不大于钢球的半径，因此定位不十分可靠，主要用于负荷小、分度精度要求不高的切削加工，也用于精密分度时的预定位
	圆柱分度销		结构简单、制造容易，分度副中的污物不直接影响分度副的接触。分度副的配合间隙无法得到补偿，因此对分度精度影响较大，一般采用 H7/g6 的配合，采用耐磨衬套内孔作为分度盘上的分度孔
	圆锥分度销		圆锥销与分度孔配合时能消除两者的配合间隙，分度副间的污物直接影响分度精度，制造难度也较大

续表

类型	分度销结构	简图	结构特点及使用说明
径向分度	单斜面分度销	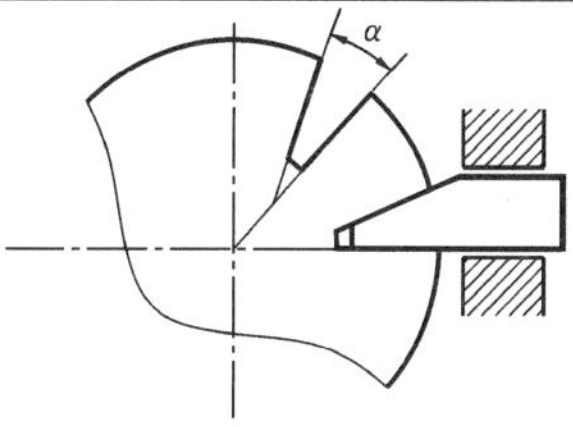	分度的角度误差始终在斜面一侧。分度时，盘上分度槽的直边总是与分度销的直边接触，因此分度精度较高。多用于分度精度要求较高的分度装置
	双斜面分度销	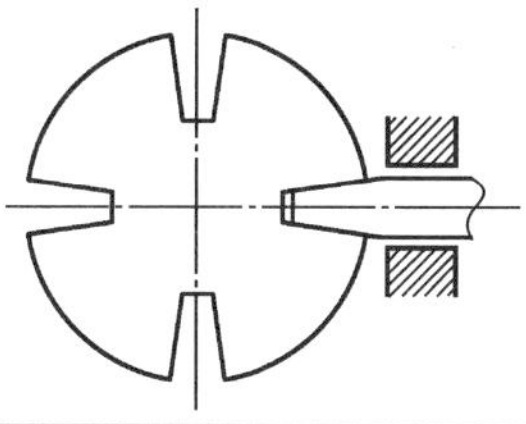	特点同上，在结构上需要考虑必要的防止污物进入分度副间的防护装置
	斜楔正多面体分度	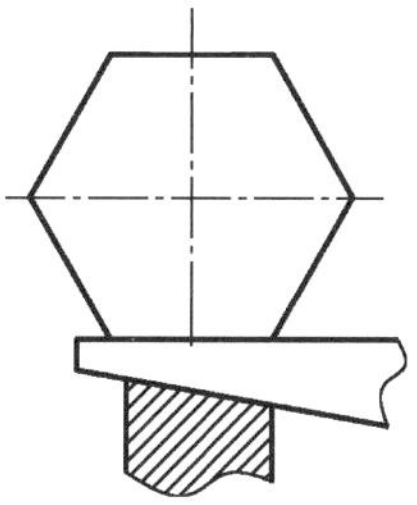	结构简单、制造容易。分度精度不高，分度数目不能过多

表 4-16　分度销及其操纵机构

机构形式	简图	机构原理说明
手拉式	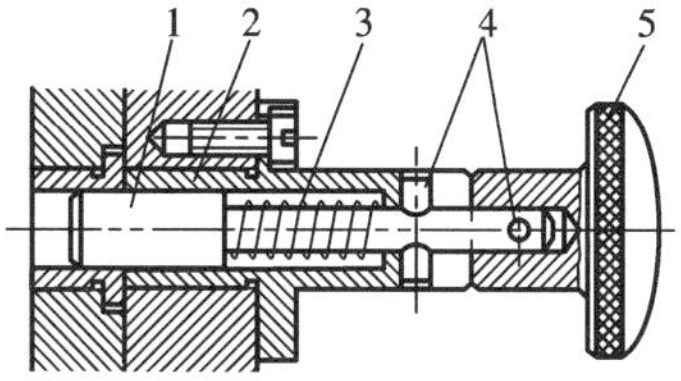 1—分度销；2—导套；3—弹簧；4—横销；5—手柄	向外拉出手柄5时，分度销1从衬套中退出。导套2的右端有一狭槽，使横销4从狭槽中移出。旋转手柄90°，横销在弹簧3作用下搁在导套的顶端平面上，此时即可转动分度盘进行分度
枪栓式	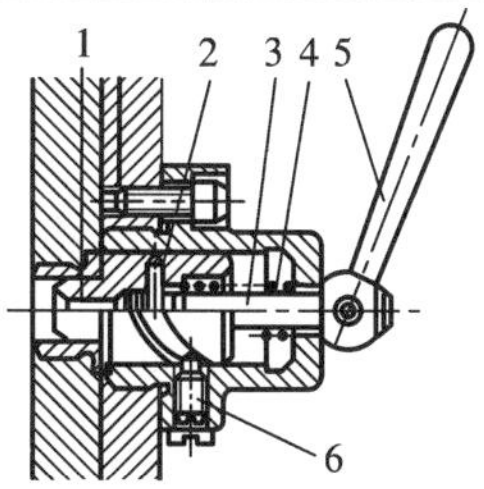 1—分度销；2—销；3—轴；4—弹簧；5—手柄；6—螺钉	转动手柄5，使轴3带动分度销1一起回转，同时在螺旋槽的作用下产生直线运动，实现分度前的退销功能。完成分度后，重新反向转动手柄，在弹簧4的作用下分度销沿曲线槽重新插入分度孔内
齿条式	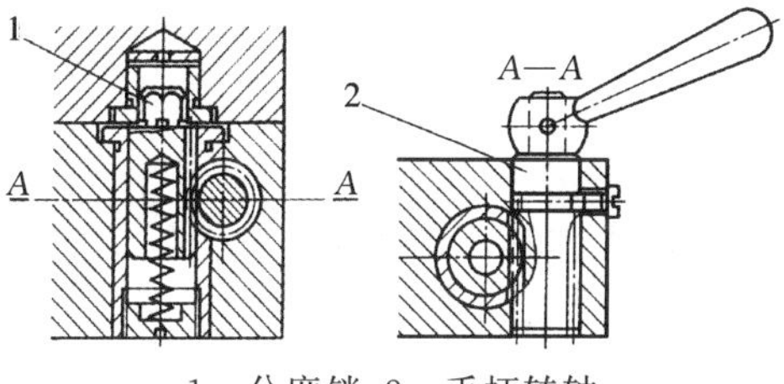 1—分度销；2—手柄转轴	分度销1的后部有齿条，与手柄转轴2上的齿轮啮合。转动手柄时，分度销可以产生直线运动，从分度孔中退出。完成分度后，松开手柄，在弹簧力的作用下分度销重新插入分度孔内

续表

机构形式	简图	机构原理说明
杠杆式	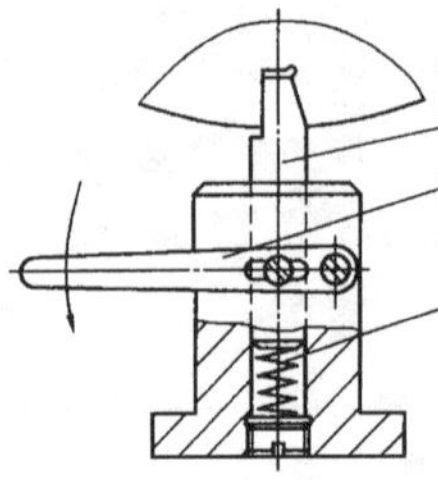 1—分度销;2—手柄;3—弹簧	分度销1在弹簧力的作用下,嵌入分度盘的分度槽中。压下手柄2可使分度销退出。完成分度后,分度销在弹簧力的作用下重新插入分度槽内
偏心式	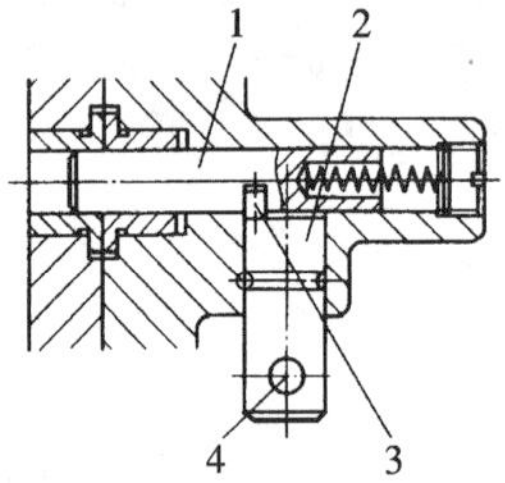 1—分度销;2—转轴;3—拨销;4—横销	分度销1上有一个横槽,拨销3偏心地安装在转轴2上。当转轴回转约90°时,分度销就可以从分度孔中退出。完成分度后,反向回转,分度销1将重新插入分度孔内

表4-17　常见分度盘的锁紧机构

锁紧方式	锁紧机构	机构简图	简要说明
轴向锁紧(将分度盘压紧在支承座上)	斜面	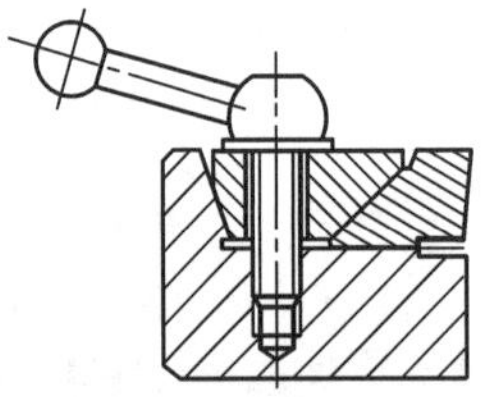	转动螺栓,压下楔块,锁紧分度盘
		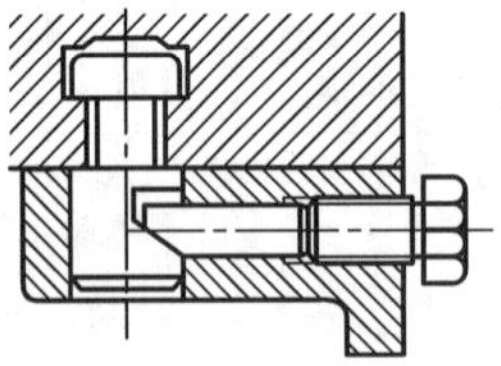	通过带斜面的T形压紧螺钉,将分度盘压紧在支承座上
	压板	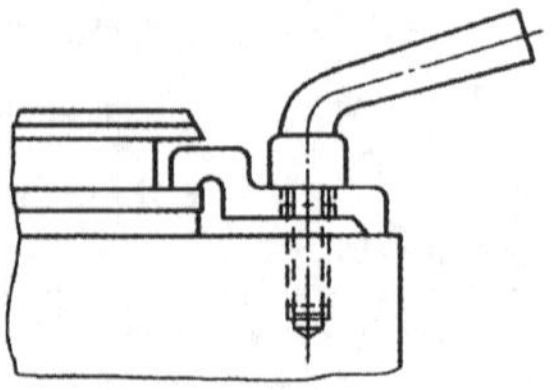	转动手柄,使压板压紧在分度盘边缘端面上,锁紧分度盘
		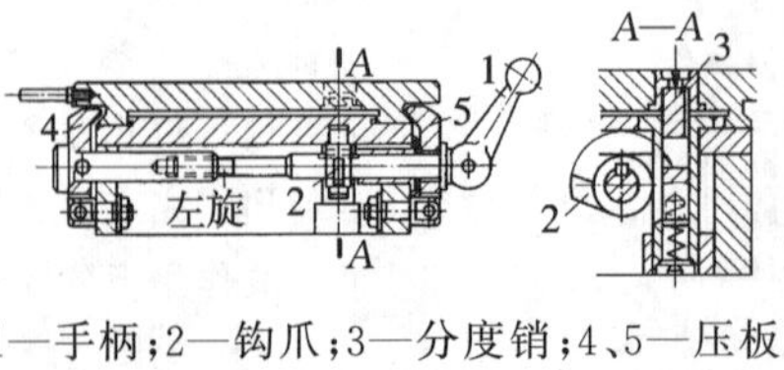 1—手柄;2—钩爪;3—分度销;4、5—压板	顺时针转动手柄1,由钩爪2先将分度销3压下,同时将两边的压板4、5松开。分度后,反转手柄1,分度销被弹簧推入分度孔,压板4、5将分度盘沿斜面锁紧

续表

锁紧方式	类型	机 构 简 图	简 要 说 明
轴向锁紧(将分度盘压紧在支承座上)	偏心轮		转动手柄,通过偏心轮将分度盘锁紧在支承座上
径向锁紧(将分度盘的回转轴抱紧)	切向套		转动手柄,螺杆与套筒相对移动,套筒沿回转轴切向将其抱紧
			转动螺栓,推动套筒,将回转轴切向锁紧

4.4.2 夹具与机床的连接方式

夹具通常通过定位键或定向键与机床的工作台 T 形槽连接,或者通过安装柄、过渡盘与机床主轴连接。铣床夹具使用的定位键和定向键的结构和尺寸已经标准化,定位键按表 4-18 和表 4-19 选用,定向键按表 4-20 选用,钻夹具、镗夹具亦可参考上述三个表。车床夹具的过渡盘可参考标准《机床夹具零件及部件　三爪卡盘用过渡盘》(JB/T 10126.1—1999)设计,安装柄则根据车床主轴的内锥型号,参考标准《固定顶尖》(GB/T 9204—2008)中的结构和参数设计。

表 4-18　夹具定位键的结构、参数及简要说明(摘自 JB/T 8016—1999)　　(mm)

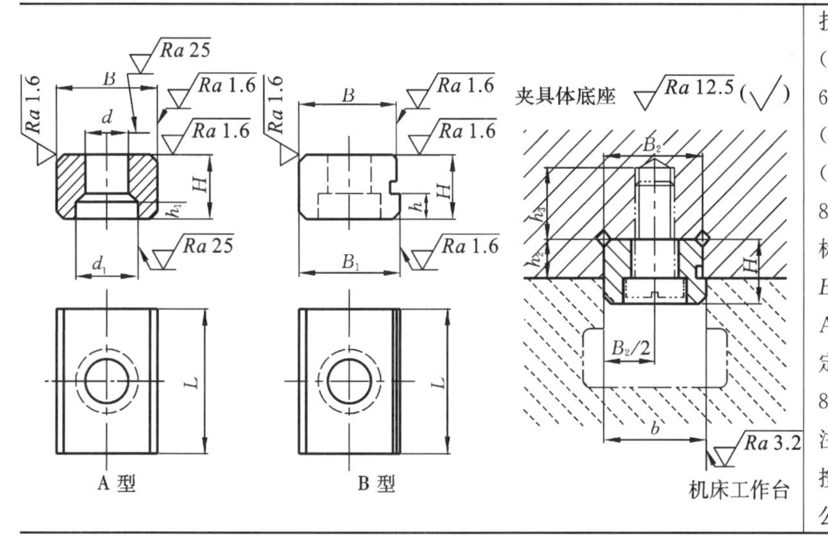

技术条件

(1) 材料:45 钢,按 GB/T 699—2015 的规定。

(2) 热处理:40～45 HRC。

(3) 其他技术条件按 JB/T 8044—1999 的规定。

标记示例:

B=18 mm,公差带为 h6 的 A 型定位键标记为

定位键　A18h6　JB/T 8016—1999

注:尺寸 B_1 留余量 0.5 mm,按机床的 T 形槽宽度配磨,公差带为 h6 或 h8

续表

<table>
<tr><th colspan="3">B</th><th rowspan="2">B_1</th><th rowspan="2">L</th><th rowspan="2">H</th><th rowspan="2">h</th><th rowspan="2">h_1</th><th rowspan="2">d</th><th rowspan="2">d_1</th><th rowspan="2">d_2</th><th colspan="7">相配件</th></tr>
<tr><th>公称尺寸</th><th>极限偏差 h6</th><th>极限偏差 h8</th><th>T 形槽宽度 b</th><th>B_2 公称尺寸</th><th>B_2 极限偏差 H7</th><th>B_2 极限偏差 Js6</th><th>h_2</th><th>h_3</th><th>螺钉 GB/T 65—2000</th></tr>
<tr><td>8</td><td rowspan="2">0
−0.009</td><td rowspan="2">0
−0.022</td><td>8</td><td>14</td><td rowspan="3">8</td><td rowspan="3">3</td><td>3.4</td><td>3.4</td><td>6</td><td rowspan="10">—</td><td>8</td><td>8</td><td rowspan="2">+0.015
0</td><td rowspan="2">±0.0045</td><td rowspan="4">4</td><td rowspan="2">8</td><td>M3×10</td></tr>
<tr><td>10</td><td>10</td><td>16</td><td>4.6</td><td>4.5</td><td>8</td><td>10</td><td>10</td><td>M4×10</td></tr>
<tr><td>12</td><td rowspan="4">0
−0.011</td><td rowspan="4">0
−0.027</td><td>12</td><td rowspan="2">20</td><td rowspan="2">5.7</td><td rowspan="2">5.5</td><td rowspan="2">10</td><td>12</td><td>12</td><td rowspan="4">+0.018
0</td><td rowspan="4">±0.0056</td><td rowspan="2">10</td><td rowspan="2">M5×12</td></tr>
<tr><td>14</td><td>14</td><td>14</td><td>14</td></tr>
<tr><td>16</td><td>16</td><td rowspan="2">25</td><td>10</td><td>4</td><td rowspan="4">6.8</td><td rowspan="4">6.6</td><td rowspan="4">11</td><td>(16)</td><td>16</td><td>5</td><td rowspan="4">13</td><td rowspan="4">M6×16</td></tr>
<tr><td>18</td><td>18</td><td rowspan="3">12</td><td rowspan="3">5</td><td>18</td><td>18</td><td rowspan="3">6</td></tr>
<tr><td>20</td><td rowspan="4">0
−0.013</td><td rowspan="4">0
−0.033</td><td>20</td><td rowspan="2">32</td><td>(20)</td><td>20</td><td rowspan="4">+0.021
0</td><td rowspan="4">±0.0065</td></tr>
<tr><td>22</td><td>22</td><td>22</td><td>22</td></tr>
<tr><td>24</td><td>24</td><td rowspan="2">40</td><td>14</td><td>6</td><td rowspan="2">9</td><td rowspan="2">9</td><td rowspan="2">15</td><td>(24)</td><td>24</td><td>7</td><td rowspan="2">15</td><td rowspan="2">M8×20</td></tr>
<tr><td>28</td><td>28</td><td>16</td><td>7</td><td>28</td><td>28</td><td>8</td></tr>
<tr><td>36</td><td rowspan="3">0
−0.016</td><td rowspan="3">0
−0.039</td><td>36</td><td>50</td><td>20</td><td>9</td><td rowspan="2">13</td><td rowspan="2">13.5</td><td rowspan="2">20</td><td rowspan="2">16</td><td>36</td><td>36</td><td rowspan="3">+0.025
0</td><td rowspan="3">±0.0080</td><td>10</td><td rowspan="2">18</td><td>M12×25</td></tr>
<tr><td>42</td><td>42</td><td>60</td><td>24</td><td>10</td><td>42</td><td>42</td><td>12</td><td>M12×30</td></tr>
<tr><td>48</td><td>48</td><td>70</td><td>28</td><td>12</td><td rowspan="2">17.5</td><td rowspan="2">17.5</td><td rowspan="2">26</td><td rowspan="2">18</td><td>48</td><td>48</td><td>14</td><td rowspan="2">22</td><td>M16×35</td></tr>
<tr><td>54</td><td>0
−0.019</td><td>0
−0.046</td><td>54</td><td>80</td><td>32</td><td>14</td><td>54</td><td>54</td><td>+0.030
0</td><td>±0.0095</td><td>16</td><td>M16×40</td></tr>
</table>

注　表面粗糙度的表示方法按 GB/T 131—2006 更新，下同。

表 4-19　典型通用机床工作台 T 形槽尺寸与定位键选择　(mm)

机　　床	T 形槽宽度	与 T 形槽相配定位键尺寸(长×宽×高)
铣床 X6120、XQ6125、X6130A、X6142、X5020A；钻床 Z5125A、Z5132A、Z3132；镗床 T740K、T740、T760、T7140	14	20×14×8
铣床 X5032、X53K、X5042；钻床 Z5140A、Z5150A	18	25×18×10 或 25×18×12
钻床 Z3025；镗床 T68、T611	22	32×22×12
钻床 Z3035B	24	40×24×14
钻床 Z3040	28	40×28×16

注　①未特别注明的机床 T 形槽遵循《机床工作台　T 形槽和相应螺栓》(GB/T 158—1996)，其宽度的公差带代号有配合要求的基准槽为 H8，无配合要求的基准槽和固定槽为 H12。

②T 形槽排列成关于中间槽对称时中间槽为基准槽，当槽数为偶数时基准槽在机床工作台上标明。

表 4-20　夹具定向键的结构、参数及简要说明(摘自 JB/T 8017—1999)　(mm)

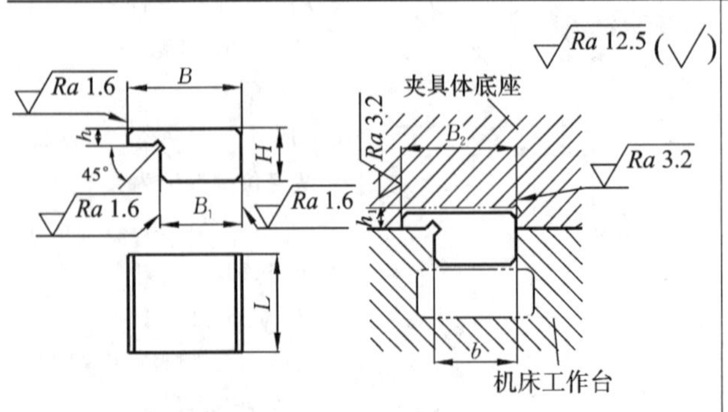

技术条件

(1)材料：45 钢，按 GB/T 699—2015 的规定。

(2)热处理：40～45 HRC。

(3)其他技术条件按 JB/T 8044—1999 的规定。

标记示例：

B=24 mm，B_1=18 mm，公差带为 h6 的 A 型定向键标记为

定向键　24×18h6　JB/T 8017—1999

注：尺寸 B_1 留余量 0.5 mm，按机床的 T 形槽宽度配磨，公差带为 h6 或 h8

续表

B		B_1	L	H	h	相配件			
公称尺寸	极限偏差 h6					T 形槽宽度 b	B_2 公称尺寸	B_2 极限偏差 H7	h_1
18	0 −0.011	8	20	12	4	8	18	+0.018 0	6
		10				10			
		12				12			
		14				14			
24	0 −0.013	16	25	18	5.5	(16)	24	+0.021 0	7
		18				18			
		20				(20)			
28		22	40	22	7	22	28		9
		24				(24)			
36	0 −0.016	28				28	36	+0.025 0	
48		36	50	35	10	36	48		12
		42				42			
60	0 −0.019	48	65	50	12	48	65	+0.030 0	14
		54				54			

4.5 夹具总装图设计

在完成夹具的方案设计和必要的审查、确定夹具的各元件和装置后，就可以绘制夹具总装配图了。在绘制夹具总装配图过程中需要特别注意如下问题。

4.5.1 夹具总装图的绘制要求

1. 注意事项

(1) 按现行的国家制图标准进行绘图，除特殊情况外，按 1∶1 比例绘制，也可以根据实际情况按推荐的比例进行绘图。

(2) 按夹紧机构处于夹紧的工作状态绘制，特别是夹紧元件的夹紧点一定要作用在工件的被夹紧表面上。

(3) 要充分考虑运动零部件的运动空间，不能出现干涉或卡死的现象。

(4) 对夹具的装配工艺性和夹具零件的结构工艺性要予以充分考虑。

2. 绘图要点

(1) 应精心布置图面。根据被加工零件的尺寸和整个夹具的设计方案，按选择的比例合理地布置装配图的各个视图的位置，要用最少的视图和剖面来准确、完整地表现出夹具的工作原理、整体结构和各个装置、元件间的装配关系。主视图要与夹具在机床上实际工作时的位置一致。还要考虑给零件标号、尺寸标注、标题栏和零件明细表留出足够的空间。

(2) 用双点画线在各视图中画出被加工零件的外形轮廓和主要表面，其中包括定位表面、夹紧表面、被加工表面。被加工表面的余量一般用网纹线画出来。

(3) 按设计的方案，依次画出定位元件、导向对刀元件、夹紧机构和其他辅助装置或元件。按具体结构和选择好的尺寸和位置进行绘制。最后根据各零部件在空间的实际分布情况设计出夹具体，将上述零散分布的零部件连成一个具有特定功能的夹具整体。

(4) 标注总装配图的尺寸和技术条件。其中有配合的地方按照公差与配合国家标准选用和标注。

(5) 按实际设计的结果,标出组成夹具的零件、标准件标号,填写零件明细表和标题栏。

4.5.2 夹具的结构工艺性

在满足夹具使用功能的前提下,还要考虑其是否具有良好的结构工艺性。主要包括安装(定位和夹紧)的方便性与可靠性,零部件的加工、装配和维修性能以及操作的方便可靠性等。

表 4-21 所示为几种常见夹具的工艺结构。表 4-22 所示为几种夹具排屑、防屑的工艺结构。表 4-23 所示为夹具设计中容易出现的错误,供使用者借鉴。其他的工艺性问题请参考《机械零件工艺性手册》。

表 4-21 几种常见夹具的工艺结构

夹具简图	技术要求	夹具简图	技术要求
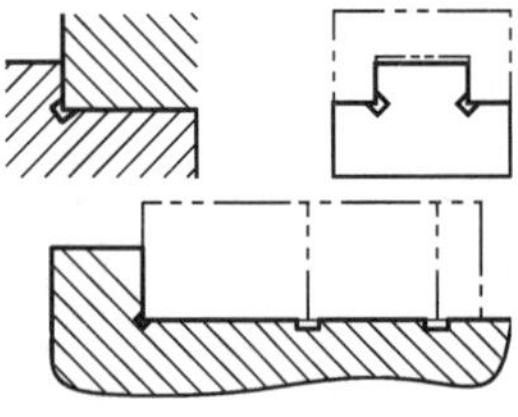	相互成直角的夹具定位表面,其夹角处及多件定位的贴合面处要设有沟槽,以便于排屑,防止切屑或工件毛刺影响定位	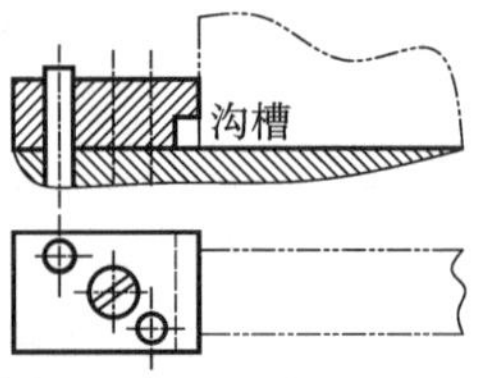 沟槽	导向定位板的下面要有沟槽,以防止切屑或工件毛刺影响定位
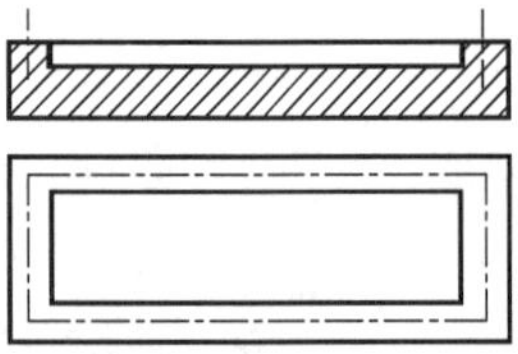	以工件较大平面定位时,定位元件的平面要有凹陷,以形成周边定位,避免工件或定位件的平面误差影响定位精度,同时便于排屑	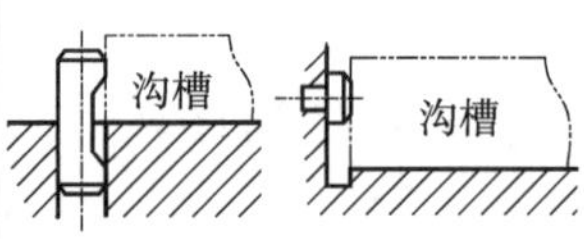 沟槽 沟槽	垂直安装止推定位销时,其定位表面处要有沟槽,以防止切屑或工件毛刺影响定位;或将定位元件水平安放,确保工件可靠定位
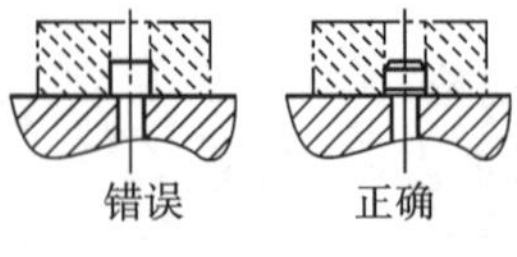 错误 正确	工件以孔定位时,定位销要有导向锥,且在定位圆柱下部要有环形槽,以防止切屑或工件毛刺影响定位	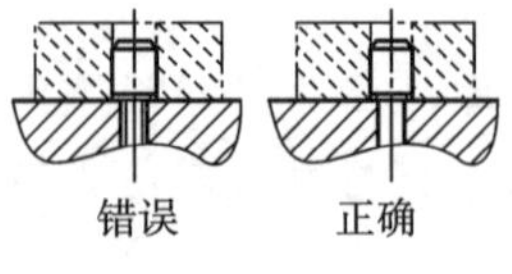 错误 正确	定位元件与夹具体连接要用过盈配合而不能用螺纹连接,以保证工件定位准确
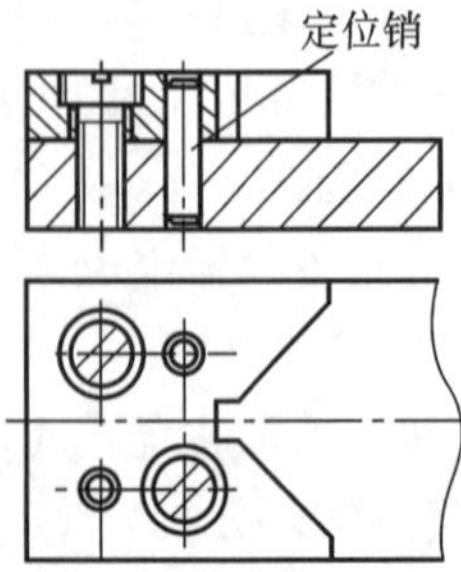 定位销	V形块、对刀块等元件与夹具体连接时,通常是先用两个圆柱销定位,再用两个螺钉紧固。定位销最好设在对角线位置,销孔要配作(钻、铰)	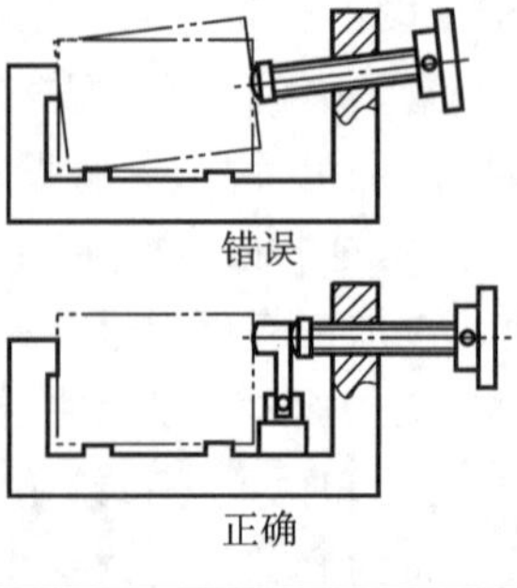 错误 正确	用螺杆夹紧时螺杆容易倾斜,将工件抬起而破坏定位,故增设中间摆杆或头部采用浮动压块,以使定位准确

表 4-22 几种夹具的排屑、防屑的工艺结构

简图	说明	简图	说明
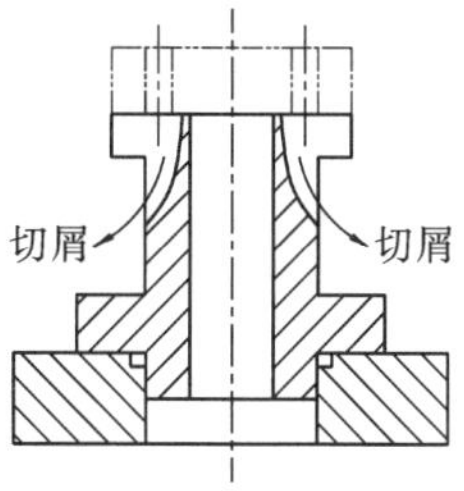 切屑 切屑	钻孔夹具设计出排屑沟槽，使切屑从沟槽排出	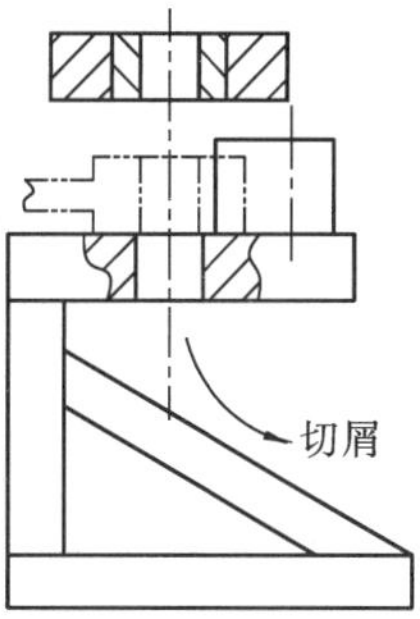 切屑	钻孔夹具设计斜板，引导切屑排出
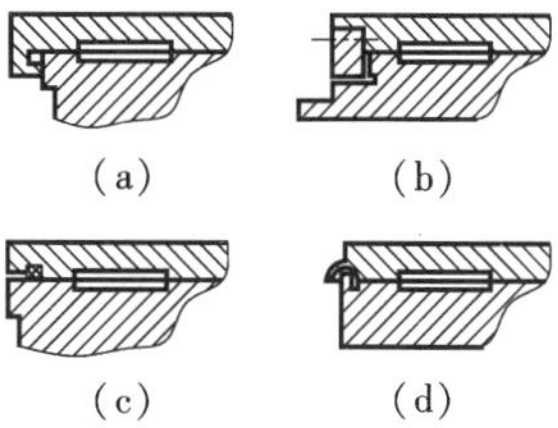 (a) (b) (c) (d)	转台式夹具，为防止切屑进入运动表面，可采用封盖式转台(见图(a))，或装防屑环(见图(b))、硬橡胶防垢密封圈(见图(c))，或设置防屑防漏环(见图(d))	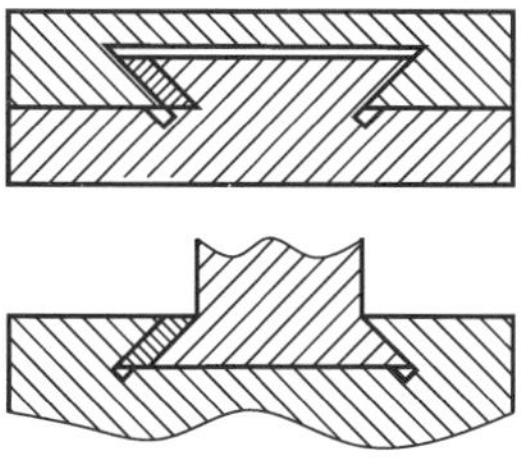	对于活动形燕尾定位元件，其结构要能防止切屑及尘垢落入结合面，以保证燕尾正常工作并保证其定位精度
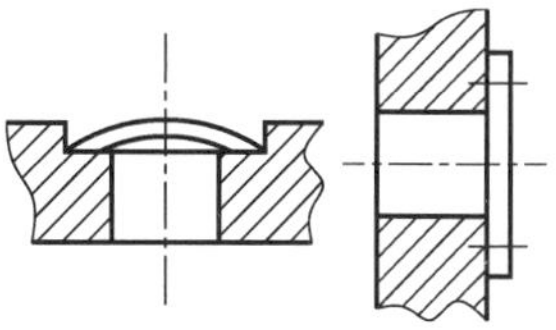	设防尘盖，防止切屑及尘垢落入夹具内部	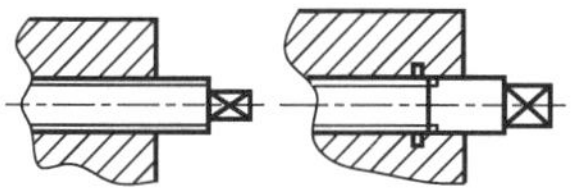	设计夹具上的螺杆时，应注意防止切屑落入螺纹配合处

表 4-23 夹具设计中容易出现的错误

项目	错误或不良的结构	正确或较好的结构	简要说明
定位销在夹具体上的定位与连接	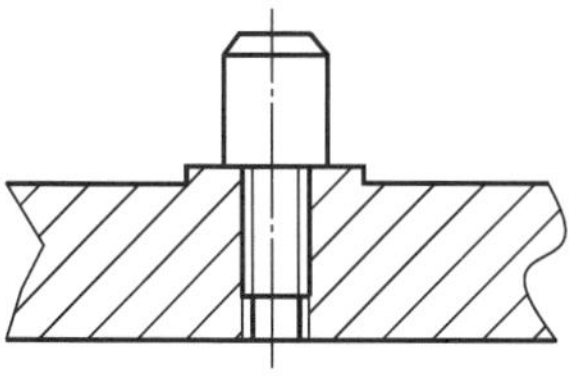	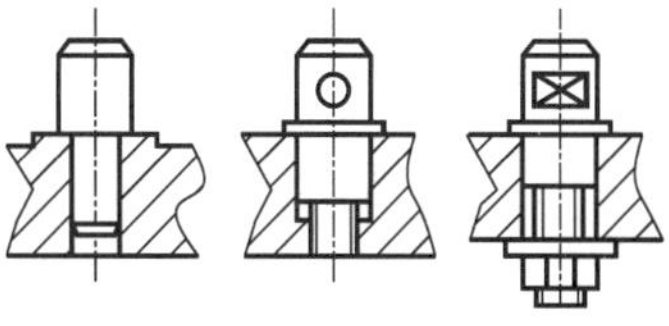	定位销本身的位置误差太大，因为螺纹起不到定心作用。 带螺纹的销应有起定心作用的一段圆柱部分和旋紧用的扳手孔或平面
螺纹连接	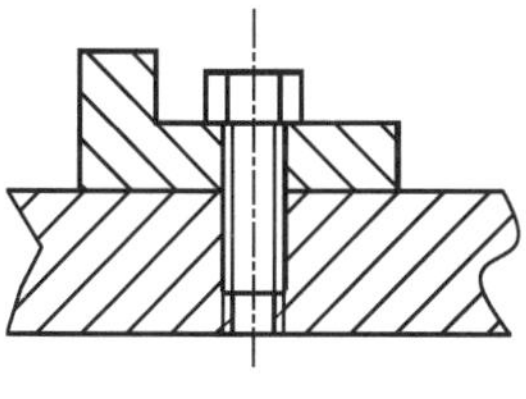	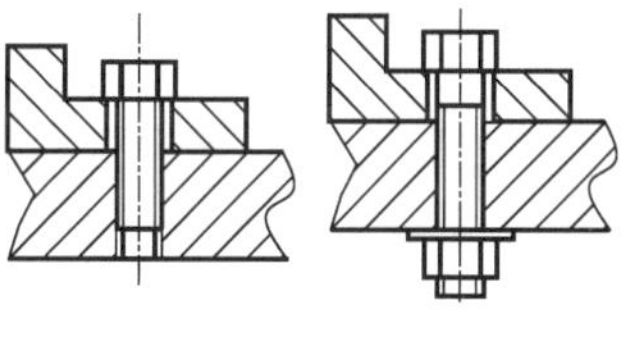	被连接件上的孔应为光孔，两连接件上的孔都有螺纹将无法拧紧

续表

项　　目	错误或不良的结构	正确或较好的结构	简 要 说 明
可调支承	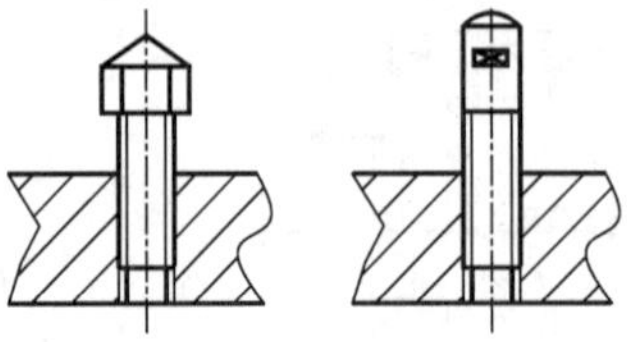	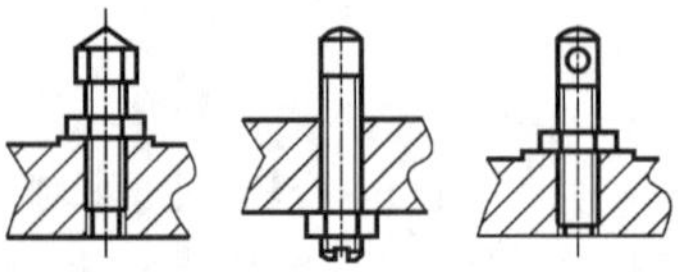	要有锁紧螺母，且应有扳手孔、面或槽
摆动压块	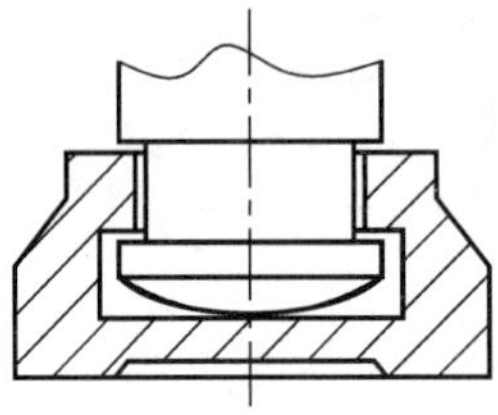	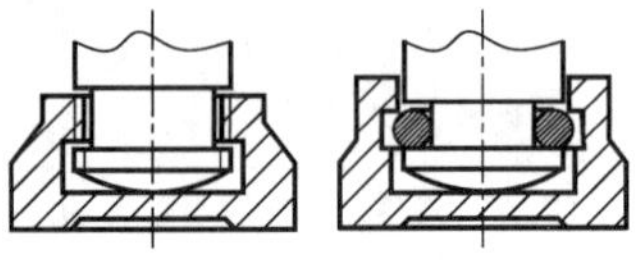	压杆应能装入，且当压杆上升时摆动压块不得脱落
加强肋的设置	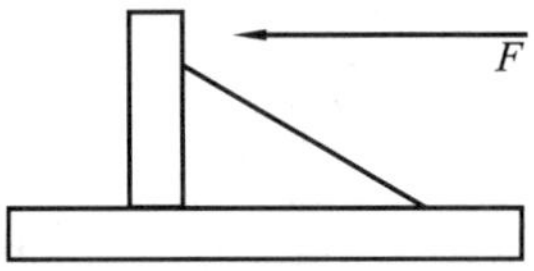 F	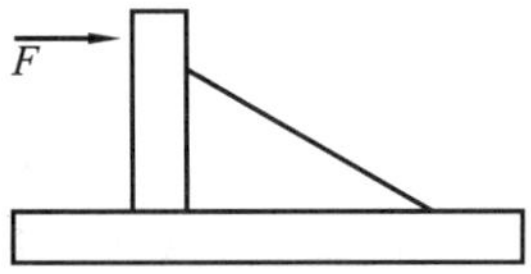 F	加强肋应尽量放在使之承受压应力的方向
使用球面垫圈	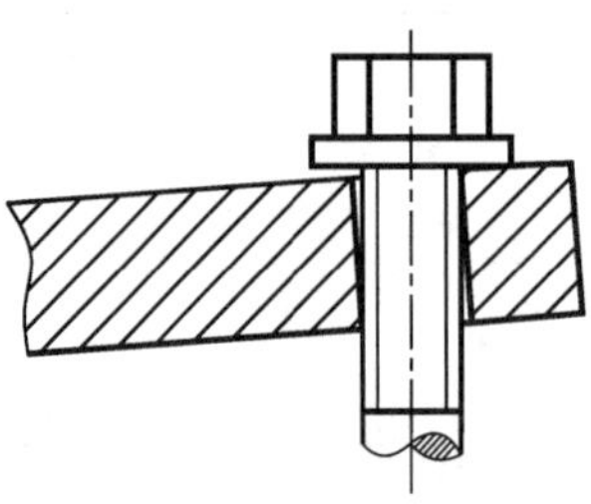	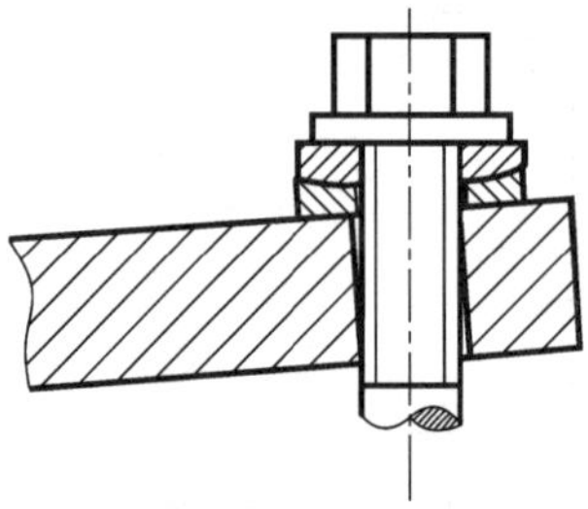	螺杆与压板有可能倾斜受力时，应采用球面垫圈，以免螺纹因附加弯曲应力而破坏
铸造结构	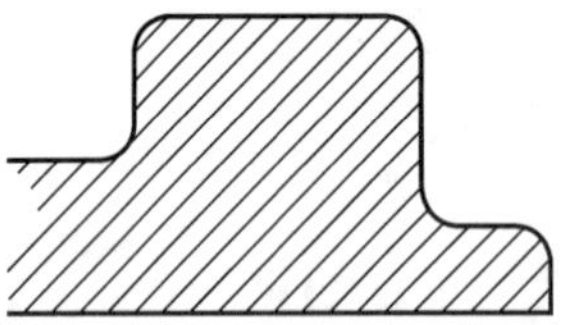	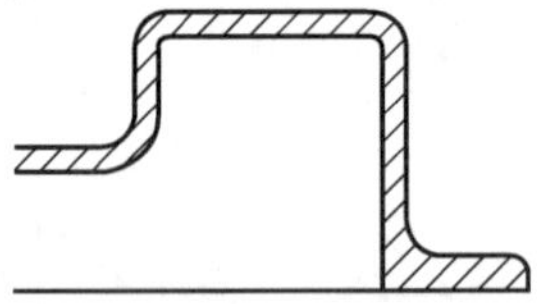	夹具体铸件壁厚应均匀
削边销安装方向			削边销长轴应处在垂直于两孔心连线的方向上

4.5.3　夹具装配图的标注

1. 尺寸标注

在夹具的装配图上有 6 种尺寸需要进行标注。

(1) 外形轮廓尺寸，主要包括夹具的最大外形轮廓尺寸。应特别注意的是：当夹具构成中有运动零部件时，要用双点画线标注出运动部分处于极限位置时所占空间的尺寸，表明运动部分的运动范围，以便于检查夹具与机床、刀具等相对位置有无干涉现象。

(2) 工件与定位元件间的联系尺寸,主要是工件定位基准与定位元件间的配合尺寸,如定位基准孔与定位销、心轴件的配合尺寸。对这类尺寸还必须标注其配合代号。

(3) 夹具与刀具的联系尺寸,主要是对刀元件工作表面与定位元件工作表面间的位置尺寸和配合代号。一般情况下,只需要标注出一个钻套或镗套与定位元件间的位置尺寸;若需标注多个钻套或镗套间的尺寸,要根据零件的加工要求逐一标注。

(4) 夹具与机床连接部分的尺寸,主要是确定夹具在机床上正确位置的连接部分的尺寸。例如:铣、刨夹具定位键与机床工作台上 T 形槽的配合尺寸,车床、内圆磨床和外圆磨床夹具与机床主轴前端的连接尺寸等。

(5) 夹具各组成元件间的相互位置和相关尺寸,主要包括定位元件、对刀元件、导向元件、分度装置及安装基面间的尺寸公差和几何公差。

(6) 其他装配尺寸,主要是夹具内部元件间的配合尺寸,例如:有相对运动的元件或固定元件间的配合尺寸;元件间装配后需要保持的相关尺寸,如定位元件间的尺寸、引导元件间的尺寸。

2. 公差与配合标注

按如下原则确定夹具公差。

(1) 保证夹具的定位、制造和调整误差的总和不超过工序公差的 1/3。

(2) 在不增加夹具制造难度前提下,尽可能地将夹具的公差定得小一些。

(3) 夹具中与工件尺寸有关的尺寸公差,无论工件的尺寸公差是否为双向对称的,在标注夹具相应尺寸时,都要按双向对称分布的形式标注。例如,工件的尺寸公差为$50^{+0.1}_{0}$ mm,应改写成 $50.05^{+0.05}_{-0.05}$ mm,并以 50.05 mm 作为夹具的公称尺寸。

(4) 当采用调整、修配等方法装配夹具时,夹具零件的制造公差可适当放大。

表 4-24 至表 4-29 给出了夹具尺寸公差的参考值,表 4-30 给出了机床夹具常用的配合种类和公差等级。

表 4-24 按工件工序尺寸公差的比例选取的夹具公差 (mm)

夹具类型	工件工序尺寸公差				
	0.03～0.10	0.10～0.20	0.20～0.30	0.30～0.50	未标注公差
车床夹具	1/4	1/4	1/5	1/5	≤±0.1
钻、铣夹具	1/3	1/3	1/4	1/4	≤±0.1
镗、拉、磨等夹具	1/2	1/2	1/3	1/3	≤±0.1

注 夹具各组成元件工作表面间的形状和位置精度可取工件相应几何公差的 1/2～1/3。当工件无明确要求时,夹具元件的几何形状精度可取 0.03～0.05 mm,相对位置精度取(0.02～0.05)mm/100 mm。

表 4-25 按工件工序尺寸公差选取的夹具相应尺寸公差 (mm)

工件工序尺寸公差	夹具相应尺寸公差	工件工序尺寸公差	夹具相应尺寸公差	工件工序尺寸公差	夹具相应尺寸公差
0.008～0.01	0.006	0.06～0.07	0.030	0.12～0.16	0.060
0.01～0.02	0.010	0.07～0.08	0.035	0.16～0.20	0.070
0.02～0.03	0.015	0.08～0.09	0.040	⋮	⋮
0.03～0.05	0.020	0.09～0.10	0.045	0.90～1.30	0.20
0.05～0.06	0.025	0.10～0.12	0.050	1.30～1.50	0.20

表 4-26 按工件的角度公差确定的夹具相应角度尺寸公差 (mm)

工件角度公差	夹具角度公差	工件角度公差	夹具角度公差	工件角度公差	夹具角度公差
50″～1′30″	30″	8′～10′	4′	50′～1°	20′
1′30″～2′30″	1′	10′～15′	5′	1°～1°30′	30′
2′30″～3′30″	1′30″	15′～20′	8′	1°30′～2°	40′
3′30″～4′30″	2′	20′～25′	10′	2°～3°	1°
4′30″～6′	2′30″	25′～35′	12′	3°～4°	1°
6′～8′	3′	35′～50′	15′	4°～5°	1°

表 4-27 车床心轴夹具的制造公差(偏差) (mm)

工件的公称直径	刚性心轴		弹性胀开式心轴		工件的公称直径	刚性心轴		弹性胀开式心轴	
	精加工	一般加工	精加工	一般加工		精加工	一般加工	精加工	一般加工
0～10	−0.005 −0.015	−0.023 −0.045	−0.013 −0.027	−0.035 −0.060	80～120	−0.015 −0.038	−0.080 −0.125	−0.040 −0.075	−0.120 −0.175
10～18	−0.006 −0.018	−0.030 −0.055	−0.016 −0.033	−0.045 −0.075	120～180	−0.018 −0.045	−0.100 −0.155	−0.050 −0.090	−0.150 −0.210
18～30	−0.008 −0.022	−0.040 −0.075	−0.020 −0.040	−0.060 −0.085	180～250	−0.022 −0.052	−0.120 −0.180	−0.060 −0.105	−0.180 −0.250
30～50	−0.010 −0.027	−0.050 −0.085	−0.025 −0.050	−0.075 −0.115	250～360	−0.025 −0.060	−0.140 −0.210	−0.070 −0.125	−0.210 −0.290
50～80	−0.012 −0.032	−0.060 −0.10	−0.030 −0.060	−0.095 −0.145	360～500	−0.030 −0.070	−0.170 −0.245	−0.080 −0.140	−0.250 −0.340

表 4-28 对刀块工作表面到定位表面的尺寸精度要求 (mm)

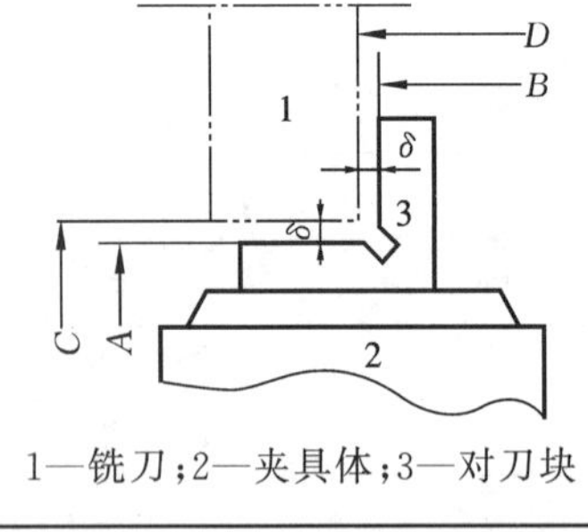

1—铣刀;2—夹具体;3—对刀块

A、*B*—对刀块工作表面到定位表面的对刀尺寸;
C、*D*—工件的对刀尺寸;*δ*—塞尺厚度

工件加工尺寸公差	对刀块工作表面到定位表面的尺寸公差	
	平行或垂直时	不平行或不垂直时
<±0.10	±0.02	±0.015
±0.1～0.25	±0.05	±0.035
>±0.25	±0.10	±0.080

表 4-29 与钻套相关的制造精度的确定

<table>
<tr><th colspan="9">钻套的公差配合</th></tr>
<tr><th>钻套名称</th><th>加工方法及配合部位</th><th>配合种类及公差等级</th><th>备注</th><th>钻套名称</th><th colspan="2">加工方法及配合部位</th><th>配合种类及公差等级</th><th>备注</th></tr>
<tr><td rowspan="3">衬套</td><td>外径与钻模板</td><td>H7/r6、H7/n6、H6/n5</td><td></td><td rowspan="7">可换钻套、快换钻套</td><td colspan="2">外径与衬套</td><td>H7/m6、H7/k6</td><td></td></tr>
<tr><td rowspan="2">内径</td><td rowspan="2">F7、F6</td><td rowspan="2"></td><td rowspan="2">钻孔及扩孔</td><td>刀具切削部分导向</td><td>F7/h6、G7/h6</td><td>①</td></tr>
<tr><td>刀柄或刀杆导向</td><td>H7/f6、H7/g6</td><td></td></tr>
<tr><td rowspan="2">固定钻套</td><td>外径与钻模板</td><td>H7/r6、H7/n6</td><td></td><td rowspan="2">粗铰孔</td><td>外径与衬套</td><td>H7/m6、H7/k6</td><td></td></tr>
<tr><td>内径</td><td>G7、F8</td><td>①</td><td>内径</td><td>G7/h6、H7/h6</td><td>①</td></tr>
<tr><td></td><td></td><td></td><td></td><td rowspan="2">精铰孔</td><td>外径与衬套</td><td>H7/m6、H7/k6</td><td></td></tr>
<tr><td></td><td></td><td></td><td></td><td>内径</td><td>G6/h5、H6/h5</td><td>①</td></tr>
</table>

续表

与钻套中心相关的尺寸公差要求/mm				
工件孔中心距或孔中心到定位基准的公差	工件孔中心距或孔中心到定位基准的公差		钻套中心线对夹具安装基面的相互位置精度要求	
	平行或垂直时	不平行或不垂直时	被加工孔对定位基准面的平行度或垂直度公差要求	钻套中心线对夹具安装基准面的平行度或垂直度公差要求
±0.05～±0.10	±0.005～±0.02	±0.005～±0.015	0.05～0.10	0.01～0.02
±0.10～±0.25	±0.02～±0.05	±0.015～±0.035	0.10～0.25	0.02～0.05
±0.25 以上	±0.05～±0.10	±0.035～±0.080	0.25 以上	0.05

注 ①公称尺寸为刀具的最大尺寸。

表 4-30 机床夹具常用配合种类和公差等级

配合件的工作形式		精度要求		示例
		一般精度	较高精度	
定位元件与工件定位基面的配合		H7/h6、H7/g6、H7/f7	H6/h5、H6/g5、H6/f5	定位销与工件定位基准孔的配合
有导向作用并有相对运动元件间的配合		H7/h6、H7/g6、H7/f7、H7/h7、G7/h6	H6/h5、H6/g5、H6/f5、G6/h5、F7/h5	移动定位元件、刀具与导套的配合
无导向作用但有相对运动元件间的配合		H8/f9、H8/d9	H8/f8	移动夹具底座与滑座的配合
没有相对运动元件间的配合	无紧固件	H7/n6、H7/r6、H7/s6		固定支承钉、定位销
	有紧固件	H7/m6、H7/k6、H7/js6		

3. 其他技术要求标注

夹具装配图上除了标注尺寸、公差与配合要求以外，还要标注其他技术要求，如夹具的制造、装配、外观、使用、验收等方面的要求。这些技术要求不能用简明扼要的数字、符号注写在图面上时，可用文字方式注写在标题栏附近的技术要求中。

典型夹具的技术要求示例如表 4-31 至表 4-33 所示。

表 4-31 典型车床夹具的技术要求示例

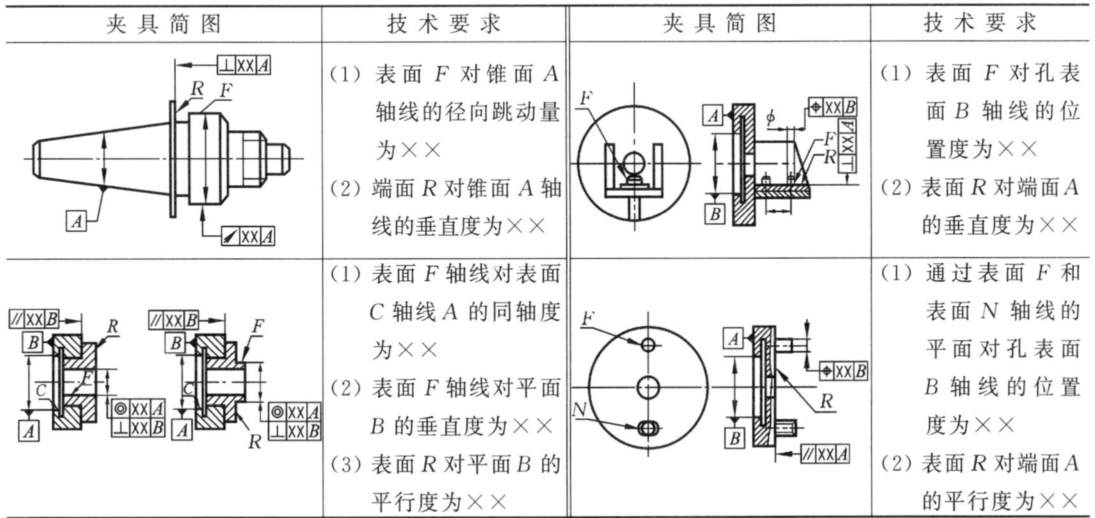

夹具简图	技术要求	夹具简图	技术要求
	(1) 表面 F 对锥面 A 轴线的径向跳动量为×× (2) 端面 R 对锥面 A 轴线的垂直度为××		(1) 表面 F 对孔表面 B 轴线的位置度为×× (2) 表面 R 对端面 A 的垂直度为××
	(1) 表面 F 轴线对表面 C 轴线 A 的同轴度为×× (2) 表面 F 轴线对平面 B 的垂直度为×× (3) 表面 R 对平面 B 的平行度为××		(1) 通过表面 F 和表面 N 轴线的平面对孔表面 B 轴线的位置度为×× (2) 表面 R 对端面 A 的平行度为××

表 4-32 典型铣床夹具的技术要求示例

夹具简图	技术要求	夹具简图	技术要求
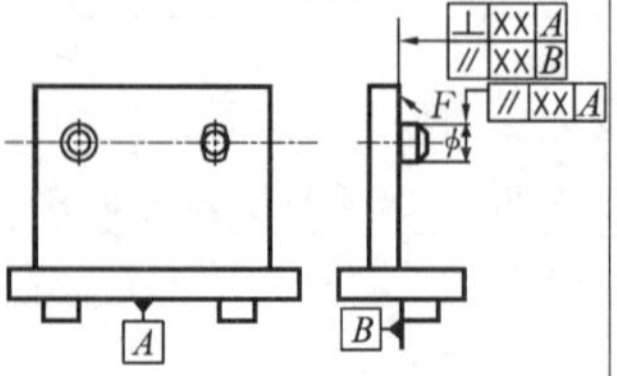	(1) 定位面 F 对底平面 A 的垂直度为××； (2) 两定位销轴线所在平面对底面 A 的平行度为××； (3) 定位面 F 对两定位键基准面 B 的平行度为××	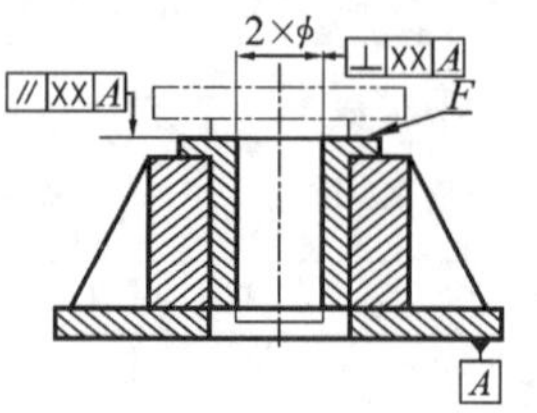	(1) 定位面 F 对底面 A 的平行度为××； (2) 定位孔的轴线对底面 A 的垂直度为××
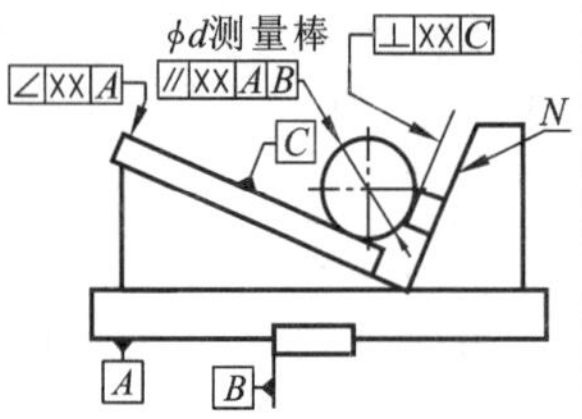	(1) 斜面 C 对底面 A 的倾斜度为××； (2) 斜面 N 对斜面 C 的垂直度为××； (3) 测量棒的轴线对底面 A、两定位键基准面 B 的平行度为××		

表 4-33 典型钻床夹具的技术要求示例

夹具简图	技术要求	夹具简图	技术要求
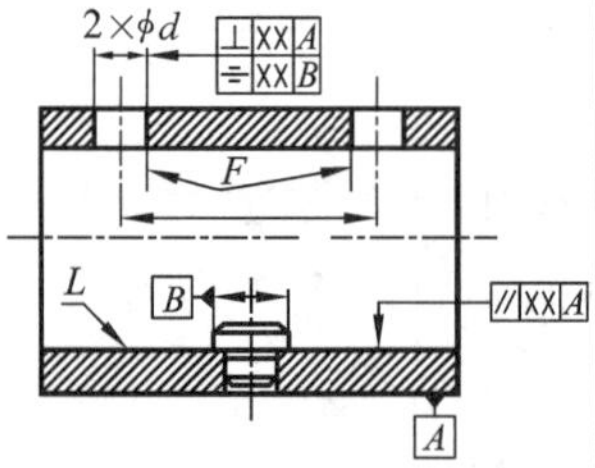	(1) 表面 F 的轴线(或钻套的轴线)对表面 A 的垂直度为××； (2) 表面 L 对底面 A 的平行度为××； (3) 通过两表面 F 轴线的平面对定位销 B 轴线的对称度为××	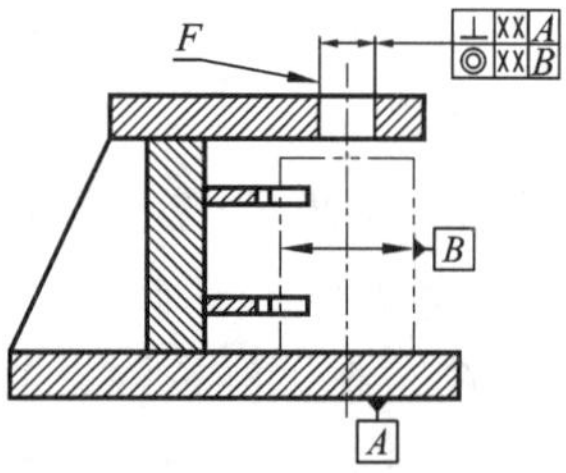	(1) 表面 F 的轴线(或钻套的轴线)对底面 A 的垂直度为××； (2) 表面 F 的轴线(或钻套的轴线)对 V 形块轴线的同轴度为××
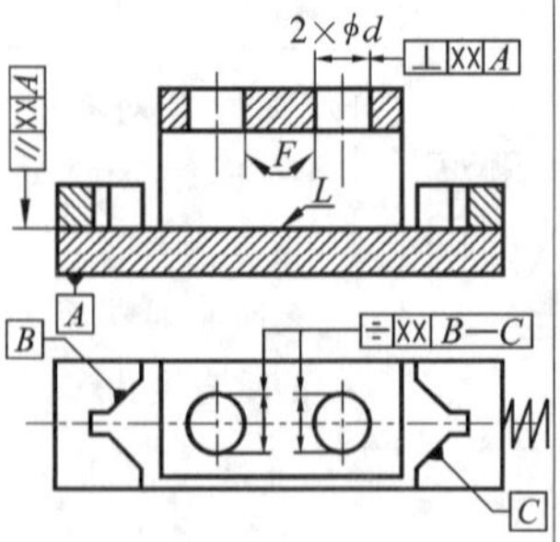	(1) 表面 F 的轴线(或钻套的轴线)对底面 A 的垂直度为××； (2) 表面 L 对底面 A 的平行度为××； (3) 通过两表面 F 轴线的平面对 V 形块的对称平面的对称度为××		

4.5.4 绘制夹具零件图

对夹具中每个非标准件都要绘制其零件图。零件图上的尺寸、公差及技术条件等都要根据装配图来确定。

4.5.5 典型夹具设计简介

在车床和磨床上加工非回转体上的内孔、外圆及其端面时，往往不能使用通用的三爪卡盘或各类顶尖夹具，通常需要使用专用夹具。这类夹具的特点是工作时夹具带动工件随机床主轴一起高速回转，会产生很大的离心力和不平衡惯性力。因此设计这类专用夹具时要特别注意如下问题。

1) 夹具与机床主轴的可靠连接

专用车、磨夹具的夹具体均需要通过安装柄或过渡盘与机床的回转主轴进行连接。设计时必须根据所选择机床主轴的结构来设计安装柄或过渡盘。安装柄可参考《固定顶尖》(GB/T 9204—2008)的结构和参数设计，过渡盘可参考《机床夹具零件及部件　三爪卡盘用过渡盘》(JB/T 10126.1—1999)的结构和参数设计。

2) 工作时要保持运动的平稳性

工件的非对称性会导致夹具在工作时出现动平衡问题，因此，在设计夹具时必须考虑设计一个质量调节机构，通过调整质量块的位置，使质量中心与回转中心重合，以保证加工过程平稳。

3) 高度的可靠性

可靠性指的是各连接部分，包括零件的夹紧机构要有可靠的自锁性，以确保工作中不发生任何松动现象，避免发生安全事故。同时如果夹具在径向有突出和可能脱落的零件，一般情况下都需要加安全防护罩，以保证安全。

图 4-1 所示为加工某直角接头孔的专用车床夹具。夹具体 4 通过带莫氏 5 号锥度的心轴与车床主轴连接，钩形压板 2 夹紧工件，平衡块 5 可以调整定位元件 1 位置，以实现工件上成 90°分布的两个孔的车削加工。

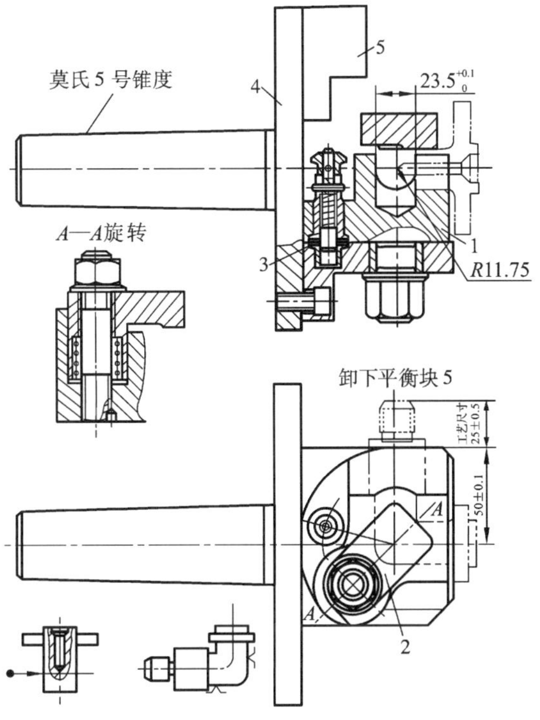

图 4-1　车床专用夹具

1—定位元件；2—钩形压板；3—分度装置；4—夹具体；5—平衡块

图 4-2 所示为加工变量活塞内孔的磨床夹具。工件用 V 形块 6 和挡块 3 进行初定位，最后用插销 7 进行定位，用钩形压板 1 夹紧工件，2、4 为平衡块。更换不同的定位元件可以加工直径在 9.5～17 mm 之间的各种变量活塞的内孔。

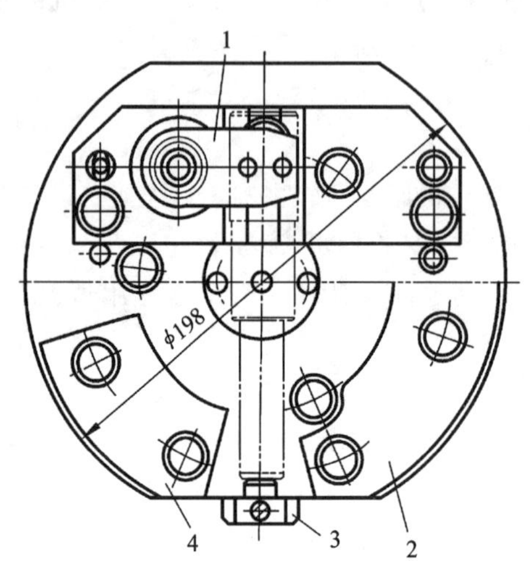

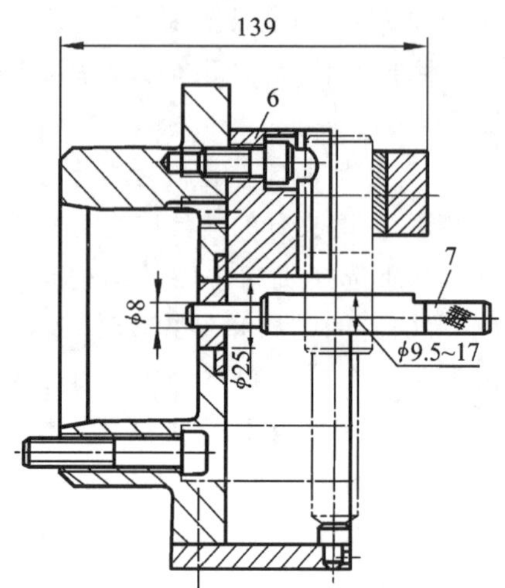

图 4-2 磨内孔专用夹具

1—钩形压板；2、4—平衡块；3—挡块；6—V 形块；7—插销

第 5 章 机械制造技术基础课程设计常用标准和规范

5.1 课程设计下发的材料样本

本节给出课程设计时指导教师应向学生下发的材料样本。指导教师可以将样本根据实际情况编辑后提供给学生。材料样本具体有课程设计任务书(见图 5-1)、机械加工工艺过程卡片(见表 5-1)、机械加工工序卡片(见表 5-2),以及零件图(见图 5-2 至图 5-17)。

××××大学

课 程 设 计 任 务 书

__________学院________________专业________年级

学生姓名:________

课程设计题目:年产量为 5000 件的手柄的机械加工工艺规程及典型夹具

课程设计主要内容:

1. 设计手柄零件的毛坯并绘制毛坯图。
2. 设计手柄零件的机械加工工艺规程,并填写:

(1) 整个零件的机械加工工艺过程卡片;

(2) 所设计夹具对应工序的机械加工工序卡片。

3. 设计某工序的夹具一套,绘出总装图。
4. 编写设计说明书。

设 计 指 导 教 师(签字):________

教学基层组织负责人(签字):________

年 月 日

图 5-1 课程设计任务书样式

表 5-1　课程设计的机械加工工艺过程卡片样式(参考 JB/T 9165.2—1998)

(单位名称)		机械加工工艺过程卡片	产品型号			零件图号		共　页
			产品名称			零件名称		第　页
材料牌号		毛坯种类	毛坯外形尺寸		每毛坯可制件数		每台件数	备注
工序号	工序名称	工序内容	车间	工段	设备	工艺装备	工时 准终	工时 单件

描图
描校
底图号
装订号

									设计(日期)	审核(日期)	标准化(日期)	会签(日期)
标记	处数	更改文件号	签字	日期	标记	处数	更改文件号	签字	日期			

表 5-2 课程设计的机械加工工序卡片样式(参考 JB/T 9165.2—1998)

(单位名称)	机械加工工序卡片	产品型号		零件图号		共 页
		产品名称		零件名称		第 页

(工序简图)				
	车间	工序号	工序名称	材料牌号
	毛坯种类	毛坯外形尺寸	每毛坯可制件数	每台件数
	设备名称	设备型号	设备编号	同时加工件数
	夹具编号		夹具名称	切削液
	工位器具编号		工位器具名称	工序工时
				准终 / 单件

	工步号	工步内容	工艺装备	主轴转速 /(r/min)	切削速度 /(m/min)	进给量 /(mm/r)	吃刀量 /mm	进给次数	工步工时 机动	工步工时 辅助
描图										
描校										
底图号										
装订号										

										设计(日期)	审核(日期)	标准化(日期)	会签(日期)
	标记	处数	更改文件号	签字	日期	标记	处数	更改文件号	签字	日期			

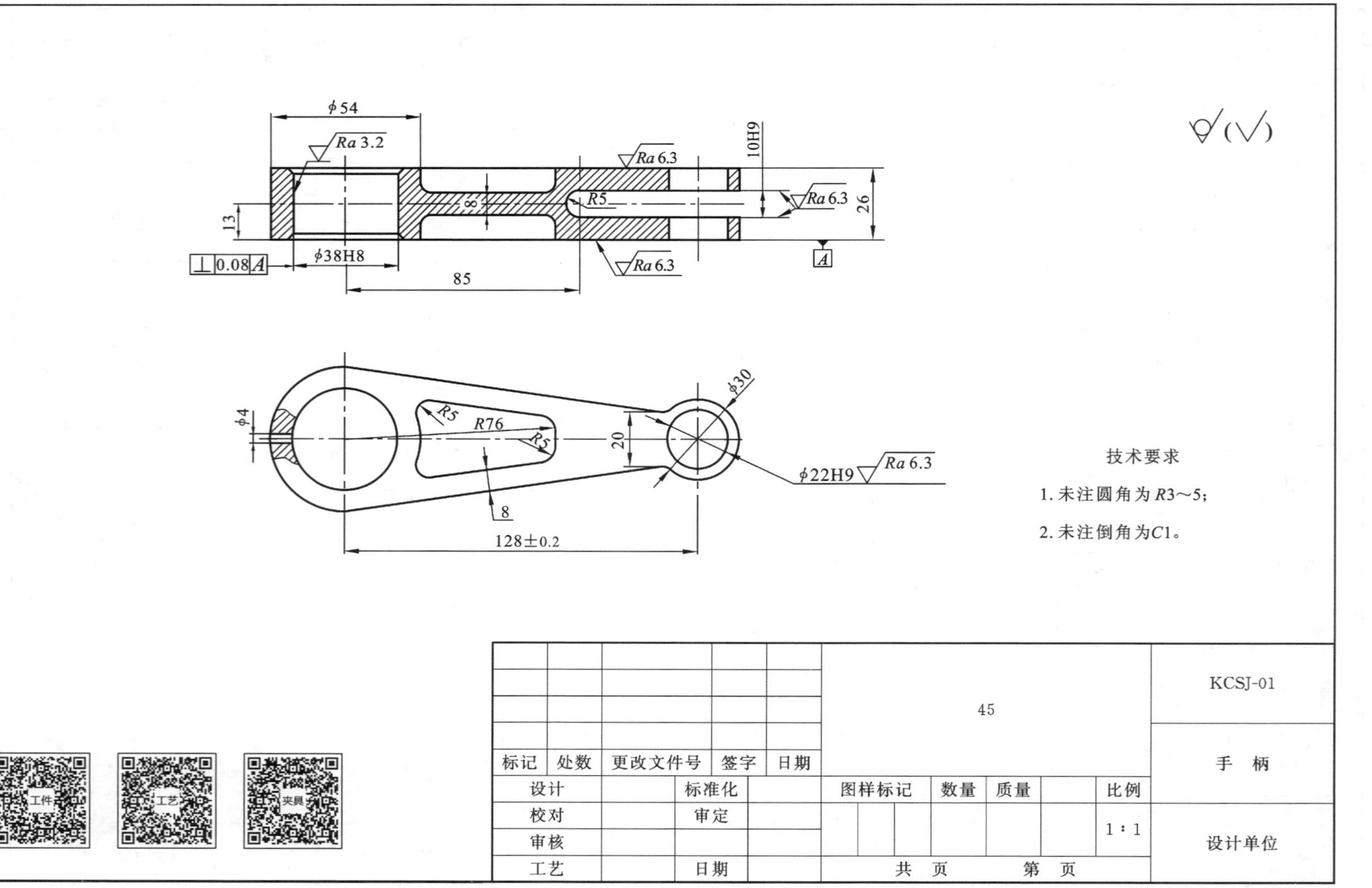

图 5-2 课程设计零件图(KCSJ-01 手柄)

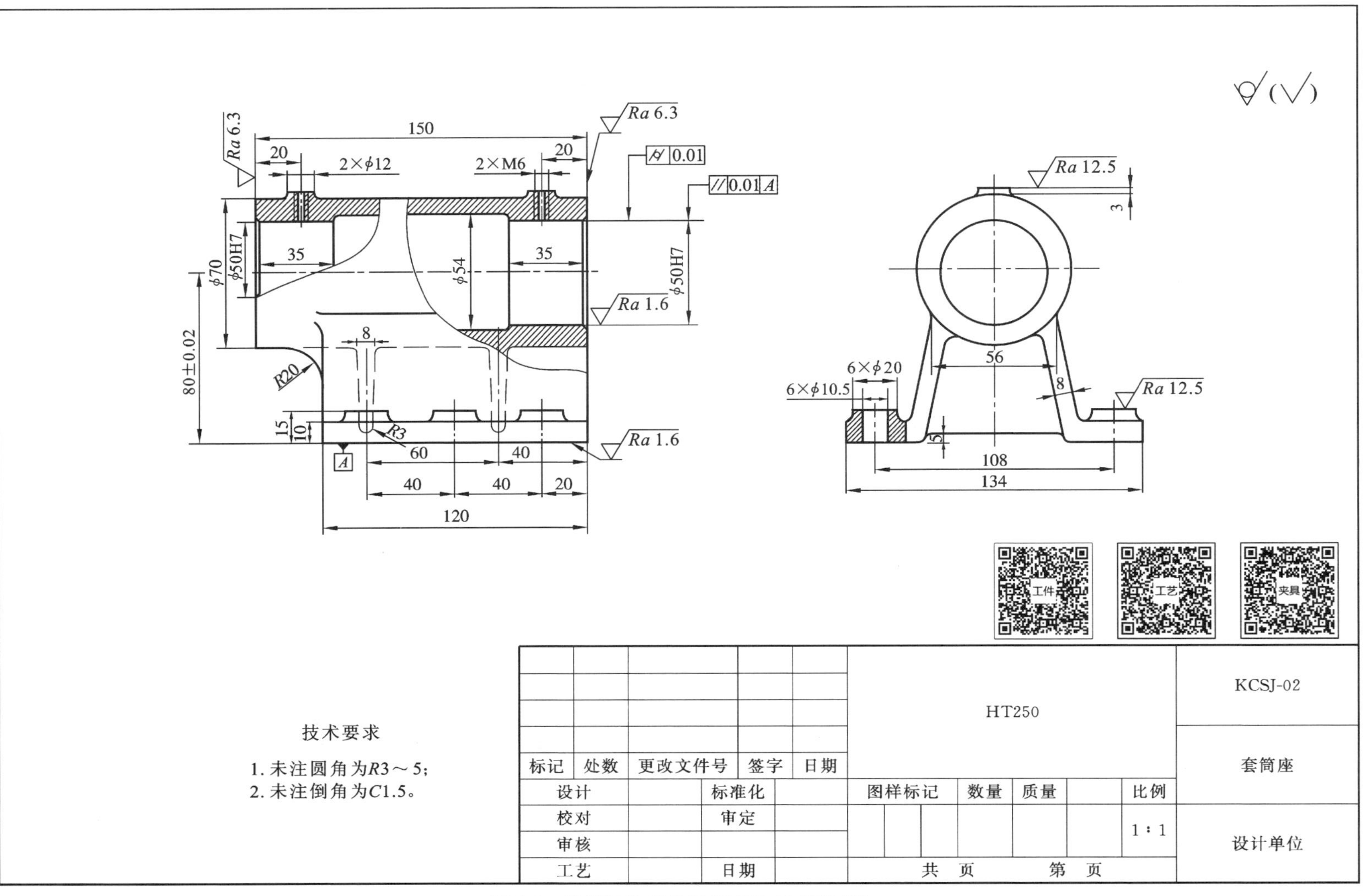

图 5-3 课程设计零件图(KCSJ-02 套筒座)

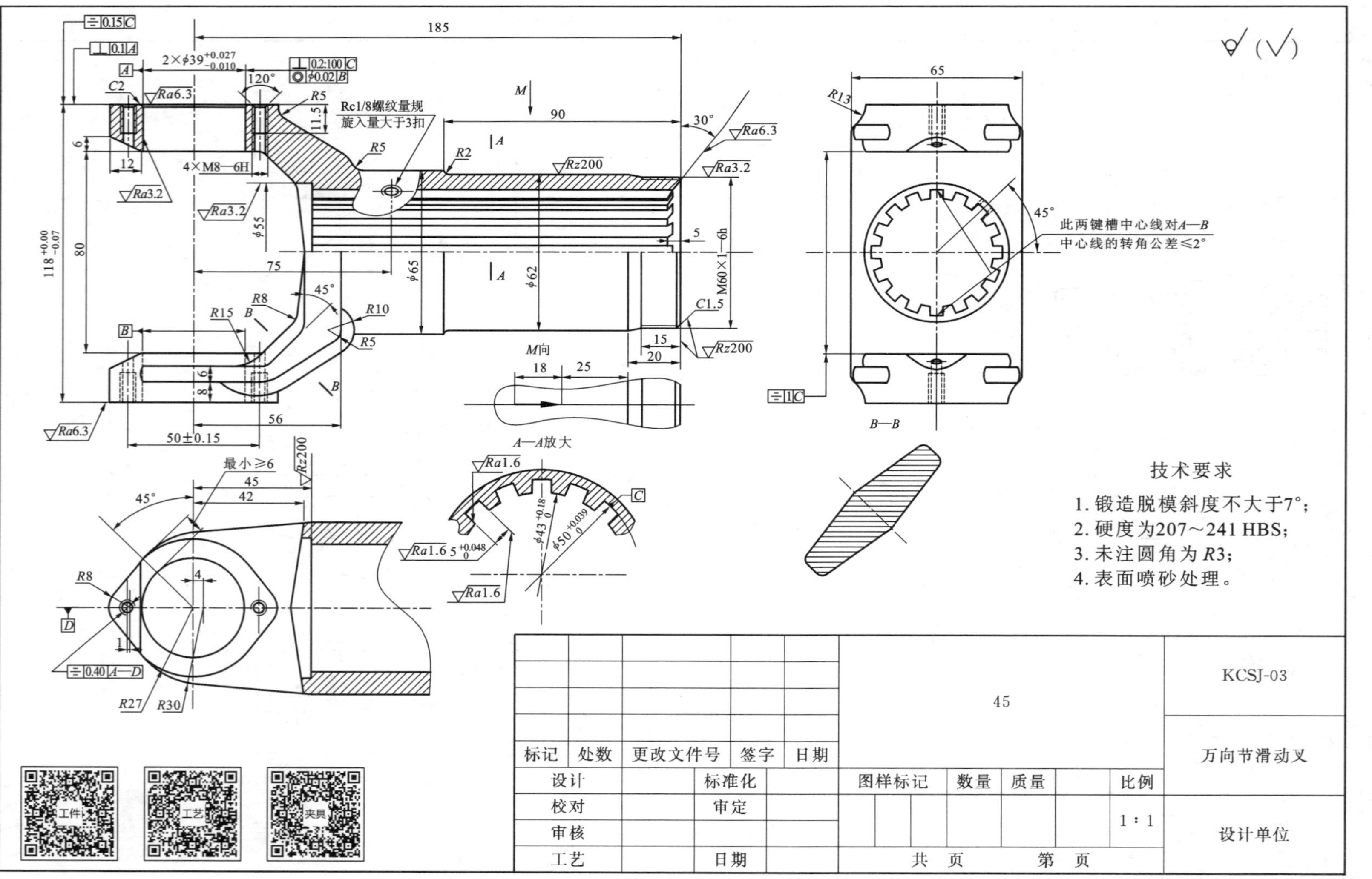

图 5-4 课程设计零件图(KCSJ-03 万向节滑动叉)

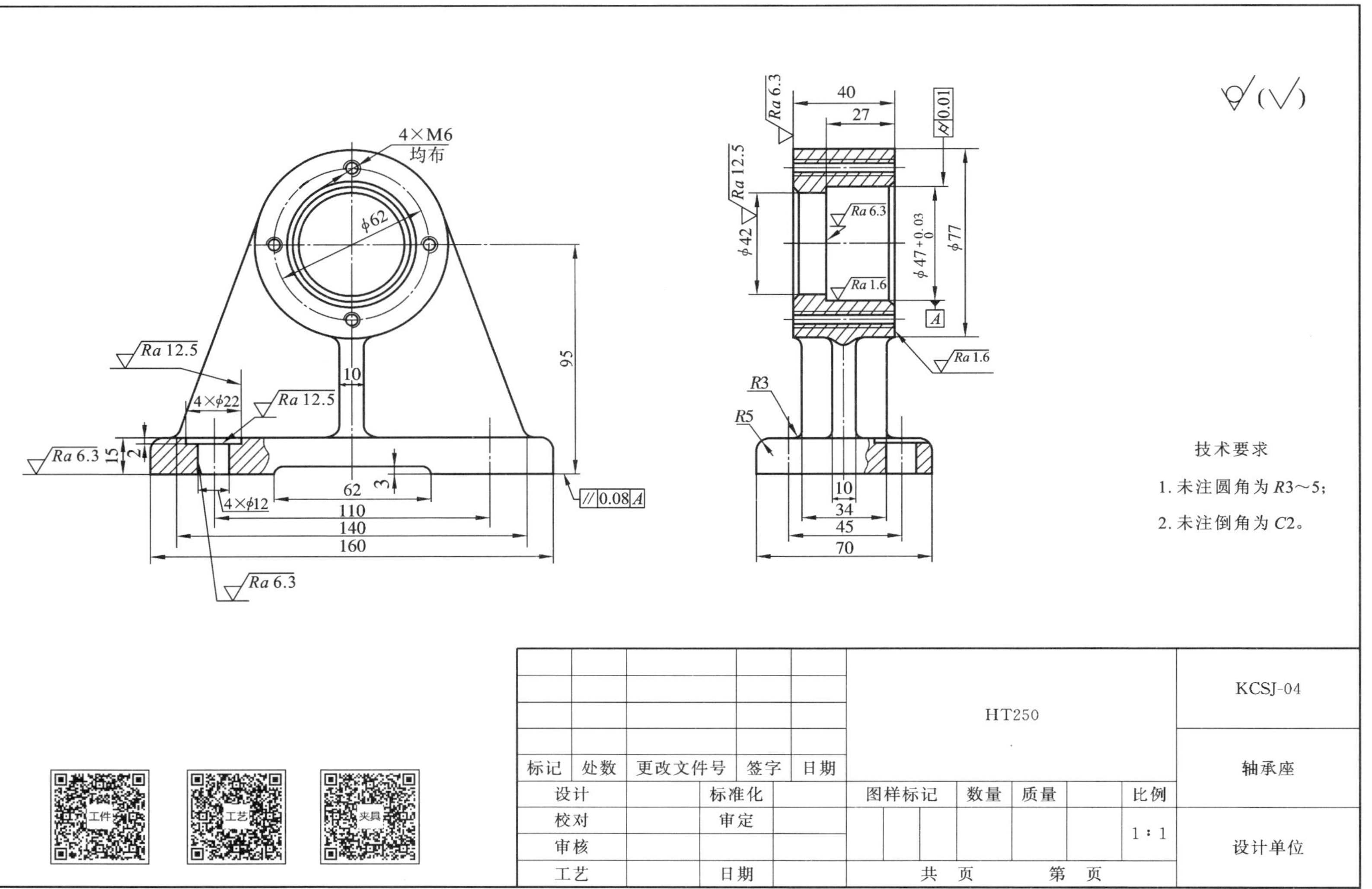

图 5-5　课程设计零件图(KCSJ-04 轴承座)

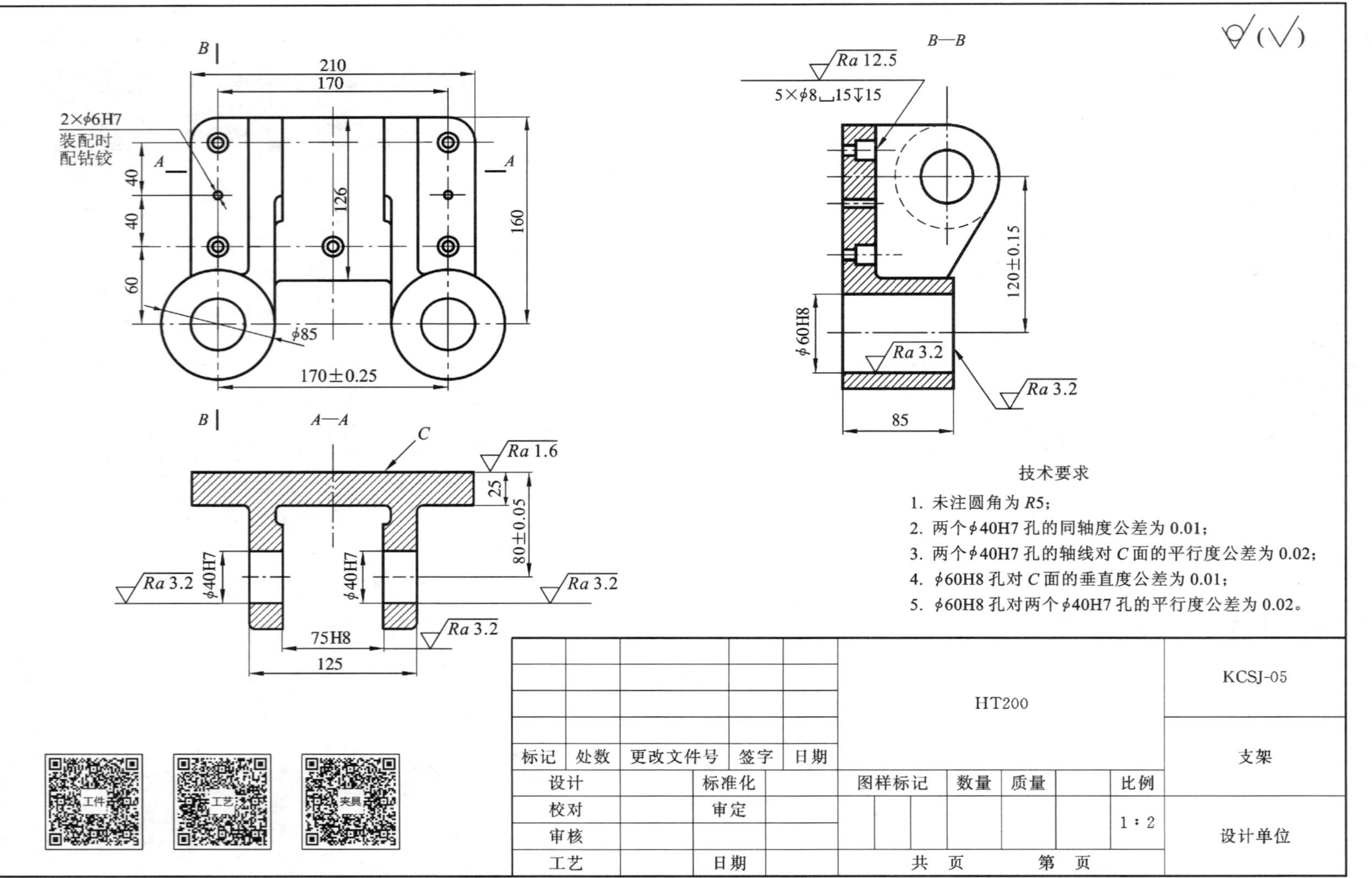

图 5-6　课程设计零件图（KCSJ-05 支架）

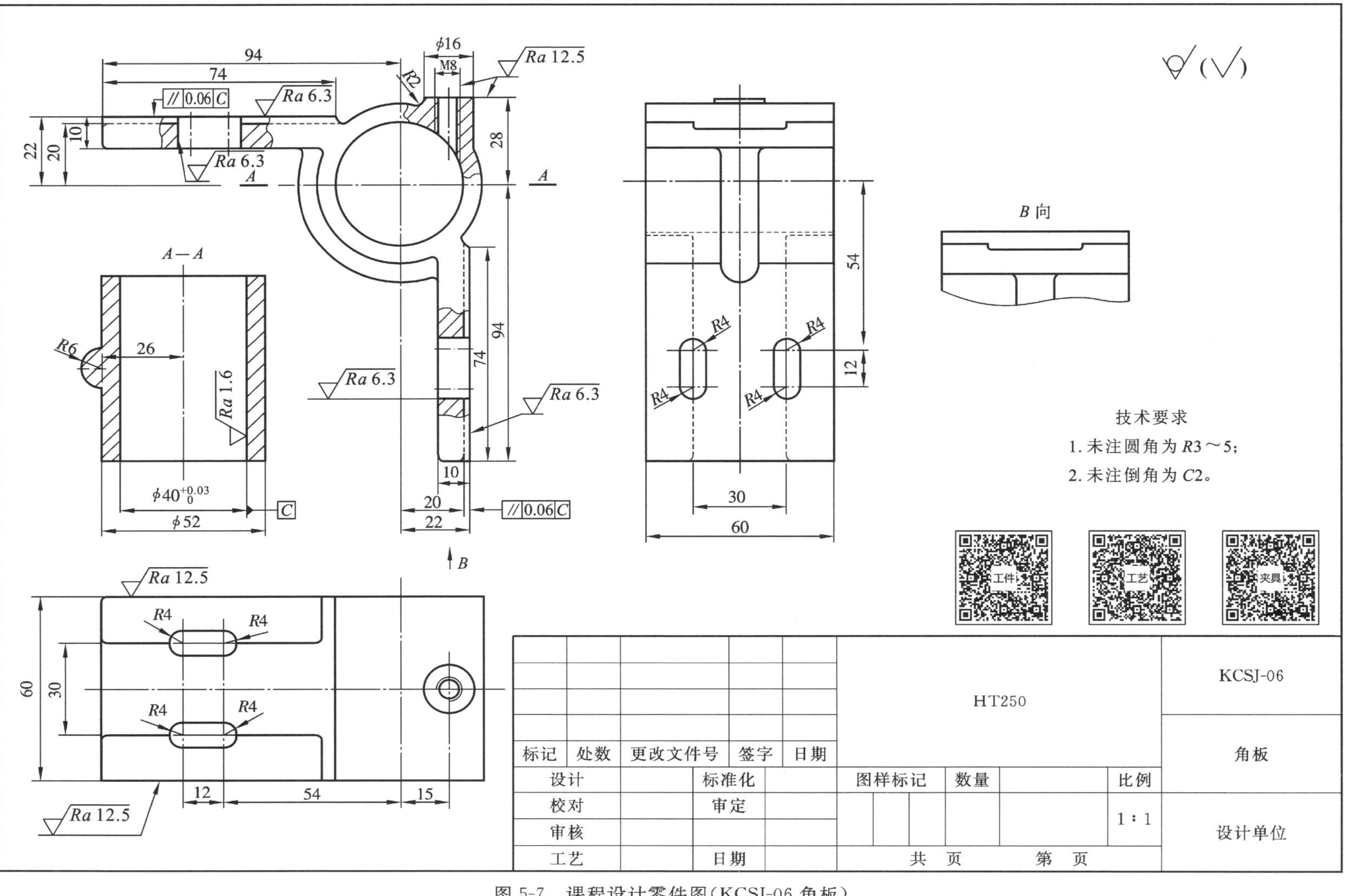

图 5-7　课程设计零件图（KCSJ-06 角板）

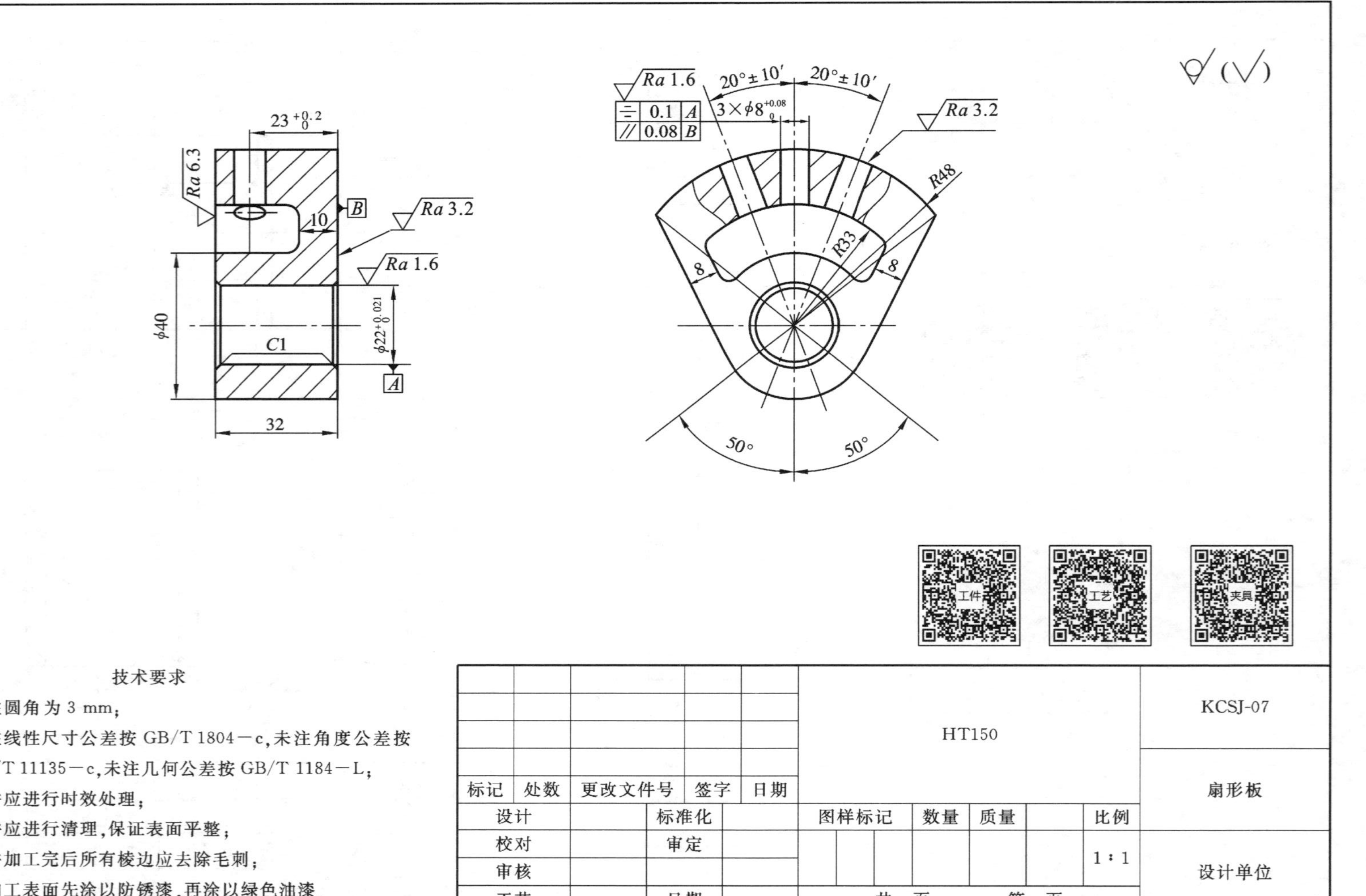
23$^{+0.2}_{0}$
Ra 6.3
B
10
Ra 3.2
Ra 1.6
φ40
C1
φ22$^{+0.021}_{0}$
A
32
Ra 1.6
0.1 A
0.08 B
20°±10′
20°±10′
3×φ8$^{+0.08}_{0}$
Ra 3.2
R48
R33
8
8
50°
50°
工件
工艺
夹具
技术要求
1. 未注圆角为 3 mm;
2. 未注线性尺寸公差按 GB/T 1804－c,未注角度公差按 GB/T 11135－c,未注几何公差按 GB/T 1184－L;
3. 铸件应进行时效处理;
4. 铸件应进行清理,保证表面平整;
5. 零件加工完后所有棱边应去除毛刺;
6. 不加工表面先涂以防锈漆,再涂以绿色油漆。
HT150
KCSJ-07
扇形板
设计单位
标记 处数 更改文件号 签字 日期
设计 标准化
校对 审定
审核
工艺 日期
图样标记 数量 质量 比例
1∶1
共 页 第 页

图 5-8 课程设计零件图(KCSJ-07 扇形板)

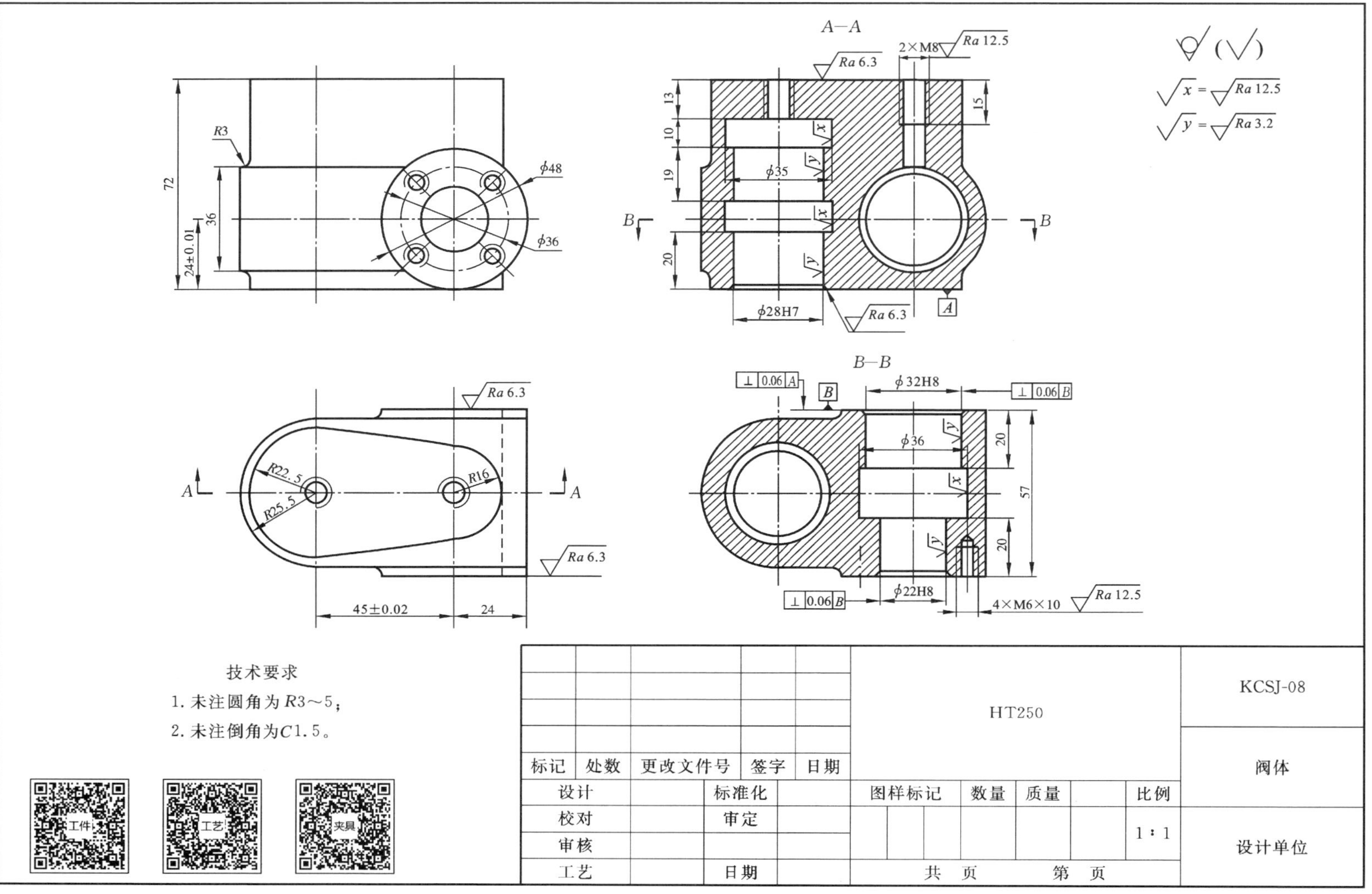

图 5-9 课程设计零件图(KCSJ-08 阀体)

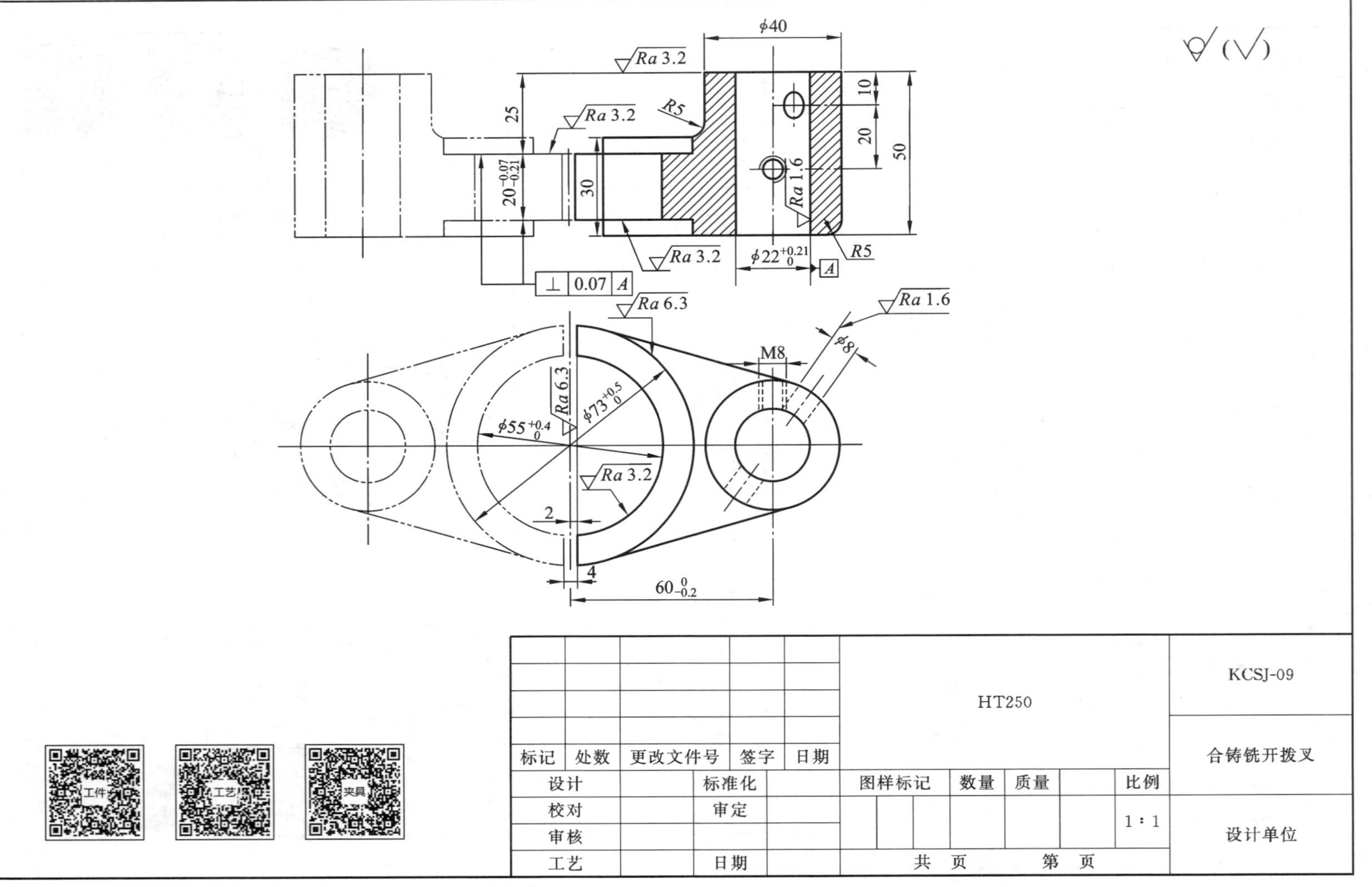

图 5-10 课程设计零件图(KCSJ-09 合铸铣开拨叉)

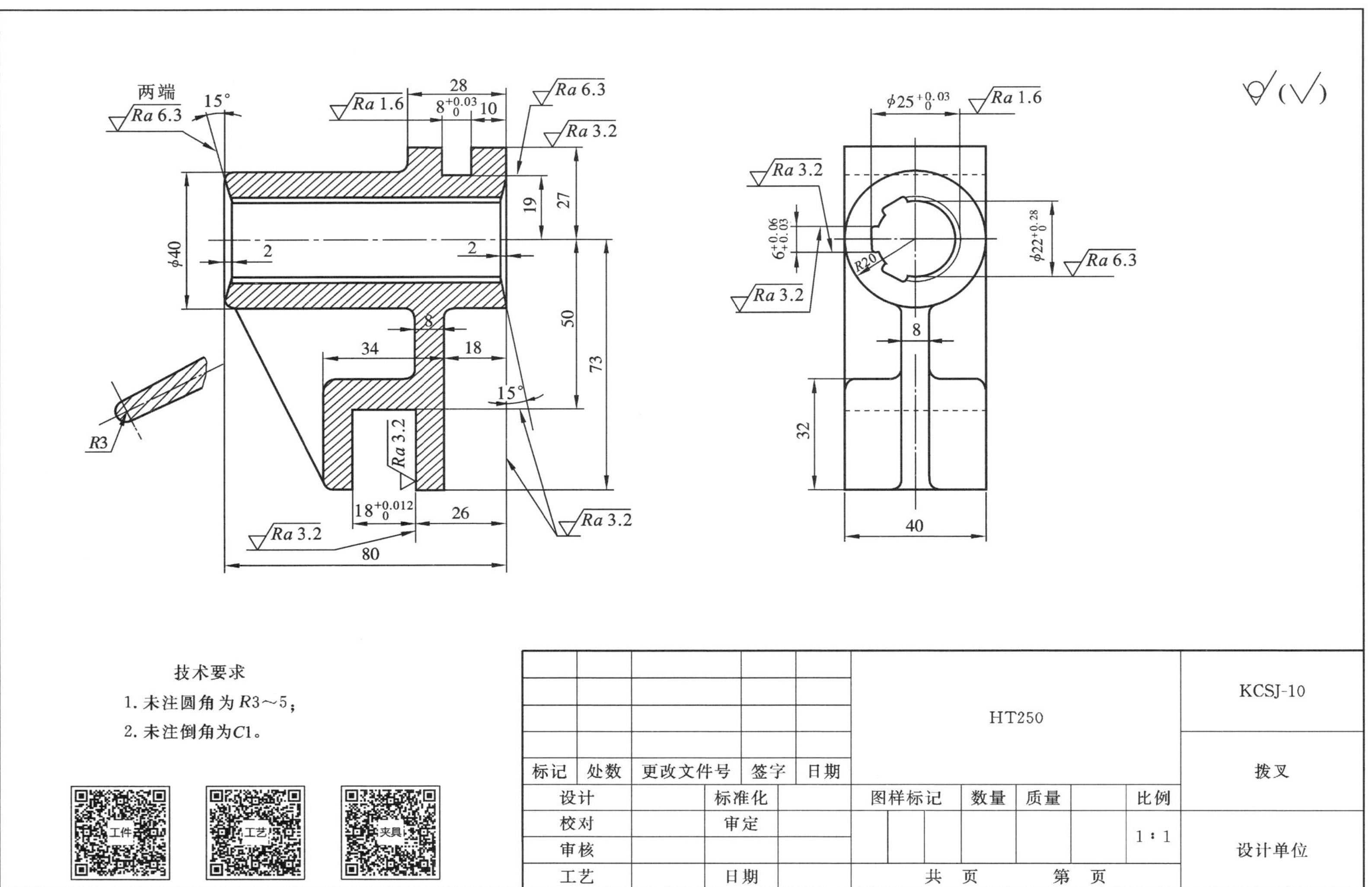

图 5-11 课程设计零件图(KCSJ-10 拨叉)

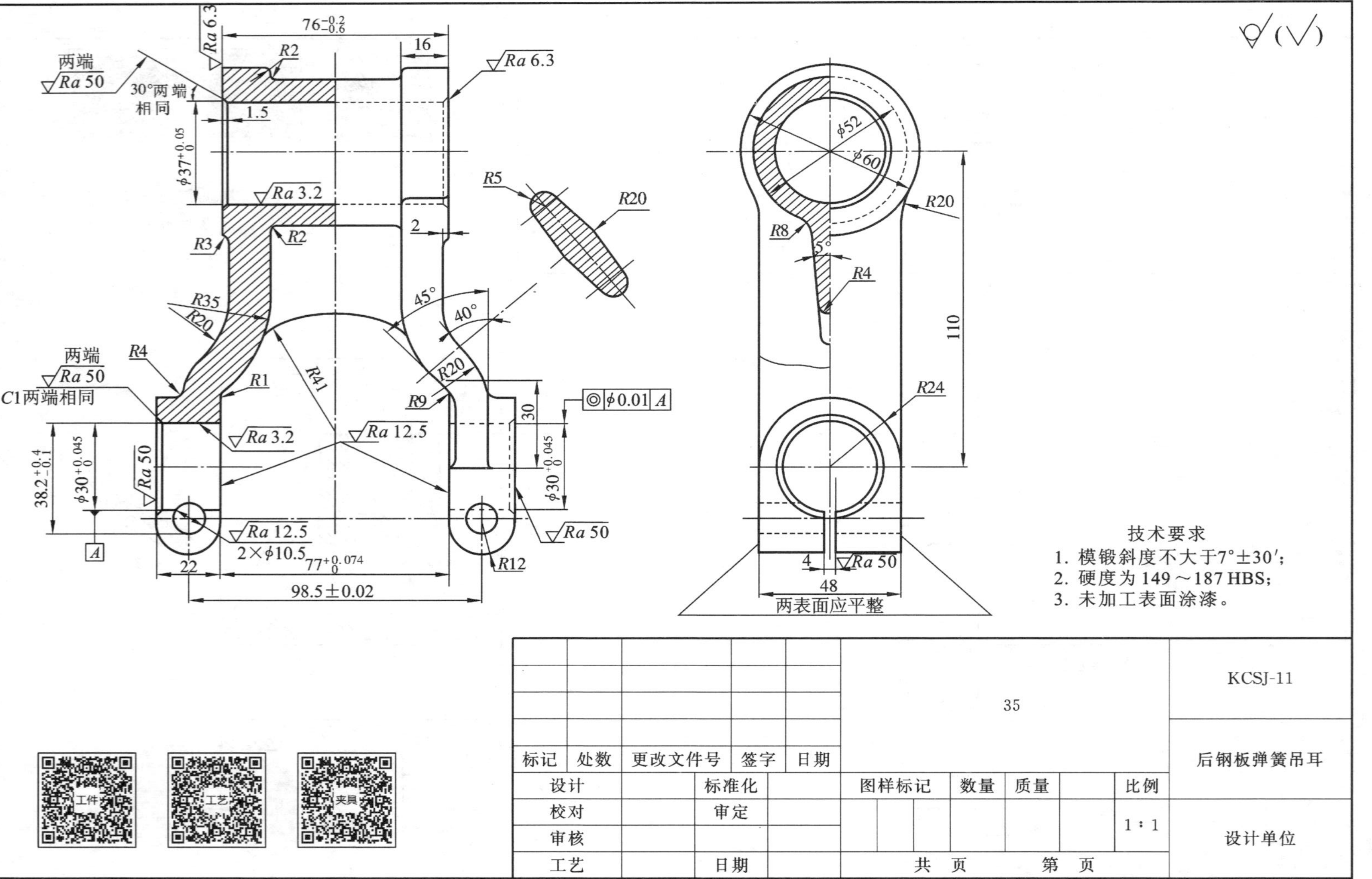

图 5-12 课程设计零件图(KCSJ-11 后钢板弹簧吊耳)

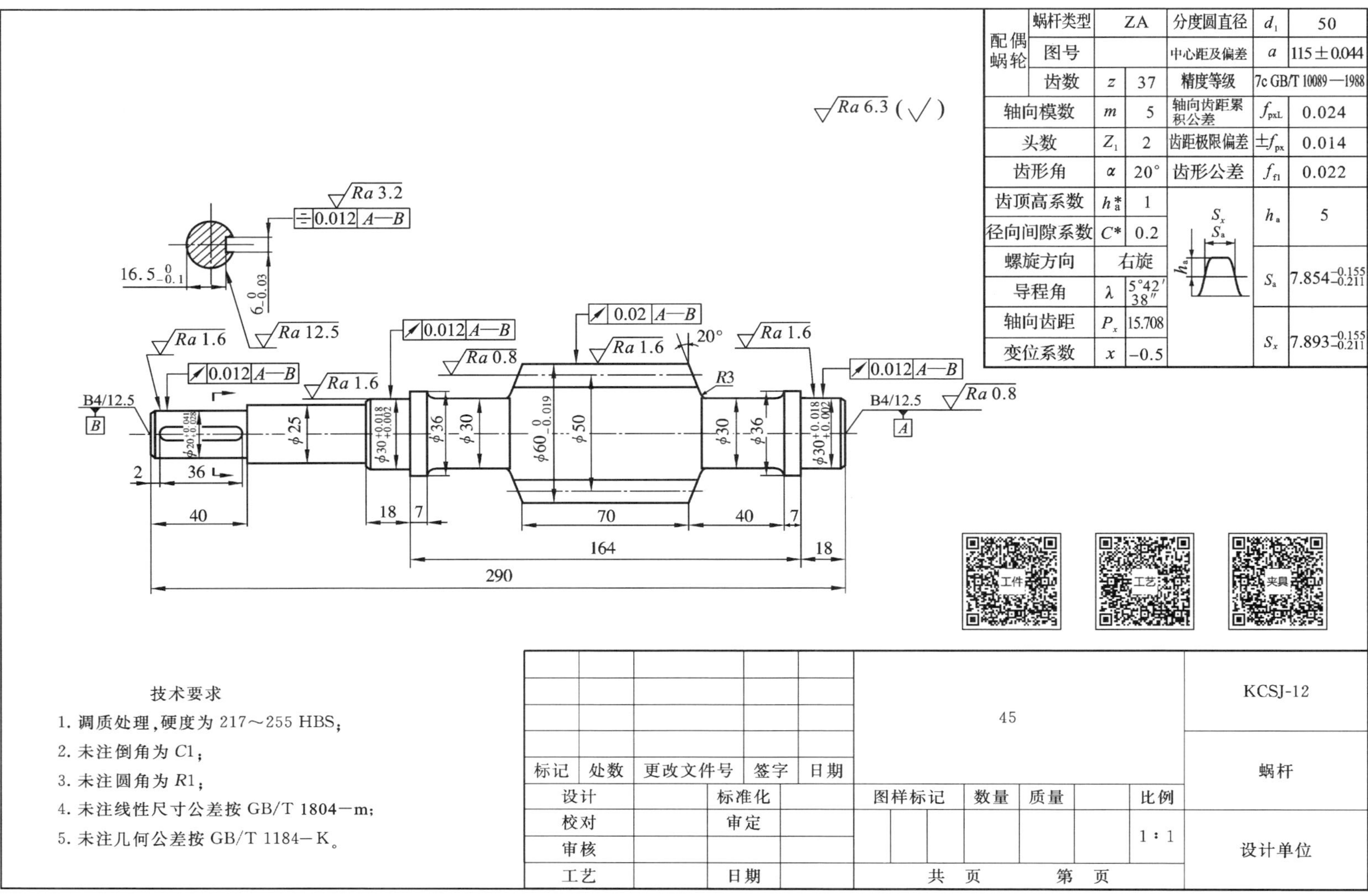

配偶蜗轮	蜗杆类型		ZA	分度圆直径	d_1	50
	图号			中心距及偏差	a	115±0.044
	齿数	z	37	精度等级		7c GB/T 10089—1988
轴向模数		m	5	轴向齿距累积公差	f_{pxL}	0.024
头数		Z_1	2	齿距极限偏差	$\pm f_{px}$	0.014
齿形角		α	20°	齿形公差	f_{f1}	0.022
齿顶高系数		h_a^*	1		h_a	5
径向间隙系数		C^*	0.2			
螺旋方向			右旋		S_a	$7.854_{-0.211}^{-0.155}$
导程角		λ	5°42′38″			
轴向齿距		P_x	15.708		S_x	$7.893_{-0.211}^{-0.155}$
变位系数		x	−0.5			

图 5-13 课程设计零件图（KCSJ-12 蜗杆）

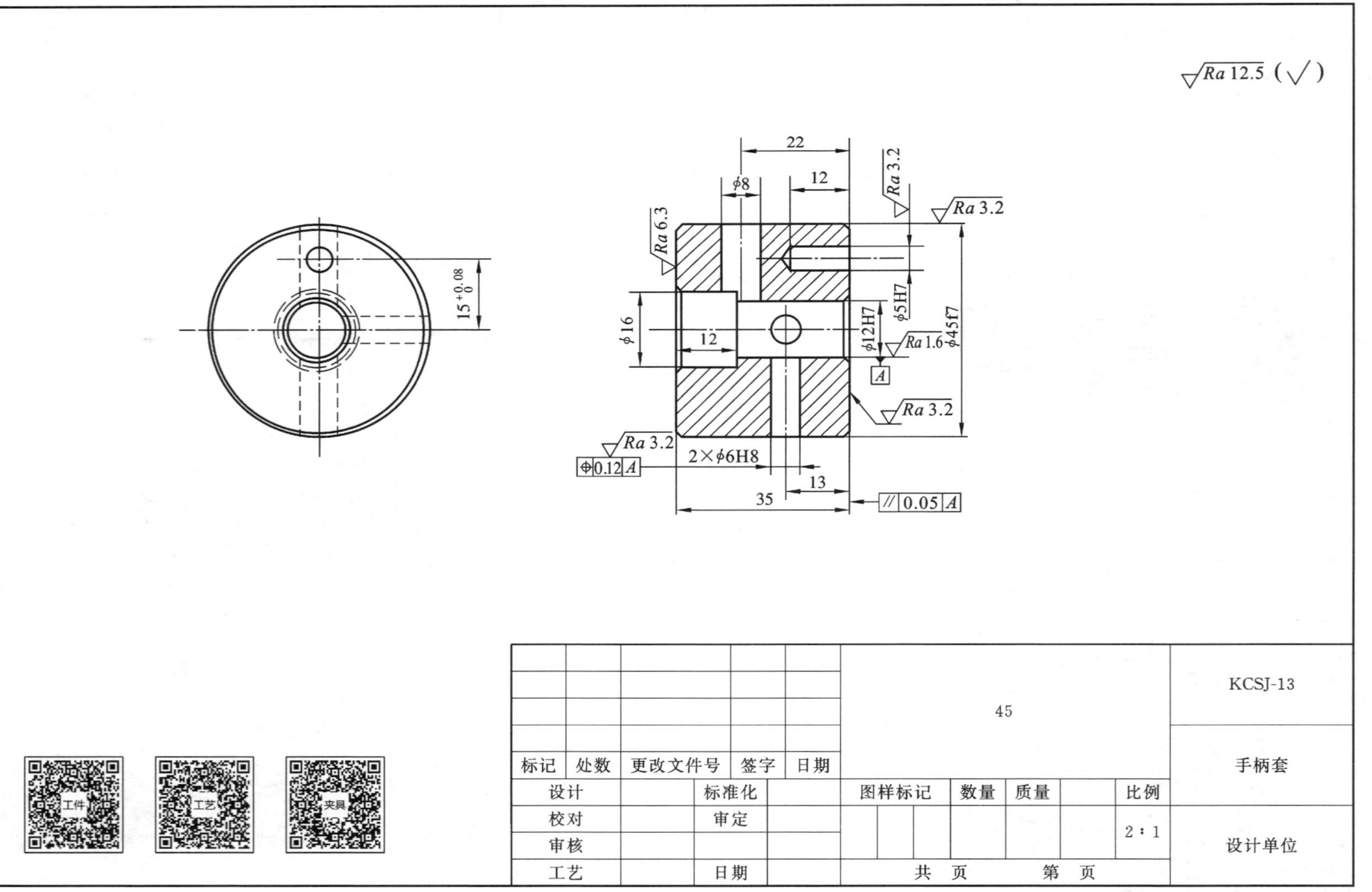

图 5-14 课程设计零件图(KCSJ-13 手柄套)

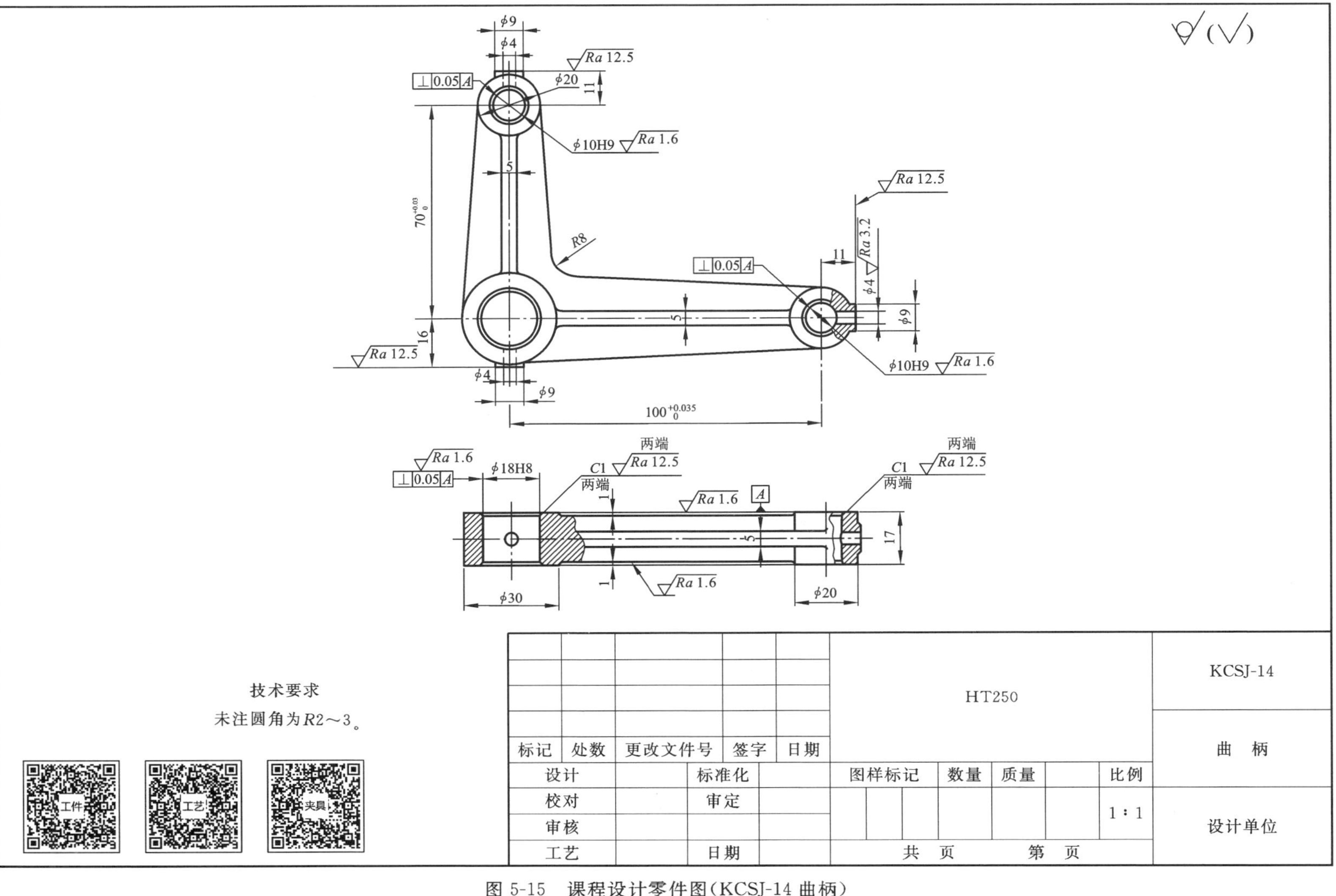

图 5-15 课程设计零件图(KCSJ-14 曲柄)

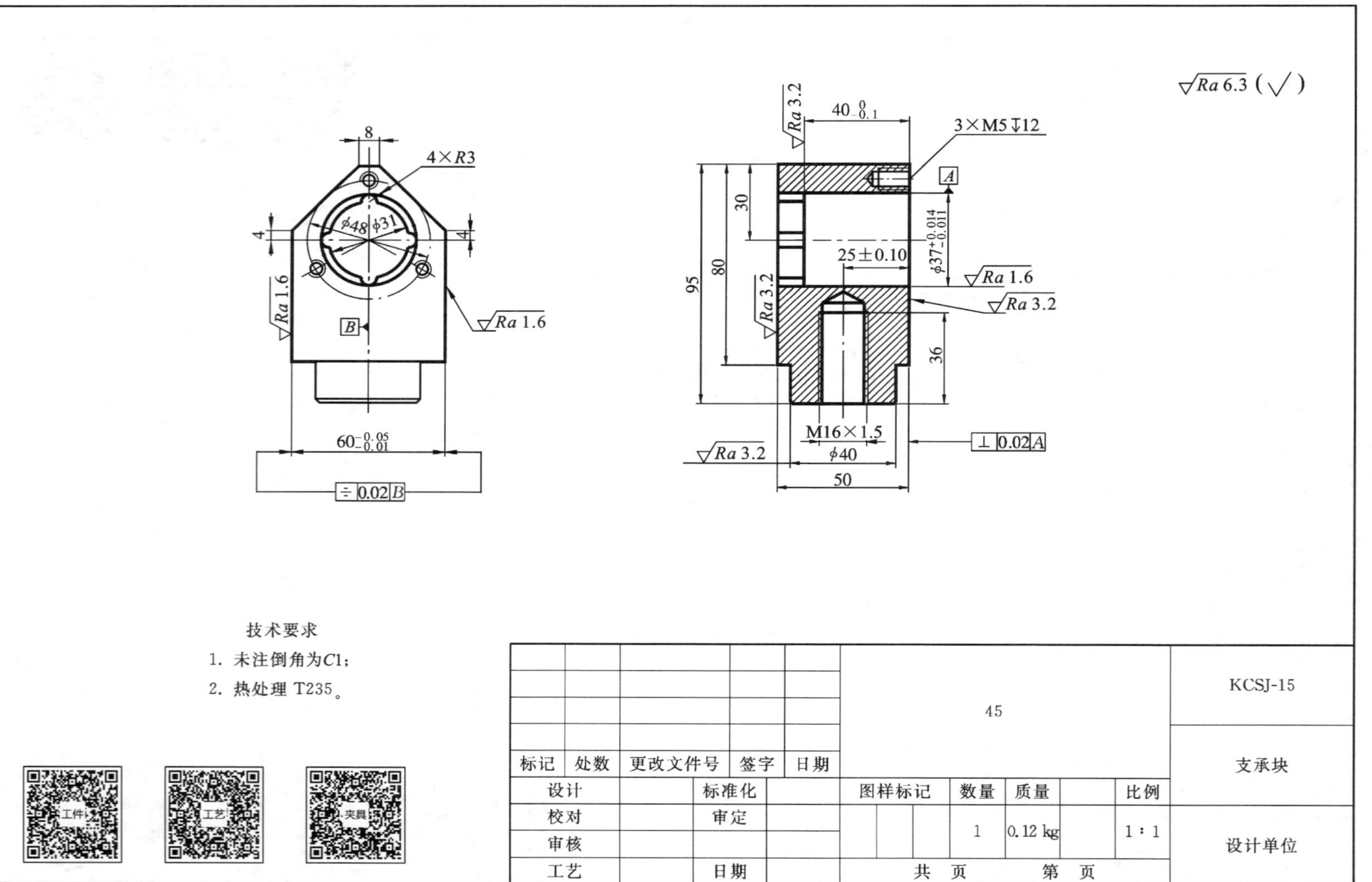

图 5-16 课程设计零件图(KCSJ-15 支承块)

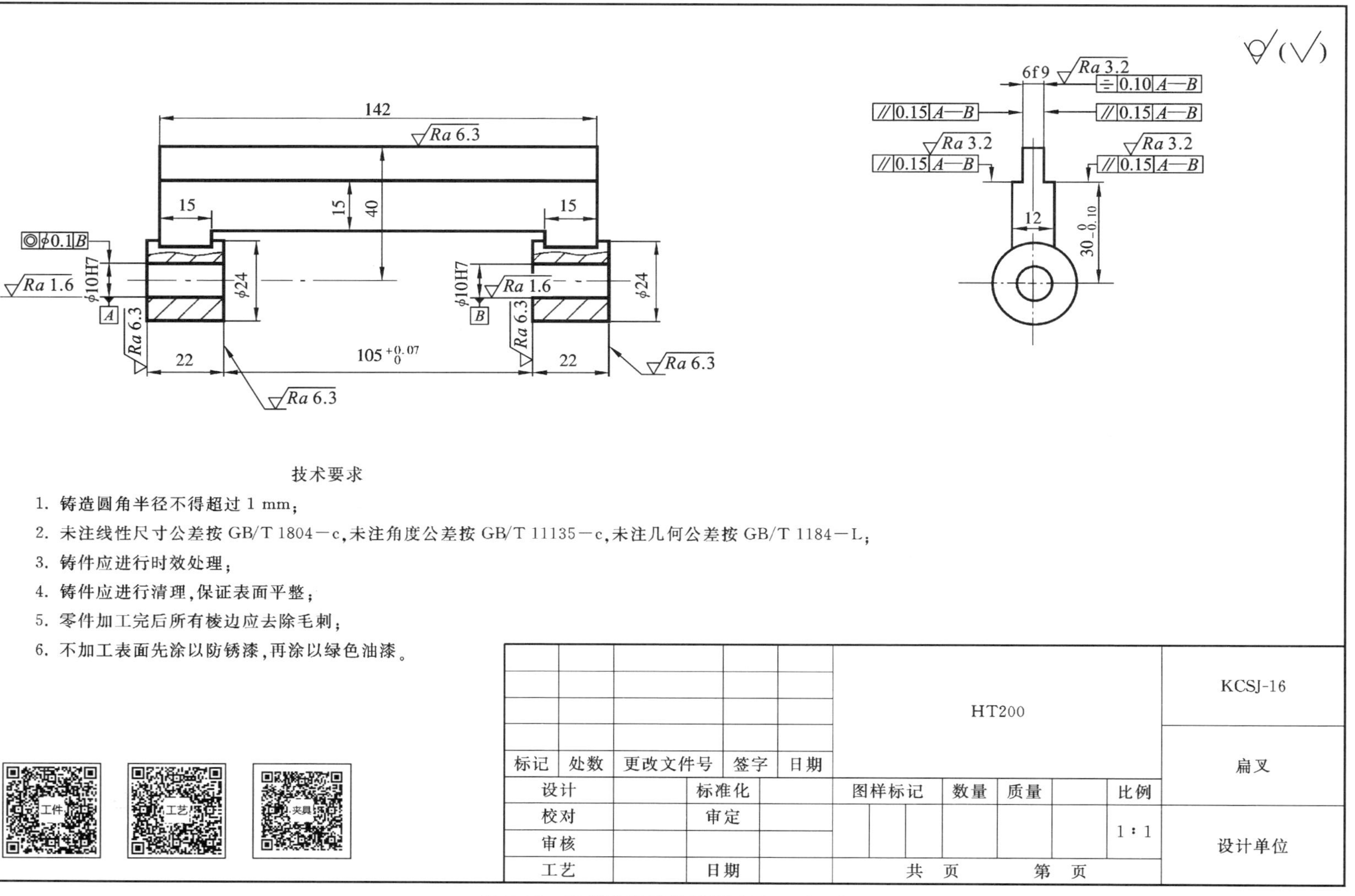
142
Ra 6.3
15
15
40
15
◎ φ0.1 B
φ10H7
Ra 1.6
A
B
φ24
Ra 6.3
22
105 +0.07 0
6f9
Ra 3.2
÷ 0.10 A—B
// 0.15 A—B
12
30 0 -0.10
技术要求
1. 铸造圆角半径不得超过 1 mm;
2. 未注线性尺寸公差按 GB/T 1804—c,未注角度公差按 GB/T 11135—c,未注几何公差按 GB/T 1184—L;
3. 铸件应进行时效处理;
4. 铸件应进行清理,保证表面平整;
5. 零件加工完后所有棱边应去除毛刺;
6. 不加工表面先涂以防锈漆,再涂以绿色油漆。
工件
工艺
夹具
标记
处数
更改文件号
签字
日期
设计
标准化
校对
审定
审核
工艺
日期
HT200
图样标记
数量
质量
比例
1∶1
共　页
第　页
KCSJ-16
扁叉
设计单位

图 5-17　课程设计零件图(KCSJ-16 扁叉)

5.2 常用毛坯技术参数

5.2.1 棒料

表 5-3 轴类零件采用精轧圆棒料时毛坯直径 (mm)

零件公称尺寸 d	零件长度与公称尺寸之比			
	≤4	>4～8	>8～12	>12～20
5～10	d+2	d+2	d+2～3	d+2～3
11～16	d+2～3	d+2～3	d+2～3	d+3～4
17～20	d+2	d+2	d+3	d+4
21～27	d+3	d+3	d+3～5	d+4～5
28～33	d+3～4	d+3～4	d+4～5	d+4～5
35～38	d+3～4	d+3～5	d+4～5	d+4～5
40～45	d+3～4	d+3～6	d+5～6	d+5～6
46～55	d+4～5	d+4～6	d+5～6	d+5～6
60～70	d+5	d+5	d+5	d+10
75～90	d+5	d+5	d+10	d+10
95～120	d+5	d+10	d+10	d+10
130～140	d+10	d+10	d+10	d+10

注 ①带台阶的轴如最大直径接近于中间部分，应按最大直径选择毛坯直径，如最大直径处接近端部，毛坯直径可以小些。

②查表计算结果取如下靠近的值(根据 GB/T 702—2017)：5.5，6，6.5，7～36(级差 1)，38，40，42，45，48，50，53，55，56，58，60，63，65，68，70～170(级差 5)，180～380(级差 10)。

表 5-4 轧制圆棒料切断和端面加工余量 (mm)

公称尺寸	切断后不加工时的余量				端面需加工时的余量			
					零件长度			
	机械弓锯	切断机床上用圆盘锯	车床上用切断刀	铣床上用圆盘铣刀	≤300	>300～1000	>1000～5000	>5000
≤30	2	2	3	3	2	2	4	5
>30～50	2	—	4	4	2	4	5	7
>50～60	2	—	5	—	3	6	7	9
>60～80	2	6	7	—	3	7	8	10
>80～150	2	6	—	—	4	8	10	12

表 5-5 易切削钢轴类外圆尺寸的选用(车后不磨) (mm)

零件公称尺寸	车削长度与公称尺寸之比					零件公称尺寸	车削长度与公称尺寸之比				
	≤4	>4～8	>8～12	>12～16	>16～20		≤4	>4～8	>8～12	>12～16	>16～20
	毛坯直径						毛坯直径				
20	22	22	22	22	22	42	44	44	44	44	44
22	24	24	24	24	24	45	47	47	47	47	47
23	25	25	25	25	25	48	50	50	50	50	50
24	26	26	26	26	26	50	52	52	52	52	52
25	27	27	27	27	27	52	55	55	55	55	55
28	30	30	30	30	30	55	58	58	58	58	58
30	32	32	32	32	32	58	60	60	60	60	60
32	34	34	34	34	34	60	64	64	64	64	64
35	38	38	38	38	38	65	68	68	68	68	68
38	40	40	40	40	40	70	75	75	75	75	75
40	42	42	42	42	42	80	85	85	85	85	85

注 带台阶的轴如最大直径处接近中间部分,应按最大直径选择毛坯直径,如最大直径处接近端部,毛坯直径可以小些。

表 5-6 易切削钢轴类外圆尺寸的选用(车后需淬火及磨) (mm)

零件公称尺寸	车削长度与公称尺寸之比					零件公称尺寸	车削长度与公称尺寸之比				
	≤4	>4～8	>8～12	>12～16	>16～20		≤4	>4～8	>8～12	>12～16	>16～20
	毛坯直径						毛坯直径				
19	21	21	21	21	21	40	42	42	44	44	44
20	22	22	22	22	22	42	44	45	45	45	45
22	24	24	24	24	24	45	47	48	48	48	48
23	25	25	25	25	25	48	50	52	52	52	52
24	26	26	26	26	26	50	52	55	55	55	55
25	27	27	27	27	27	52	55	55	55	55	55
28	30	30	30	30	32	55	58	58	58	58	60
30	32	32	32	32	34	60	64	64	64	64	64
32	34	34	34	36	36	65	68	68	68	68	70
35	38	38	38	38	38	70	75	75	75	75	75
38	40	40	40	40	40	80	85	85	85	85	85

注 带台阶的轴如最大直径处接近中间部分,应按最大直径选择毛坯直径,如最大直径处接近端部,毛坯直径可以小些。

5.2.2 铸件

表 5-7 铸件尺寸公差(摘自 GB/T 6414—2017) (mm)

毛坯铸件公称尺寸/mm		铸件尺寸公差等级(DCTG)及相应的线性尺寸公差值															
大于	至	1	2	3	4	5	6	7	8	9	10	11	12	13	14	15	16
—	10	0.09	0.13	0.18	0.26	0.36	0.52	0.74	1	1.5	2	2.8	4.2	—	—	—	—
10	16	0.1	0.14	0.2	0.28	0.38	0.54	0.78	1.1	1.6	2.2	3.0	4.4	—	—	—	—
16	25	0.11	0.15	0.22	0.30	0.42	0.58	0.82	1.2	1.7	2.4	3.2	4.6	6	8	10	12
25	40	0.12	0.17	0.24	0.32	0.46	0.64	0.9	1.3	1.8	2.6	3.6	5	7	9	11	14
40	63	0.13	0.18	0.26	0.36	0.50	0.70	1	1.4	2	2.8	4	5.6	8	10	12	16
63	100	0.14	0.20	0.28	0.40	0.56	0.78	1.1	1.6	2.2	3.2	4.4	6	9	11	14	18
100	160	0.15	0.22	0.30	0.44	0.62	0.88	1.2	1.8	2.5	3.6	5	7	10	12	16	20
160	250	—	0.24	0.34	0.50	0.70	1	1.4	2	2.8	4	5.6	8	11	14	18	22
250	400	—	—	0.40	0.56	0.78	1.1	1.6	2.2	3.2	4.4	6.2	9	12	16	20	25

注 除非另有规定,从 DCTG1～DCTG15 的壁厚公差等级应比其他尺寸的一般公差等级粗一级,例如:在通用公差等级为 DCTG10 的图样上,壁厚的公差等级应为 DCTG11。DCTG16 等级仅适用于一般定义为 DCTG15 级的铸件壁厚。

表 5-8 机械加工余量(摘自 GB/T 6414—2017) (mm)

铸件公称尺寸		铸件的机械加工余量等级(RMAG)及对应的机械加工余量(RMA)									
大于	至	A	B	C	D	E	F	G	H	J	K
—	40	0.1	0.1	0.2	0.3	0.4	0.5	0.5	0.7	1	1.4
40	63	0.1	0.2	0.3	0.3	0.4	0.5	0.7	1	1.4	2
63	100	0.2	0.3	0.4	0.5	0.7	1	1.4	2	2.8	4
100	160	0.3	0.4	0.5	0.8	1.1	1.5	2.2	3	4	6
160	250	0.3	0.5	0.7	1	1.4	2	2.8	4	5.5	8
250	400	0.4	0.7	0.9	1.3	1.8	2.5	3.5	5	7	10

注 等级 A 和 B 只适用于特殊情况,如带有工装定位面、夹持面或基准面的铸件。

表 5-9 大批量生产的毛坯铸件的尺寸公差等级(摘自 GB/T 6414—2017)

方法		铸件尺寸公差等级(DCTG)								
		钢	灰铸铁	球墨铸铁	可锻铸铁	铜合金	锌合金	轻金属合金	镍基合金	钴基合金
砂型铸造手工造型		11～13	11～13	11～13	11～13	10～13	10～13	9～12	11～14	11～14
砂型铸造机器造型和壳型		8～12	8～12	8～12	8～12	8～10	8～10	7～9	8～12	8～12
金属型铸造(重力铸造或低压铸造)		—	8～10	8～10	8～10	8～10	7～9	7～9	—	—
压力铸造		—	—	—	—	6～8	4～6	4～7	—	—
熔模铸造	水玻璃	7～9	7～9	7～9	—	5～8	—	5～8	7～9	7～9
	硅溶胶	4～6	4～6	4～6	—	4～6	—	4～6	4～6	4～6

注 表中所列出的尺寸公差等级是指在大批量生产条件下铸件通常能够达到的公差等级。

表 5-10 小批量生产或单件生产的毛坯铸件的尺寸公差等级(摘自 GB/T 6414—2017)

方法	造型材料	铸件尺寸公差等级(DCTG)							
		钢	灰铸铁	球墨铸铁	可锻铸铁	铜合金	轻金属合金	镍基合金	钴基合金
砂型铸造手工造型	黏土砂	13～15	13～15	13～15	13～15	13～15	11～13	13～15	13～15
	化学黏结剂砂	12～14	11～13	11～13	11～13	10～12	10～12	12～14	12～14

注 ①表中所列出的尺寸公差等级是砂型铸造小批量或单件生产时,铸件通常能够达到的尺寸公差等级。
②本表也适用于经供需双方商定的本表未列出的其他铸造工艺和铸造材料。

表 5-11 铸件的机械加工余量等级(摘自 GB/T 6414—2017)

方法	机械加工余量等级								
	钢	灰铸铁	球墨铸铁	可锻铸铁	铜合金	锌合金	轻金属合金	镍基合金	钴基合金
砂型铸造手工造型	G～J	F～H	F～H	F～H	F～H	F～H	F～H	G～K	G～K
砂型铸造机器造型和壳型	F～H	E～G	E～G	E～G	E～G	E～G	E～G	F～H	F～H
金属型铸造(重力铸造或低压铸造)	—	D～F	D～F	D～F	D～F	D～F	D～F	—	—
压力铸造	—	—	—	—	B～D	B～D	B～D	—	—
熔模铸造	E	E	E	—	E	—	E	E	E

注 本表也适用于经供需双方商定而本表未列出的其他铸造工艺和铸件材料。

5.2.3 锻件

表 5-12 盘、柱类自由锻件机械加工余量与公差(摘自 GB/T 21470—2008) (mm)

零件尺寸 D(或 A、S)		零件高度 H											
		>0～40		>40～63		>63～100		>100～160		>160～200		>200～250	
		加工余量 a、b 与极限偏差											
		a	b	a	b	a	b	a	b	a	b	a	b
大于	至	锻件精度等级 F											
63	100	6±2	6±2	6±2	6±2	7±2	7±2	8±3	8±3	9±3	9±3	10±4	10±4
100	160	7±2	6±2	7±2	6±2	8±3	7±2	8±3	8±3	9±3	9±3	10±4	10±4
160	200	8±3	6±2	8±3	7±2	8±3	8±3	9±3	9±3	10±4	10±4	11±4	11±4
200	250	9±3	7±2	9±3	7±2	9±3	8±3	10±4	9±3	11±4	10±4	12±5	12±5
大于	至	锻件精度等级 E											
63	100	4±2	4±2	4±2	4±2	5±2	5±2	6±2	6±2	7±2	8±3	8±3	8±3
100	160	5±2	4±2	5±2	5±2	6±2	6±2	6±2	7±2	7±2	8±3	8±3	10±4
160	200	6±2	5±2	6±2	6±2	6±2	7±2	7±2	8±3	8±3	9±3	9±3	10±4
200	250	6±2	6±2	7±2	6±2	7±2	7±2	8±3	8±3	9±3	10±4	10±4	11±4

注 D—零件圆形截面的直径;A—零件矩形截面的长;S—零件六角形截面的对边距离;a—D、A、S 的余量;b—H 的余量。

表 5-13　带孔圆盘类自由锻件机械加工余量与公差(摘自 GB/T 21470—2008)　(mm)

零件尺寸 D		零件高度 H																	
		>0～40			>40～63			>63～100			>100～160			>160～200			>200～250		
		加工余量 a、b 与极限偏差																	
		a	b	c	a	b	c	a	b	c	a	b	c	a	b	c	a	b	c
大于	至	锻件精度等级 F																	
63	100	6±2	6±2	9±3	6±2	6±2	9±3	7±2	7±2	11±4	8±3	8±3	12±5						
100	160	7±2	6±2	11±4	7±2	6±2	11±4	8±3	7±2	12±5	8±3	8±3	12±5	9±3	9±3	14±6	11±4	11±4	17±7
160	200	8±3	6±2	12±5	8±3	7±2	12±5	8±3	8±3	12±5	9±3	9±3	14±6	10±4	10±4	15±6	12±5	12±5	18±8
200	250	9±3	7±2	14±6	9±3	7±2	14±6	9±3	8±3	14±6	10±4	9±3	15±6	11±4	10±4	17±7	12±5	12±5	18±8
大于	至	锻件精度等级 E																	
63	100	4±2	4±2	6±2	4±2	4±2	6±2	5±2	5±2	8±3	7±2	7±2	11±4						
100	160	5±2	4±2	8±3	5±2	5±2	8±3	6±2	6±2	9±3	6±2	7±2	9±3	8±3	8±3	12±5	10±4	10±4	15±6
160	200	6±2	5±2	9±3	6±2	6±2	9±3	6±2	7±2	9±3	7±2	8±3	11±4	8±3	9±3	12±5	10±4	10±4	15±6
200	250	6±2	6±2	9±3	7±2	6±2	11±4	7±2	7±2	11±4	8±3	8±3	12±5	9±3	10±4	14±6	10±4	11±4	15±6

注　D—零件圆形截面直径；a—直径 D 的余量；b—零件高度 H 的余量；c—零件内孔直径 d 的余量。

表 5-14　光轴类锻件机械加工余量与公差(摘自 GB/T 21471—2008)　(mm)

零件尺寸 D、A、S、B、H_P		零件长度					零件长度				
		>0~315	>315~630	>630~1000	>1000~1600	>1600~2500	>0~315	>315~630	>630~1000	>1000~1600	>1600~2500
		余量 a 与极限偏差					余量 a 与极限偏差				
大于	至	锻件精度等级 F					锻件精度等级 E				
0	40	7±2	8±3	9±3	12±5		6±2	7±2	8±3	11±4	
40	63	8±3	9±3	10±4	12±5	14±6	7±3	8±3	9±3	11±4	12±5
63	100	9±3	10±4	11±4	13±5	14±6	8±3	9±3	10±4	12±5	13±5
100	160	10±4	11±4	12±5	14±6	15±6	9±3	10±4	11±4	13±5	14±6
160	200		12±5	13±5	15±6	16±7		11±4	12±4	14±6	15±6
200	250		13±5	14±6	16±7	17±7		12±5	13±5	15±6	16±7

注　①D—零件圆形截面直径;A—零件方形截面边长;S—零件六角形截面对边距离;B—零件矩形截面宽度;$H_P=(B+H)/2$;H—零件矩形截面高度。

②零件矩形截面边长之比 $B/H>2.5$ 时,H 的余量 a 增加 20%。

③当零件尺寸 L/D(或 L/B)>20 时,余量 a 增加 30%。

④矩形截面光轴以较大的一边 B 和长度 L 查表得 a,以确定 B 和 L 的余量,H 的余量 a 以长度 L 和计算值 H_P 查表确定。

表 5-15　锻件的长度、宽度、高度公差(普通级,摘自 GB/T 12362—2016)　(mm)

锻件质量/kg		材质系数 M_1 M_2	形状复杂系数 S_1 S_2 S_3 S_4	锻件公称尺寸				
				>0~30	>30~80	>80~120	>120~180	>180~315
大于	至			公差值及极限偏差				
0	0.4	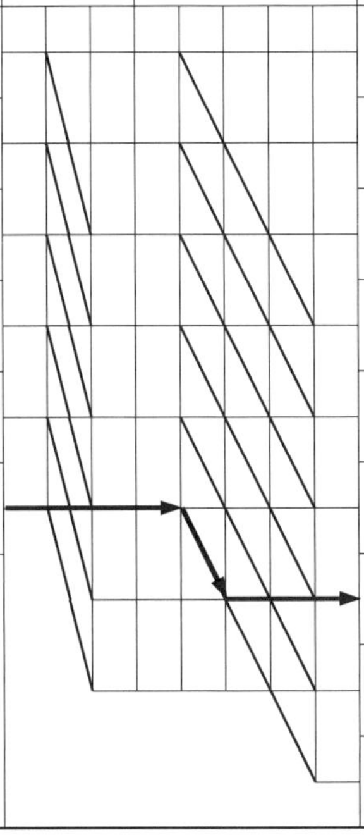		$1.1^{+0.8}_{-0.3}$	$1.2^{+0.8}_{-0.4}$	$1.4^{+0.9}_{-0.5}$	$1.6^{+1.1}_{-0.5}$	$1.8^{+1.2}_{-0.6}$
0.4	1.0			$1.2^{+0.8}_{-0.4}$	$1.4^{+0.9}_{-0.5}$	$1.6^{+1.1}_{-0.5}$	$1.8^{+1.2}_{-0.6}$	$2.0^{+1.3}_{-0.7}$
1.0	1.8			$1.4^{+0.9}_{-0.5}$	$1.6^{+1.1}_{-0.5}$	$1.8^{+1.2}_{-0.6}$	$2.0^{+1.3}_{-0.7}$	$2.2^{+1.5}_{-0.7}$
1.8	3.2			$1.6^{+1.1}_{-0.5}$	$1.8^{+1.2}_{-0.6}$	$2.0^{+1.3}_{-0.7}$	$2.2^{+1.5}_{-0.7}$	$2.5^{+1.7}_{-0.8}$
3.2	5.6			$1.8^{+1.2}_{-0.6}$	$2.0^{+1.3}_{-0.7}$	$2.2^{+1.5}_{-0.7}$	$2.5^{+1.7}_{-0.8}$	$2.8^{+1.9}_{-0.9}$
5.6	10			$2.0^{+1.3}_{-0.7}$	$2.2^{+1.5}_{-0.7}$	$2.5^{+1.7}_{-0.8}$	$2.8^{+1.9}_{-0.9}$	$3.2^{+2.1}_{-1.1}$
				$2.2^{+1.5}_{-0.7}$	$2.5^{+1.7}_{-0.8}$	$2.8^{+1.9}_{-0.9}$	$3.2^{+2.1}_{-1.1}$	$3.6^{+2.4}_{-1.2}$
				$2.5^{+1.7}_{-0.8}$	$2.8^{+1.9}_{-0.9}$	$3.2^{+2.1}_{-1.1}$	$3.6^{+2.4}_{-1.2}$	$4.0^{+2.7}_{-1.3}$
				$2.8^{+1.9}_{-0.9}$	$3.2^{+2.1}_{-1.1}$	$3.6^{+2.4}_{-1.2}$	$4.0^{+2.7}_{-1.3}$	$4.5^{+3.0}_{-1.5}$

注　①表中所示为锻件质量为 6 kg、材质系数为 M_1 级、形状复杂系数为 S_3 级、尺寸为 160 mm 时,公差与极限偏差的查法。

②锻件的高度或台阶尺寸及中心到边缘尺寸公差按±1/2 的比例分配,长度、宽度尺寸的上、下偏差按+2/3、−1/3 的比例分配。内表面尺寸的允许偏差,其正负符号与表中相反。

表 5-16　模锻件的厚度公差(普通级,摘自 GB/T 12362—2016)　(mm)

锻件质量/kg		材质系数		形状复杂系数				锻件厚度尺寸				
								>0～18	>18～30	>30～50	>50～80	>80～120
大于	至	M_1	M_2	S_1	S_2	S_3	S_4	公差值及极限偏差				
0	0.4							$1.0^{+0.8}_{-0.2}$	$1.1^{+0.8}_{-0.3}$	$1.2^{+0.9}_{-0.3}$	$1.4^{+1.0}_{-0.4}$	$1.6^{+1.2}_{-0.4}$
0.4	1.0							$1.1^{+0.8}_{-0.3}$	$1.2^{+0.9}_{-0.3}$	$1.4^{+1.0}_{-0.4}$	$1.6^{+1.2}_{-0.4}$	$1.8^{+1.4}_{-0.4}$
1.0	1.8							$1.2^{+0.9}_{-0.3}$	$1.4^{+1.0}_{-0.4}$	$1.6^{+1.2}_{-0.4}$	$1.8^{+1.4}_{-0.4}$	$2.0^{+1.5}_{-0.5}$
1.8	3.2							$1.4^{+1.0}_{-0.4}$	$1.6^{+1.2}_{-0.4}$	$1.8^{+1.4}_{-0.4}$	$2.0^{+1.5}_{-0.5}$	$2.2^{+1.7}_{-0.5}$
3.2	5.6							$1.6^{+1.2}_{-0.4}$	$1.8^{+1.4}_{-0.4}$	$2.0^{+1.5}_{-0.5}$	$2.2^{+1.7}_{-0.5}$	$2.5^{+1.9}_{-0.6}$
5.6	10							$1.8^{+1.4}_{-0.4}$	$2.0^{+1.5}_{-0.5}$	$2.2^{+1.7}_{-0.5}$	$2.5^{+1.9}_{-0.6}$	$2.8^{+2.1}_{-0.7}$
								$2.0^{+1.5}_{-0.5}$	$2.2^{+1.7}_{-0.5}$	$2.5^{+1.9}_{-0.6}$	$2.8^{+2.1}_{-0.7}$	$3.2^{+2.4}_{-0.8}$
								$2.2^{+1.7}_{-0.5}$	$2.5^{+1.9}_{-0.6}$	$2.8^{+2.1}_{-0.7}$	$3.2^{+2.4}_{-0.8}$	$3.6^{+2.7}_{-0.9}$
								$2.5^{+1.9}_{-0.6}$	$2.8^{+2.1}_{-0.7}$	$3.2^{+2.4}_{-0.8}$	$3.6^{+2.7}_{-0.9}$	$4.0^{+3.0}_{-1.0}$

注　①上、下偏差按+3/4、−1/4 的比例分配,若有需要也可按+2/3、−1/3 的比例分配。

②表中所示为锻件质量为 3 kg、材质系数为 M_1 级、形状复杂系数为 S_3 级、最大厚度尺寸为 45 mm 时公差值与极限偏差的查法。

表 5-17　锻件内外表面加工余量(摘自 GB/T 12362—2016)　(mm)

锻件质量/kg		零件表面粗糙度 Ra/μm		形状复杂系数		单边余量				
						厚度方向	水平方向			
大于	至	≥1.6	<1.6	S_1 S_2	S_3 S_4		>0～315	>315～400	>400～630	>630～800
0	0.4					1.0～1.5	1.0～1.5	1.5～2.0	2.0～2.5	—
0.4	1.0					1.5～2.0	1.5～2.0	1.5～2.0	2.0～2.5	2.0～3.0
1.0	1.8					1.5～2.0	1.5～2.0	1.5～2.0	2.0～2.7	2.0～3.0
1.8	3.2					1.7～2.2	1.7～2.2	2.0～2.5	2.0～2.7	2.0～3.0
3.2	5.6					1.7～2.2	1.7～2.2	2.0～2.5	2.0～2.7	2.5～3.5
5.6	10					2.0～2.5	2.0～2.5	2.0～2.5	2.3～3.0	2.5～3.5
						2.0～2.5	2.0～2.5	2.0～2.7	2.3～3.0	2.5～3.5
						2.3～3.0	2.3～3.0	2.5～3.0	2.5～3.5	2.7～4.0

注　锻件质量为 3 kg、表面粗糙度为 Ra 3.2 mm、形状复杂系数为 S_3 级、长度为 480 mm 时,查出该锻件余量:厚度方向为 1.7～2.2 mm,水平方向为 2.0～2.7 mm。

5.3　常用金属切削机床的技术参数*

5.3.1　车床

表 5-18　卧式车床的型号与主要技术参数

技术参数		机床型号			
		C616A	C6132	C618K-1	C620-1
工件最大直径	在床身上/mm	320	320	360	400
	在刀架上/mm	175	190	210	210
加工螺纹范围	普通螺纹/mm	0.50～10	0.45～20	0.5～6	1～192
	英制螺纹/(t/in)	38～2	$80\sim\frac{7}{4}$	$48\sim\frac{5}{2}$	24～2
	模数螺纹/mm	0.5～9	0.25～10	0.25～1.5	0.5～48
	径节螺纹	—	$160\sim\frac{5}{2}$	24～14	96～1
主轴	最大通过直径/mm	29	52	—	38
	孔锥度/莫氏号	5	6	—	5
	正转转速级数|范围/(r/min)	24|19～1410	16|20～1600	12|40～1200	21|12～1200
进给量	纵向级数|范围/(mm/r)		138|0.04～2.16		35|0.08～1.59
	横向级数|范围/(mm/r)		138|0.02～1.08		35|0.027～0.52
电动功率	主电动机/kW	3	4或5.5	4	7
	总功率/kW	3.125	4.165或5.665	4.125	7.62
工作精度	圆度/mm	0.005	0.01	0.01	0.01
	圆柱度/mm	100∶0.007	100∶0.01	100∶0.01	100∶0.01
	平面度/mm	0.01/ϕ200	0.015/ϕ200	0.015/ϕ180	0.02/ϕ300
	表面粗糙度 Ra/μm	0.8～1.6	1.6～3.2	1.6～3.2	1.6～3.2

技术参数		机床型号			
		CA6140	C6146A	CA6150B	C630-1
工件最大直径	在床身上/mm	400	460	500	615
	在刀架上/mm	210	260	300	345
加工螺纹范围	普通螺纹/mm	1～192	0.45～20	1～192	1～224
	英制螺纹/(t/in)	24～2	$80\sim1\frac{3}{4}$	$24\sim\frac{1}{2}$	28～2
	模数螺纹/mm	0.25～48	0.25～10	0.25～48	0.25～56
	径节螺纹	96～1	$160\sim3\frac{1}{2}$	$96\sim\frac{1}{2}$	112～1
主轴	最大通过直径/mm	48	78	—	70
	孔锥度	莫氏6	90、1∶20	90、1∶20	80、1∶20
	正转转速级数|范围/(r/min)	24|10～1400	16|14～1600	24|10～1400	18|14～750
进给量	纵向级数|范围/(mm/r)	64|0.08～1.59	138|0.04～2.16	64|0.11～1.6	26|0.07～1.33
	横向级数|范围/(mm/r)	64|0.04～0.79	138|0.02～1.08	64|0.05～0.8	26|0.02～0.45
电动机功率	主电动机/kW	7.5	5.5或7.5	7.5	10
	总功率/kW	7.84	5.625或7.625	7.84	10.425
工作精度	圆度/mm	0.01	0.01	0.01	0.015
	圆柱度/mm	200∶0.02	300∶0.03	200∶0.02	300∶0.03
	平面度/mm	0.02/ϕ300	0.02/ϕ300	0.02/ϕ300	0.025/ϕ300
	表面粗糙度 Ra/μm	1.6～3.2	1.6～3.2	1.6～3.2	1.6～3.2

* 不同厂家同型号的机床技术参数不同，仅取一种做参考。

5.3.2 铣床

表 5-19 卧式铣床的型号与主要技术参数

技术参数		机床型号			
		X6120	X6130A	XQ6125	X6142
工作台面尺寸	宽/mm	200	300	250	425
	长/mm	900	1100	1030	2000
工作台面最大行程	纵向/mm	500	620	470	1200
	横向/mm	190	265	150	360
	垂向/mm	340	360	370	360
主轴	端部规格/7∶24 圆锥号	40	40	30	50
	主轴转速级数|范围/(r/min)	12|40～1800	12|30～1200	9|60～1030	20|18～1400
工作台进给量	纵向级数|范围/(mm/min)	14|12～720	18|12～940	9|11～190	15|10～1250
	横向级数|范围/(mm/min)	14|12～720	18|12～940	手动	15|10～1250
	垂向级数|范围/(mm/min)	14|4～240	18|4～314	手动	15|25～315
工作台 T 形槽	槽数/条	3	3	3	3
	槽宽/mm	14	14	14	18
	槽距/mm	65	63	54	90
电动机功率	主电动机/kW	3	4	1.5	11
	总功率/kW	3.64	4.81	2.22	14.175
工作精度	平面度/mm	100/0.02	0.02	0.02	400/0.03
	平行度/mm	100/0.02	0.03	100/0.03	400/0.03
	垂直度/mm	100/0.02	100/0.02	100/0.02	400/0.05
	表面粗糙度 $Ra/\mu m$	<2.5	1.6	3.2	3.2

表 5-20 立式铣床的型号与主要技术参数

技术参数		机床型号			
		X5020A	X5032	X53K	X5042
工作台面尺寸	宽/mm	200	320	400	425
	长/mm	900	1320	1600	2000
工作台面最大行程	纵向/mm	500	700	880	1200
	横向/mm	190	255	300	400
	垂向/mm	360	370	365	400
主轴	端部规格/7∶24 圆锥号	40	50	50	50
	主轴转速级数|范围/(r/min)	12|40～1800	18|30～1500	18|30～1500	20|18～2400
工作台进给量	纵向级数|范围/(mm/min)	无级|12～800	18|12～960	18|23.5～1180	15|10～1250
	横向级数|范围/(mm/min)	无级|8～565	18|12～960	18|15～786	15|10～1250
	垂向级数|范围/(mm/min)	无级|4～268	18|4～320	18|8～394	15|25～315
工作台 T 形槽	槽数/条	3	3	3	3
	槽宽/mm	14	18	18	18
	槽距/mm	45	80	90	90
电动机功率	主电动机/kW	3	7.5	10	11
	总功率/kW	3.79	9.09	13.125	14.175
工作精度	平面度/mm	0.02	0.02	0.02	400/0.03
	平行度/mm	0.03	0.03	100/0.02	400/0.03
	垂直度/mm	100/0.02	100/0.02	100/0.02	400/0.05
	表面粗糙度 $Ra/\mu m$	2.5	1.6	2.5	3.2

5.3.3 钻床

表 5-21　立式钻床的型号与主要技术参数

技术参数	机床型号			
	Z5125A	Z5132A	Z5140A	Z5150A
最大钻孔直径/mm	25	32	40	50
主轴中心至导轨面距离/mm	280	280	335	350
主轴端面至工作台距离/mm	710	710	750	750
主轴孔莫氏锥度号	3	3	4	4
主轴转速级数|范围/(r/min)	9|50～2000	9|50～2000	12|31.5～1400	12|31.5～1400
进给量级数|范围/(mm/min)	9|0.056～1.8	9|0.056～1.8	9|0.056～1.8	9|0.056～1.8
工作台行程/mm	310	310	300	300
主电动机功率/kW	2.2	2.2	3	3
总功率/kW	2.3	2.3	3.1	3.1
工作台尺寸/mm	550×400	550×400	560×480	560×480
T形槽数/条	3	3	3	3
T形槽宽/mm	14	14	18	18
T形槽间距/mm	100	100	150	150

表 5-22　摇臂钻床的型号与主要技术参数

技术参数	机床型号			
	Z3025B	Z3132	Z3035B	Z3040
最大钻孔直径/mm	25	32	35	40
主轴中心至立柱表面距离/mm	300～1000	360～700	350～1300	350～1600
主轴端面至底座面距离/mm	250～1000	110～710	350～1250	350～1250
主轴孔莫氏锥度号	3	4	4	4
主轴转速级数|范围/(r/min)	12|50～2350	8|63～1000	12|50～2240	16|25～2000
进给量级数|范围/(mm/min)	4|0.13～0.56	3|0.08～2.00	6|0.06～1.10	16|0.14～3.2
主电动机功率/kW	1.3	1.5	2.1	3
总功率/kW	2.3	(主电动机)1.5	3.35	5.2
工作台尺寸/mm	1052×654	650×450	1270×740	1590×1000
T形槽数/条	3	2	3	3
T形槽宽/mm	22	14	24	28
T形槽间距/mm	200	225	190	200

表 5-23　铣端面、打中心孔机床的型号与主要技术参数

技术参数	机床型号			
	Z8205	Z8210A	ZBT8216-1A	Z8220B
铣削最大直径/mm	50	100	160	200
钻中心孔直径/mm	2、2.5、3	4、5、6	6	4、5、6
工件长度范围/mm	220～500	250～1000	410～2000	300～1000

续表

技术参数	机床型号			
	Z8205	Z8210A	ZBT8216-1A	Z8220B
主轴转速级数|范围/(r/min)	3|210～510	4|350～780	8|49～166	6|200～630
钻轴转速级数|范围/(r/min)	3|450～1100	4|860	2|510～750	3|200～630
铣削进给量级数|范围/(mm/min)	无级|15～500	无级|10～500	无级|10	无级|50～400
钻孔进给量级数|范围/(mm/min)	无级|12～200	无级|10	无级|10	无级|15～56
主电动机功率/kW	3	5.5	7.5	5.5
总功率/kW	7.59	13.29	18.125	7.85

5.3.4 镗床

表 5-24 卧式镗床的型号与主要技术参数

技术参数	机床型号			
	T618	T68	T611	T619
最大镗孔直径(用镗杆)/mm	220	240	240	250
主轴直径/mm	85	85	110	90
主轴最大行程/mm	500	600	600	600
主轴转速级数|范围/(r/min)	18|8～1000	18|20～1000	18|20～1000	18|5～815
主轴进给量级数|范围/(mm/min)	9|0.04～4.28	18|0.05～16	18|0.05～16	18|0.05～16
主轴箱升降进给级数|范围/(mm/min)	9|0.04～4.28	18|0.025～8	18|0.025～8	18|0.035～11.6
工作台进给级数|范围/(mm/min)	9|0.04～4.28	18|0.025～8	18|0.025～8	18|0.035～11.6
工作台最大移动范围(纵向×横向)/mm	1120×850	1140×850	1225×850	1050×850
工作台面尺寸/mm	1000×900	1000×800	1000×800	1000×800
工作台 T 形槽宽度/mm	—	22	22	—
工作台 T 形槽间距/mm	—	115	115	—
主电动机功率/kW	5.5	5.5/7	5.2/7	5.5

表 5-25 金刚镗床的型号与主要技术参数

技术参数		机床型号																
		T740K 单面					T740 双面					T760 双面					T7140 双面	
主轴头型号		0	1	2	3	4	0	1	2	3	4	0	1	2	3	4	TQ6	TQ8
每边可安装主轴头数量		4	4	3	3	2	4	4	3	3	2	6	5	4	4	3	4	3
主轴头间最小中心距/mm		100	125	155	190	245	100	125	155	190	245	100	125	155	190	245	165	195
主轴轴线至工作台面距离/mm		230	230	240	250	270	230	230	240	250	270	260	260	270	280	300	250	265
镗孔直径	最大/mm	22	50	100	150	200	22	50	100	150	200	22	50	100	150	200	80	150
	最小/mm	10	22	50	100	150	10	22	50	100	150	10	22	50	100	150	30	80
工作台尺寸/mm		600×400					600×400					600×400					560×400	
工作台最大纵向行程/mm		275					400					400					400	
工作台 T 形槽宽度/mm		14					14					14					14	
工作台 T 形槽数量/条		3					3					3					3	

5.3.5　磨床

表 5-26　外圆磨床的型号与主要技术参数

技术参数	机床型号			
	M135	MBS1320	MB1332A	MQ1350A
磨削直径/mm	2～50	8～200	8～320	25～500
磨削长度/mm	250	500	500,1000,1500	1000,1500,2000,3000
砂轮最大外径×宽度/mm	250×25	400×50	600×75	750×75
圆度/mm	0.003	0.003	0.003	0.005
圆柱度/mm	0.006	0.006	0.006	0.008
表面粗糙度 $Ra/\mu m$	0.4	0.4	0.4	0.4
电动机总功率/kW	3.05	10.5	9.47	20.22

表 5-27　内圆磨床的型号与主要技术参数

技术参数		机床型号			
		M2110	M2120	MGD2120	M250A
磨削直径/mm		6～100	50～200	30～200	150～500
磨削孔深/mm		150	200	200	450
工件最大回转直径/mm	罩内	270	400	320	510
	无罩	480	650	530	725
工件转速/(r/min)		200～600	120～650	20～200	28～320
砂轮转速/(r/min)		10000～24000	400～11000	3000～12000	2450～4200
圆度/mm		0.005	0.005	0.0015	0.01
圆柱度/mm		0.006	0.006	0.003	0.01
表面粗糙度 $Ra/\mu m$		0.8	0.8	0.2	0.8
电动机总功率/kW		4.6	7.09	9.69	8.55

表 5-28　平面磨床的型号与主要技术参数

技术参数	机床型号				
	M7120A	MM7120A	M7140	M7232B	M7332A
加工范围(长×宽×高或直径×高)/mm	630×200×320	630×200×320	800×400×355	1250×320×400	320×140
砂轮尺寸(外径×宽×内径)/mm	250×25×75	250×25×75	350×40×127	85×150×20(6块)	300×40×75
砂轮转速/(r/min)	1500、3000	1500、3000	1460	970	1400、2800
工作台行程(纵向/横向)/mm	780	800/220	920/450	1400/—	240/—
磨头移动量(垂直/横向)/mm	345/250	360/—	420/—	450/—	—
平行度/mm	300∶0.005	1000∶0.01	1000∶0.01	300∶0.005	1000∶0.01
表面粗糙度 $Ra/\mu m$	0.4	0.2	0.4	1.6	0.8
电动机总功率/kW	4.02	5.442	7.08	24	8.55

5.4 常用金属切削刀具

5.4.1 铣刀

1. 立铣刀规格

表 5-29 立铣刀规格

名称与简图	主要参数								
	推荐直径 d(js14)	L(js18) 标准系列 I 型	L(js18) 标准系列 II 型	l(js18) 标准系列	l(js18) 长系列	莫氏圆锥号	齿数 粗齿	齿数 中齿	齿数 细齿
莫氏锥柄立铣刀 (GB/T 6117.2—2010)	10、11	92	—	22	45	1	3	4	5
I 型	12、14	96		26	53				
		111				2			
II 型	16、18	117		32	63				
	20、22	123		38	75				6
		140				3			
	24、25、28	147		45	90				
	32、36	155		53	106		4	6	8
		178	201			4			
标记示例：直径 $d=12$ mm，总长 $L=96$ mm 的标准系列 I 型中齿莫氏锥柄立铣刀标记为 中齿 莫氏锥柄立铣刀 12×96 I GB/T 6117.2—2010	40、45	188	211	63	125				
		221	249			5			
	50	220	223	75	150	4			
		233	261			5			
	56	200	223			4	6	8	10
		233	261			5			
	63、71	248	276	90	180				

名称与简图	推荐直径 d(js14)	L(js18) 标准系列	L(js18) 长系列	l(js18) 标准系列	l(js18) 长系列	7∶24 圆锥号	齿数 粗齿	齿数 中齿	齿数 细齿
7∶24 锥柄立铣刀 (GB/T 6117.3—2010)	25、28	150	195	45	90	30	3	4	6
	32、36	158	211	53	106		4	6	8
		188	241			40			
		208	261			45			
	40、45	198	260	63	125	40			
		218	280			45			
		240	302			50			
标记示例：直径 $d=32$ mm，总长 $L=158$ mm 的标准系列中齿 7∶24 锥柄立铣刀标记为 中齿 7∶24 锥柄立铣刀 32×158 GB/T 6117.3—2010	50	210	285	75	150	40			
		230	305			45			
		252	327			50			
	56	210	285			40	6	8	10
		230	305			45			
		252	327			50			
	63、71	245	335	90	180	45			
		267	357			50			
	80	283	389	102	212				

续表

名称与简图	主要参数				
套式立铣刀 (GB/T 1114—2016) 标记示例： 外径为63 mm的右旋套式立铣刀标记为 套式立铣刀 63 GB/T 1114—2016	D(js16)	d(H7)	L(k16)	$l(^{+1}_{0})$	参考齿数
	40	16	32	18	6～8
	50	22	36	20	
	63	27	40	22	8～10
	80		45		
	100	32	50	25	10～12
	125	40	56	28	12～14
	160	50	63	31	14～16

普通直柄立铣刀
(GB/T 6117.1—2010)

标记示例：
直径 d=8 mm，中齿，柄径 d_1=8 mm 的普通直柄标准系列立铣刀标记为
中齿 直柄立铣刀 8 GB/T 6117.1—2010

削平直柄立铣刀
(GB/T 6117.1—2010)

标记示例：
直径 d=8 mm，中齿，柄径 d_1=10 mm 的削平直柄长系列立铣刀标记为
中齿 直柄立铣刀 8 削平柄 10 长 GB/T 6117.1—2010

推荐直径 d(js14)	d_1	L(js18) 标准型	L(js18) 长型	l(js18) 标准型	l(js18) 长型	齿数 粗齿	齿数 中齿	齿数 细齿
2	4	39	42	7	10	3	4	—
2.5、3		40	44	8	12			
3.5		42	47	10	15			
4		43	51	11	19			
5	5	47	58	13	24			
6	6	57	68					
7	8	60	74	16	30			
8		63	82	19	38			
9	10	69	88					5
10		72	95	22	45			
11	12	79	102					
12、14		83	110	26	53			
16、18	16	92	123	32	63			6
20、22	20	104	141	38	75			
24、25、28	25	121	166	45	90			
32、36	32	133	186	53	106	4	6	8
40、45	40	155	217	63	125			
50	50	177	252	75	150			
56						6	8	10
63		192	282	90	180			
71	63	202	293					

2. 键槽铣刀规格

表 5-30 键槽铣刀规格

名称与简图	d 公称尺寸	d 极限偏差 e8	d 极限偏差 d8	d_1	l(js18) 标准系列	L(js18) 标准系列
	2	−0.014 −0.018	−0.020 −0.034	3* 4	7	39
	3				8	40
	4	−0.020 −0.038	−0.030 −0.048	4	11	43
	5			5	13	47
	6			6		57

续表

名称与简图 / 主要参数

普通直柄键槽铣刀

(GB/T 1112—2012)

标记示例：

直径 d=10 mm，e8 偏差的标准系列普通直柄键槽铣刀标记为

直柄键槽铣刀 10e8　GB/T 1112—2012

<table>
<tr><th colspan="3">d</th><th colspan="2" rowspan="3">d_1</th><th rowspan="3">l(js18)
标准系列</th><th rowspan="3">L(js18)
标准系列</th></tr>
<tr><th rowspan="2">公称尺寸</th><th colspan="2">极限偏差</th></tr>
<tr><th>e8</th><th>d8</th></tr>
<tr><td>7</td><td rowspan="3">−0.025
−0.047</td><td rowspan="3">−0.040
−0.062</td><td colspan="2" rowspan="2">8</td><td>16</td><td>60</td></tr>
<tr><td>8</td><td>19</td><td>63</td></tr>
<tr><td>10</td><td colspan="2">10</td><td>22</td><td>72</td></tr>
<tr><td>12</td><td rowspan="4">−0.032
−0.059</td><td rowspan="4">−0.050
−0.077</td><td colspan="2">12</td><td rowspan="2">26</td><td rowspan="2">83</td></tr>
<tr><td>14</td><td>12</td><td>14*</td></tr>
<tr><td>16</td><td colspan="2">16</td><td rowspan="2">32</td><td rowspan="2">92</td></tr>
<tr><td>18</td><td>16</td><td>18*</td></tr>
<tr><td>20</td><td>−0.040
−0.073</td><td>−0.065
−0.098</td><td colspan="2">20</td><td>38</td><td>104</td></tr>
<tr><td colspan="7">注：带 * 的尺寸不推荐采用，如采用，应与相同规格的键槽铣刀相区别</td></tr>
</table>

莫氏锥柄键槽铣刀-I 型

(GB/T 1112—2012)

莫氏锥柄

标记示例：

直径 d=12 mm，总长 L=96 mm，I 型，e8 偏差的莫氏锥柄键槽铣刀标记为

莫氏锥柄键槽铣刀 12e8×96 I

GB/T 1112—2012

<table>
<tr><th>d</th><th colspan="2">d_1</th><th rowspan="3">l(js18)
标准系列</th><th rowspan="3">L(js18)
标准系列</th><th rowspan="3">莫氏圆锥号</th></tr>
<tr><th rowspan="2">公称尺寸</th><th colspan="2">极限偏差</th></tr>
<tr><th>e8</th><th>d8</th></tr>
<tr><td>10</td><td>−0.025
−0.047</td><td>−0.040
−0.062</td><td>22</td><td>92</td><td rowspan="2">1</td></tr>
<tr><td rowspan="2">12</td><td rowspan="6">−0.032
−0.059</td><td rowspan="6">−0.050
−0.077</td><td rowspan="4">26</td><td>96</td></tr>
<tr><td>111</td><td>2</td></tr>
<tr><td rowspan="2">14</td><td>96</td><td>1</td></tr>
<tr><td>111</td><td rowspan="4">2</td></tr>
<tr><td>16</td><td rowspan="2">32</td><td rowspan="2">117</td></tr>
<tr><td>18</td></tr>
<tr><td rowspan="2">20</td><td rowspan="7">−0.040
−0.073</td><td rowspan="7">−0.065
−0.098</td><td rowspan="4">38</td><td>123</td></tr>
<tr><td>140</td><td>3</td></tr>
<tr><td rowspan="2">22</td><td>123</td><td>2</td></tr>
<tr><td>140</td><td rowspan="5">3</td></tr>
<tr><td>24</td><td rowspan="3">45</td><td rowspan="3">147</td></tr>
<tr><td>25</td></tr>
<tr><td>28</td></tr>
<tr><td rowspan="2">32</td><td rowspan="10">−0.050
−0.089</td><td rowspan="10">−0.080
−0.119</td><td rowspan="4">53</td><td>155</td></tr>
<tr><td>178</td><td>4</td></tr>
<tr><td>36</td><td>155</td><td>3</td></tr>
<tr><td>38</td><td>178</td><td rowspan="2">4</td></tr>
<tr><td rowspan="2">40</td><td rowspan="4">63</td><td>188</td></tr>
<tr><td>221</td><td>5</td></tr>
<tr><td rowspan="2">45</td><td>188</td><td>4</td></tr>
<tr><td>221</td><td>5</td></tr>
<tr><td rowspan="2">50</td><td rowspan="4">75</td><td>200</td><td>4</td></tr>
<tr><td>233</td><td>5</td></tr>
<tr><td rowspan="2">56</td><td rowspan="3">−0.060
−0.106</td><td rowspan="3">−0.100
−0.146</td><td>200</td><td>4</td></tr>
<tr><td>233</td><td rowspan="2">5</td></tr>
<tr><td>63</td><td>90</td><td>248</td></tr>
</table>

续表

<table>
<tr><th rowspan="2">名称与简图</th><th colspan="7">主 要 参 数</th></tr>
<tr><th>公称尺寸（宽×直径）</th><th>d(h11)</th><th>b(e8)</th><th>d_1</th><th>铣刀类型</th><th>β</th><th>L(js18)</th></tr>
<tr><td rowspan="16">普通直柄半圆键槽铣刀
(GB/T 1127—2007)
A型
B型
C型
标记示例：
键的公称尺寸为6×22，普通直柄半圆键槽铣刀标记为
半圆键槽铣刀　6×22　GB/T 1127—2007</td><td>1×4</td><td>4.5</td><td>1</td><td rowspan="5">6</td><td rowspan="5">A</td><td rowspan="12">—</td><td rowspan="5">50</td></tr>
<tr><td>1.5×7</td><td rowspan="2">7.5</td><td>1.5</td></tr>
<tr><td>2×7</td><td rowspan="2">2</td></tr>
<tr><td>2×10</td><td rowspan="2">10.5</td></tr>
<tr><td>2.5×10</td><td>2.5</td></tr>
<tr><td>3×13</td><td>13.5</td><td rowspan="2">3</td><td rowspan="7">10</td><td rowspan="7">B</td><td rowspan="6">55</td></tr>
<tr><td>3×16</td><td rowspan="3">16.5</td></tr>
<tr><td>4×16</td><td>4</td></tr>
<tr><td>5×16</td><td>5</td></tr>
<tr><td>4×19</td><td rowspan="2">19.5</td><td>4</td></tr>
<tr><td>5×19</td><td rowspan="2">5</td></tr>
<tr><td>5×22</td><td rowspan="2">22.5</td><td rowspan="3">60</td></tr>
<tr><td>6×22</td><td rowspan="2">6</td><td rowspan="4">12</td><td rowspan="4">C</td><td rowspan="4">12°</td></tr>
<tr><td>6×25</td><td>25.5</td></tr>
<tr><td>8×28</td><td>28.5</td><td>8</td><td rowspan="2">65</td></tr>
<tr><td>10×32</td><td>32.5</td><td>10</td></tr>
</table>

3. 锯片铣刀规格

表 5-31　锯片铣刀规格

<table>
<tr><th>名称与简图</th><th colspan="10">粗齿锯片铣刀</th></tr>
<tr><td rowspan="13">锯片铣刀
(GB/T 6120—2012)</td><td>d(js16)</td><td>50</td><td>63</td><td>80</td><td>100</td><td>125</td><td>160</td><td>200</td><td>250</td><td>315</td></tr>
<tr><td>D(H7)</td><td>13</td><td>16</td><td>22</td><td colspan="2">22(27)</td><td colspan="3">32</td><td>40</td></tr>
<tr><td>d_1</td><td colspan="2">—</td><td>34</td><td colspan="2">34(40)</td><td>47</td><td colspan="2">63</td><td>80</td></tr>
<tr><td>L(js11)</td><td colspan="9">齿数</td></tr>
<tr><td>1.0</td><td rowspan="2">24</td><td>32</td><td rowspan="3">32</td><td rowspan="2">40</td><td>48</td><td>—</td><td rowspan="2">—</td><td rowspan="3">—</td><td rowspan="4">—</td></tr>
<tr><td>1.2</td><td rowspan="3">24</td><td rowspan="3">40</td><td rowspan="2">48</td></tr>
<tr><td>1.6</td><td rowspan="3">20</td><td rowspan="3">32</td><td rowspan="3">48</td></tr>
<tr><td>2.0</td><td rowspan="3">24</td><td rowspan="3">40</td><td>64</td></tr>
<tr><td>2.5</td><td rowspan="3">20</td><td rowspan="3">32</td><td rowspan="3">48</td><td rowspan="2">64</td></tr>
<tr><td>3.0</td><td rowspan="3">16</td><td rowspan="3">24</td><td rowspan="3">40</td></tr>
<tr><td>4.0</td><td rowspan="3">20</td><td rowspan="3">32</td><td rowspan="3">48</td></tr>
<tr><td>5.0</td><td rowspan="2">16</td><td rowspan="2">24</td><td rowspan="2">40</td></tr>
<tr><td>6.0</td><td>—</td><td>20</td><td>32</td></tr>
</table>

续表

<table>
<tr><th>名称与简图</th><th colspan="12">中齿锯片铣刀</th></tr>
<tr><td rowspan="2"></td><td>d(js16)</td><td>32</td><td>40</td><td>50</td><td>63</td><td>80</td><td>100</td><td>125</td><td>160</td><td>200</td><td>250</td><td>315</td></tr>
<tr><td>D(H7)</td><td>8</td><td>10(13)</td><td>13</td><td>16</td><td>22</td><td colspan="2">22(27)</td><td colspan="3">32</td><td>40</td></tr>
<tr><td></td><td>d_1</td><td colspan="4">—</td><td>34</td><td colspan="2">34(40)</td><td>47</td><td colspan="2">63</td><td>80</td></tr>
<tr><td></td><td>L(js11)</td><td colspan="11">齿数</td></tr>
<tr><td></td><td>1.0</td><td>32</td><td rowspan="3">32</td><td rowspan="2">40</td><td>48</td><td rowspan="3">48</td><td rowspan="2">64</td><td>80</td><td>—</td><td rowspan="2">—</td><td rowspan="3">—</td><td rowspan="4">—</td></tr>
<tr><td></td><td>1.2</td><td rowspan="3">24</td><td rowspan="3">40</td><td rowspan="3">64</td><td rowspan="2">80</td></tr>
<tr><td></td><td>1.6</td><td rowspan="3">32</td><td rowspan="3">48</td><td rowspan="3">80</td></tr>
<tr><td></td><td>2.0</td><td rowspan="3">24</td><td rowspan="3">40</td><td rowspan="3">64</td><td>100</td></tr>
<tr><td></td><td>2.5</td><td rowspan="2">20</td><td rowspan="3">32</td><td rowspan="3">48</td><td rowspan="3">80</td><td rowspan="2">100</td></tr>
<tr><td></td><td>3.0</td><td rowspan="3">24</td><td rowspan="3">40</td><td rowspan="3">64</td></tr>
<tr><td></td><td>4.0</td><td rowspan="3">—</td><td>20</td><td rowspan="3">32</td><td rowspan="3">48</td><td rowspan="3">80</td></tr>
<tr><td></td><td>5.0</td><td rowspan="2">—</td><td rowspan="2">24</td><td rowspan="2">40</td><td rowspan="2">64</td></tr>
<tr><td></td><td>6.0</td><td>—</td><td>32</td><td>48</td></tr>
</table>

<table>
<tr><th colspan="14">细齿锯片铣刀</th></tr>
<tr><td>d(js16)</td><td>20</td><td>25</td><td>32</td><td>40</td><td>50</td><td>63</td><td>80</td><td>100</td><td>125</td><td>160</td><td>200</td><td>250</td><td>315</td></tr>
<tr><td>D(H7)</td><td>5</td><td colspan="2">8</td><td>10(13)</td><td>13</td><td>16</td><td>22</td><td colspan="2">22(27)</td><td colspan="3">32</td><td>40</td></tr>
<tr><td>d_1</td><td colspan="6">—</td><td>34</td><td colspan="2">34(40)</td><td>47</td><td colspan="2">63</td><td>80</td></tr>
<tr><td>L(js11)</td><td colspan="13">齿数</td></tr>
<tr><td>1.0</td><td rowspan="3">40</td><td rowspan="2">48</td><td>64</td><td rowspan="3">64</td><td rowspan="2">80</td><td>100</td><td rowspan="3">100</td><td rowspan="2">128</td><td>160</td><td>—</td><td rowspan="2">—</td><td rowspan="3">—</td><td rowspan="4">—</td></tr>
<tr><td>1.2</td><td rowspan="3">48</td><td rowspan="3">80</td><td rowspan="3">128</td><td rowspan="2">160</td></tr>
<tr><td>1.6</td><td rowspan="3">40</td><td rowspan="3">64</td><td rowspan="3">100</td><td rowspan="3">160</td></tr>
<tr><td>2.0</td><td>32</td><td rowspan="3">48</td><td rowspan="3">80</td><td rowspan="3">128</td><td>200</td></tr>
<tr><td>2.5</td><td rowspan="5">—</td><td rowspan="2">40</td><td rowspan="3">64</td><td rowspan="3">100</td><td rowspan="3">160</td><td rowspan="2">200</td></tr>
<tr><td>3.0</td><td rowspan="4">—</td><td rowspan="3">48</td><td rowspan="3">80</td><td rowspan="3">128</td></tr>
<tr><td>4.0</td><td rowspan="3">—</td><td>40</td><td rowspan="3">64</td><td rowspan="3">100</td><td rowspan="3">160</td></tr>
<tr><td>5.0</td><td rowspan="2">—</td><td rowspan="2">48</td><td rowspan="2">80</td><td rowspan="2">128</td></tr>
<tr><td>6.0</td><td>—</td><td>64</td><td>100</td></tr>
<tr><td colspan="14">注：括号内的尺寸尽量不要采用，如要采用，则在标记中注明尺寸 D</td></tr>
</table>

整体硬质合金锯片铣刀

(GB/T 14301—2008)

标记示例：

铣刀外径 d=20 mm，厚度 L=0.75 mm 的整体硬质合金锯片铣刀标记为

整体硬质合金锯片铣刀 20×0.75 GB/T 14301—2008

<table>
<tr><th colspan="14">整体硬质合金锯片铣刀</th></tr>
<tr><td>d(js13)</td><td>8</td><td>10</td><td>12</td><td>16</td><td>20</td><td>25</td><td>32</td><td>40</td><td>50</td><td>63</td><td>80</td><td>100</td><td>125</td></tr>
<tr><td>D(H7)</td><td>3</td><td>5</td><td>5</td><td>5</td><td>5</td><td>5</td><td>8</td><td>10</td><td>13</td><td>16</td><td>22</td><td>22</td><td>22</td></tr>
<tr><td>d_1</td><td colspan="10">—</td><td>34</td><td>34</td><td>34</td></tr>
<tr><td>齿数 / L(js10)</td><td>8</td><td>8</td><td>10</td><td>12</td><td>20</td><td>20</td><td>24</td><td>24</td><td>32</td><td>36</td><td>36</td><td>48</td><td>56</td></tr>
<tr><td>0.2</td><td>×</td><td>×</td><td>×</td><td>×</td><td>×</td><td colspan="8">—</td></tr>
<tr><td>0.25</td><td>×</td><td>×</td><td>×</td><td>×</td><td>×</td><td colspan="8">—</td></tr>
<tr><td>0.3</td><td>×</td><td>×</td><td>×</td><td>×</td><td>×</td><td>×</td><td>×</td><td>×</td><td>×</td><td>×</td><td colspan="3">—</td></tr>
<tr><td>0.4</td><td>×</td><td>×</td><td>×</td><td>×</td><td>×</td><td>×</td><td>×</td><td>×</td><td>×</td><td>×</td><td colspan="3">—</td></tr>
<tr><td>0.45</td><td>×</td><td>×</td><td>×</td><td>×</td><td>×</td><td>×</td><td>×</td><td>×</td><td colspan="5">—</td></tr>
<tr><td>0.5</td><td>×</td><td>×</td><td>×</td><td>×</td><td>×</td><td>×</td><td>×</td><td>×</td><td>×</td><td>×</td><td colspan="3">—</td></tr>
<tr><td>0.55</td><td>×</td><td>×</td><td>×</td><td>×</td><td>×</td><td>×</td><td>×</td><td>×</td><td>×</td><td colspan="4">—</td></tr>
<tr><td>0.6</td><td>×</td><td>×</td><td>×</td><td>×</td><td>×</td><td>×</td><td>×</td><td>×</td><td>×</td><td>×</td><td>×</td><td colspan="2">—</td></tr>
<tr><td>0.65</td><td>×</td><td>×</td><td>×</td><td>×</td><td>×</td><td>×</td><td>×</td><td colspan="6">—</td></tr>
<tr><td>0.7</td><td>×</td><td>×</td><td>×</td><td>×</td><td>×</td><td>×</td><td>×</td><td colspan="6">—</td></tr>
</table>

续表

名称与简图	整体硬质合金锯片铣刀													
	d(js13)	8	10	12	16	20	25	32	40	50	63	80	100	125
	D(H7)	3	5	5	5	5	5	8	10	13	16	22	22	22
	d_1	—										34	34	34
	齿数 / L(js10)	8	8	10	12	20	20	24	24	32	36	36	48	56
	0.75	×	×	×	×	×	×	×	—					
	0.8	×	×	×	×	×	×	×	×	×	×	×	×	—
	0.9	—		×	×	×	×	×	—					
	1.0	—		×	×	×	×	×	×	×	×	×	×	×
	1.1	—			×	×	×	×	—					
	1.2	—			×	×	×	×	×	×	×	×	×	×
	1.3	—				×	×	×	—					
	1.4	—				×	×	×	—					
	1.5	—				×	×	×	—					
	1.6	—					×	×	×	×	×	×	×	×
	1.8	—					×	×	—					
	2.0	—						×	×	×	×	×	×	×
	2.5	—							×	×	×	×	×	×
	3.0	—								×	×	×	×	×
	4.0	—								×	×	×	×	×
	5.0	—										×	×	×
	注：×表示有此规格													

4. 三面刃铣刀规格

表 5-32　三面刃铣刀规格

名称与简图	直齿三面刃铣刀 (GB/T 6119—2012) 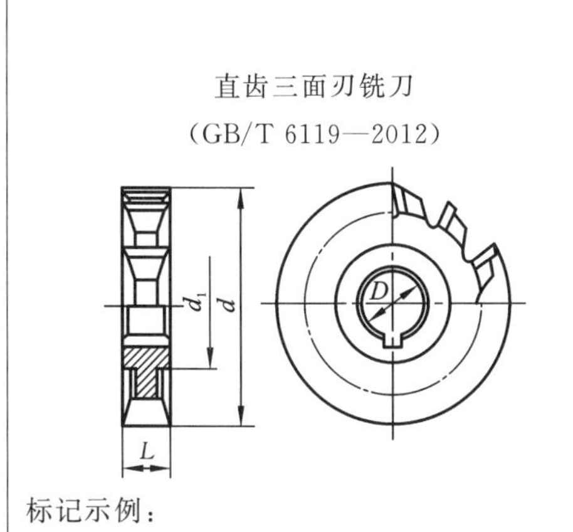 标记示例： d=63 mm，L=12 mm 的直齿三面刃铣刀标记为 直齿三面刃铣刀　63×12　GB/T 6119—2012	错齿三面刃铣刀 (GB/T 6119—2012) 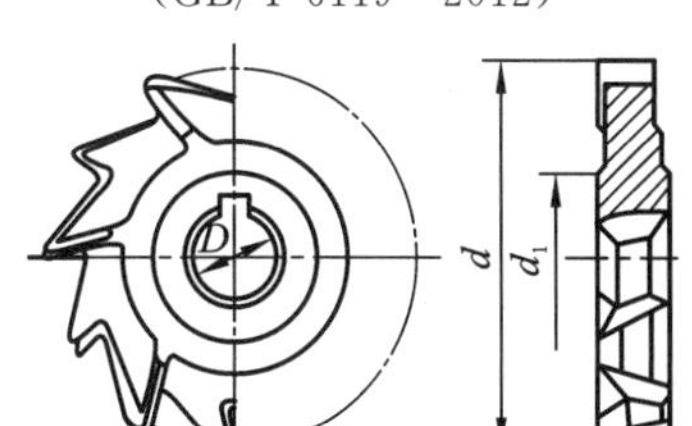 标记示例： d=63 mm，L=12 mm 的错齿三面刃铣刀标记为 错齿三面刃铣刀　63×12　GB/T 6119—2012

续表

	d(js16)	D(H7)	d_1/min	L(k11)															
				4	5	6	8	10	12	14	16	18	20	22	25	28	32	36	40
铣刀参数	50	16	27	×	×	×	×	×	—	—	—	—	—	—	—	—	—	—	—
	63	22	34	×	×	×	×	×	×	×	×								
	80	27	41	—	×	×	×	×	×	×	×	×	×						
	100	32	47		—	×	×	×	×	×	×	×	×	×	×				
	125					—	×	×	×	×	×	×	×	×	×	×			
	160	40	55				—	×	×	×	×	×	×	×	×	×	×		
	200							—	×	×	×	×	×	×	×	×	×	×	×

注　×表示有此规格。

5. 面铣刀规格

表 5-33　面铣刀规格

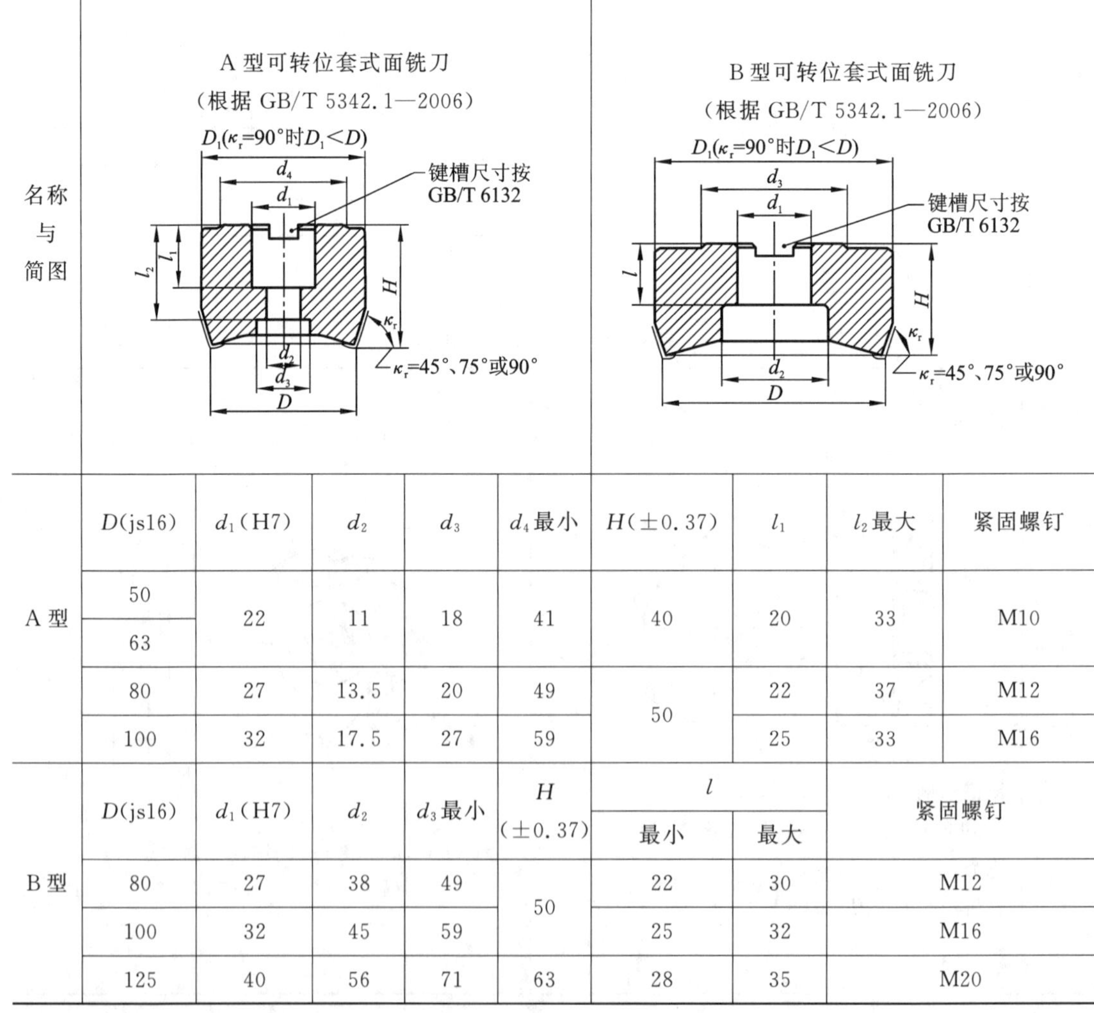

名称与简图：A 型可转位套式面铣刀（根据 GB/T 5342.1—2006）；B 型可转位套式面铣刀（根据 GB/T 5342.1—2006）

A 型	D(js16)	d_1(H7)	d_2	d_3	d_4最小	H(±0.37)	l_1	l_2最大	紧固螺钉
	50	22	11	18	41	40	20	33	M10
	63								
	80	27	13.5	20	49	50	22	37	M12
	100	32	17.5	27	59		25	33	M16

B 型	D(js16)	d_1(H7)	d_2	d_3最小	H(±0.37)	l 最小	l 最大	紧固螺钉
	80	27	38	49	50	22	30	M12
	100	32	45	59		25	32	M16
	125	40	56	71	63	28	35	M20

5.4.2 钻削、扩削、铰削常用刀具

1. 中心钻规格

表 5-34 不带护锥的中心钻规格(摘自 GB/T 6078—2016)

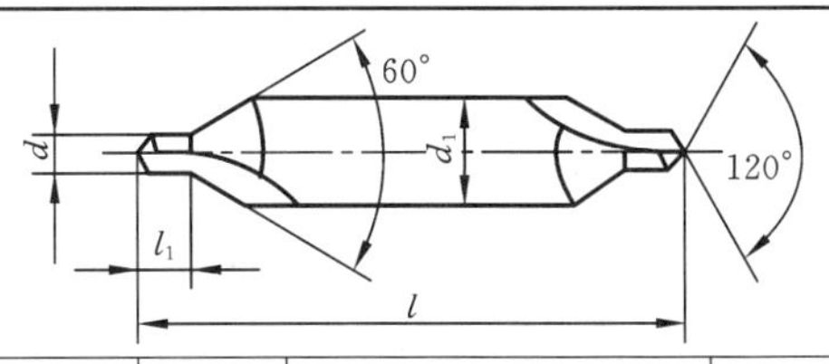

标记示例：

直径 d=2.5 mm，d_1=6.3 mm 的 A 型直槽中心钻标记为

中心钻 A2.5/6.3 GB/T 6078—2016

d (k12)	d_1 (h9)	l 公称尺寸	l 极限偏差	l_1 公称尺寸	l_1 极限偏差	d (k12)	d_1 (h9)	l 公称尺寸	l 极限偏差	l_1 公称尺寸	l_1 极限偏差
(0.50)	3.15	31.5	±2	0.8	$^{+0.2}_{0}$	2.50	6.30	45.0	±2	3.1	$^{+1.0}_{0}$
(0.63)				0.9	$^{+0.3}_{0}$	3.15	8.00	50.0		3.9	
(0.80)				1.1	$^{+0.4}_{0}$	4.00	10.00	56.0	±3	5.0	$^{+1.2}_{0}$
1.00				1.3	$^{+0.6}_{0}$	(5.00)	12.50	63.0		6.3	
(1.25)				1.6		6.30	16.00	71.0		8.0	
1.60	4.00	35.5		2.0	$^{+0.8}_{0}$	(8.00)	20.00	80.0		10.1	$^{+1.4}_{0}$
2.00	5.00	40.0		2.5		10.0	25.00	100.0		12.8	

注 括号内的值尽量不采用。中心钻容屑槽可为直槽、斜槽或螺旋槽，由制造厂自行确定。除另有说明外，均制成右切削槽形。

表 5-35 带护锥的中心钻规格(摘自 GB/T 6078—2016)

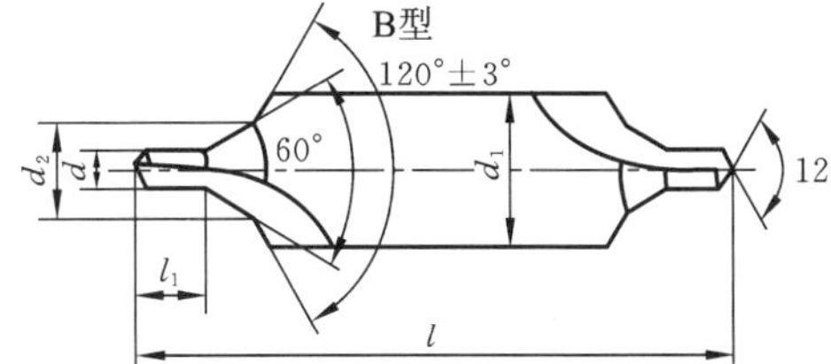

标记示例：

直径 d=2.5 mm，d_1=10 mm 的 B 型直槽中心钻标记为

中心钻 B2.5/10 GB/T 6078—2016

d(k12)	d_1(h9)	d_2(k12)	l 公称尺寸	l 极限偏差	l_1 公称尺寸	l_1 极限偏差
1.00	4.0	2.12	35.5	±2	1.3	$^{+0.6}_{0}$
(1.25)	5.0	2.65	40.0		1.6	
1.60	6.3	3.35	45.0		2.0	$^{+0.8}_{0}$
2.00	8.0	4.25	50.0		2.5	
2.50	10.0	5.30	56.0	±3	3.1	$^{+1.0}_{0}$
3.15	11.2	6.70	60.0		3.9	
4.00	14.0	8.50	67.0		5.0	$^{+1.2}_{0}$
(5.00)	18.0	10.60	75.0		6.3	
6.30	20.0	13.20	80.0		8.0	
(8.00)	25.0	17.00	100.0		10.1	$^{+1.4}_{0}$
10.00	31.5	21.20	125.0		12.8	

注 括号内的值尽量不采用。中心钻容屑槽可为直槽、斜槽或螺旋槽，由制造厂自行确定。除另有说明外，均制成右切削槽形。

2. 麻花钻

表 5-36 常用标准麻花钻直径系列

类别		名称及标准	公称直径(mm)系列
高速钢麻花钻	直柄麻花钻	粗直柄小麻花钻 GB/T 6135.1—2008	直径 d(h7):0.10～0.35,级差为 0.01
		直柄短麻花钻 GB/T 6135.2—2008	直径 d(h8):0.50～14.00,十分位按照 5、8、0、2 方式进级,尾数为 50、80、00、20;14.00～38.00,级差为 0.25;38.00～40.00,级差为 0.50
		直柄麻花钻 GB/T 6135.2—2008	直径 d(h8):0.20～1.00,百分位按照 0、2、5、8 方式进级,尾数为 0、2、5、8;1.00～3.00,级差为 0.05;3.00～14.00,级差为 0.10;14.00～16.00,级差为 0.25;16.00～20.00,级差为 0.5
		直柄长麻花钻 GB/T 6135.3—2008	直径 d(h8):2.0～14.0,级差为 0.50
		直柄超长麻花钻 GB/T 6135.4—2008	直径 d(h8):1.00～14.00,级差为 0.10;14.00～31.50,级差为 0.25
	锥柄麻花钻	莫氏锥柄麻花钻 GB/T 1438.1—2008	直径 d(h8):3.00～14.00,十分位按照 0、2、5、8 方式进级,尾数为 00、20、50、80;14.00～32.00,级差为 0.25;32.00～51.00,级差为 0.5;51.00～100.00,级差为 1
		莫氏锥柄长麻花钻 GB/T 1438.2—2008	直径 d(h8):5.00～14.00,十分位按照 0、2、5、8 方式进级,尾数为 00、20、50、80;14.00～32.00,级差为 0.25;32.00～50.00,级差为 0.50
		莫氏锥柄加长麻花钻 GB/T 1438.3—2008	直径 d(h8):6.00～14.00,十分位按照 0、2、5、8 方式进级,尾数为 00、20、50、80;14.00～30.00,级差为 0.25
		莫氏锥柄超长麻花钻 GB/T 1438.4—2008	直径 d(h8):6.00～10.00,级差为 0.50;10.00～25.00,级差为 1.00;25.00～50.00,个位按照 5、8、0、2 方式进级,尾数为 00
硬质合金麻花钻		硬质合金直柄麻花钻 GB/T 25666—2010	直径 d(h8):5.00～14.00,级差为 0.10;14.00～20.00,级差为 0.25
		硬质合金锥柄麻花钻 GB/T 10947—2006	直径 d(h8):10.00～14.00,十分位按照 0、2、5、8 方式进级,尾数为 00、20、50、80;14～30.00,级差为 0.25

3. 扩孔钻

表 5-37 标准直柄扩孔钻形式和尺寸(摘自 GB/T 4256—2004) (mm)

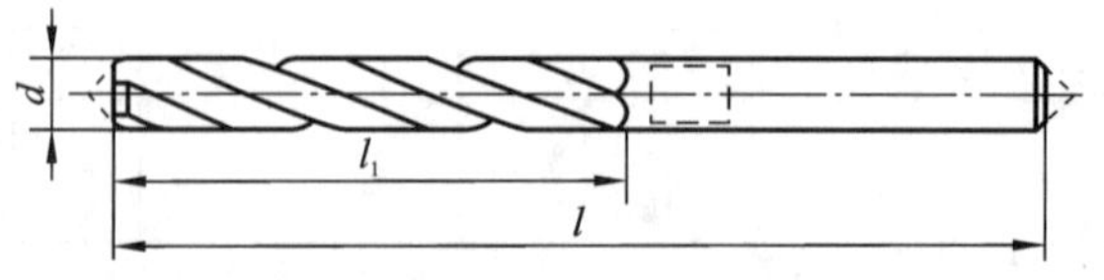

续表

优先采用的尺寸						以直径范围分段的尺寸			
d	l_1	l	d	l_1	l	d		l_1	l
						大于	至		
3.00	33	61	10.75	94	142	—	3.00	33	61
3.30	36	65	11.00			3.00	3.35	36	65
3.50	39	70	11.75			3.35	3.75	39	70
3.80	43	75	12.00	101	151	3.75	4.25	43	75
4.00			12.75			4.25	4.75	47	80
4.30	47	80	13.00			4.75	5.30	52	86
4.50			13.75	108	160	5.30	6.00	57	93
4.80	52	86	14.00			6.00	6.70	63	101
5.00			14.75	114	169	6.70	7.50	69	109
5.80	57	93	15.00			7.50	8.50	75	117
6.00			15.75	120	178	8.50	9.50	81	125
6.80	69	109	16.00			9.50	10.60	87	133
7.00			16.75	125	184	10.60	11.80	94	142
7.80	75	117	17.00			11.80	13.20	101	151
8.00			17.75	130	191	13.20	14.00	108	160
8.80	81	125	18.00			14.00	15.00	114	169
9.00			18.70	135	198	15.00	16.00	120	178
9.80	87	133	19.00			16.00	17.00	125	184
10.00			19.70	140	205	17.00	18.00	130	191
						18.00	19.00	135	198
						19.00	20.00	140	205

注　①扩孔钻直径 d 的公差为 h8，在靠近钻尖处测量。

②除另有说明外，这种扩孔钻均制成右切削的。

③在一个直径范围分段内，总长 l 和切削刃长 l_1 允许变化的最小和最大极限值，等于相邻上、下两个直径范围分段规定的长度。示例：直径为 15 mm 的直柄扩孔钻，切削刃长 l_1 的公称值为 114 mm，可在 108～120 mm 之间变化；总长 l 的公称值为 169 mm，可在 160～178 mm 之间变化。

4. 锪钻

表 5-38　60°、90°、120°**直柄锥面锪钻形式和尺寸**（摘自 GB/T 4258—2004）　(mm)

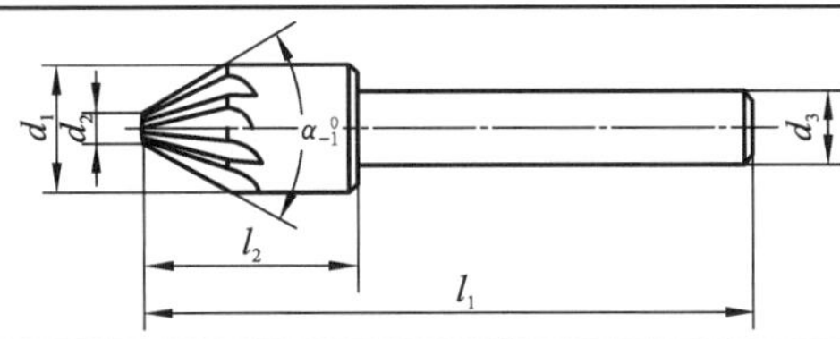

公称尺寸 d_1	小端直径 d_2	总长 l_1		钻体长 l_2		柄部直径 d_3(h9)
		$\alpha=60°$	$\alpha=90°$或 120°	$\alpha=60°$	$\alpha=90°$或 120°	
8	1.6	48	44	16	12	8
10	2	50	46	18	14	8
12.5	2.5	52	48	20	16	8
16	3.2	60	56	24	20	10
20	4	64	60	28	24	10
25	7	69	65	33	29	10

表 5-39　带整体导柱的直柄平底锪钻形式和尺寸(摘自 GB/T 4260—2004)　(mm)

标记示例：

直径 d_1=10 mm,导柱直径 d_2=5.5 mm 的带整体导柱的直柄平底锪钻标记为

直柄平底锪钻 10×5.5　GB/T 4260—2004

切削直径 d_1(z9)	导柱直径 d_2(e8)	适用螺钉或螺栓规格	柄部直径 d_3(h9)	总长 l_1	刃长 l_2	柄长 $l_3\approx$	导柱长 l_4
3.3	1.8	M1.6	$=d_1$	56	10	—	$\approx d_2$
4.3	2.4	M2					
5	1.8	M1.6					
	2.9	M2.5					
6	2.4	M2		71	14	31.5	
	3.4	M3					
8	2.9	M2.5					
	4.5	M4					
9	3.4	M3		80	18	35.5	
10	4.5	M4					
	5.5	M5					
11	5.5	M5	10				
	6.6	M6					
13	6.6	M6	12.5	100	22	40	
15	9	M8					
18	9	M8					
	11	M10					
20	13.5	M12					

5. 铰刀

表 5-40　直柄机用铰刀形式和尺寸(摘自 GB/T 1132—2017)

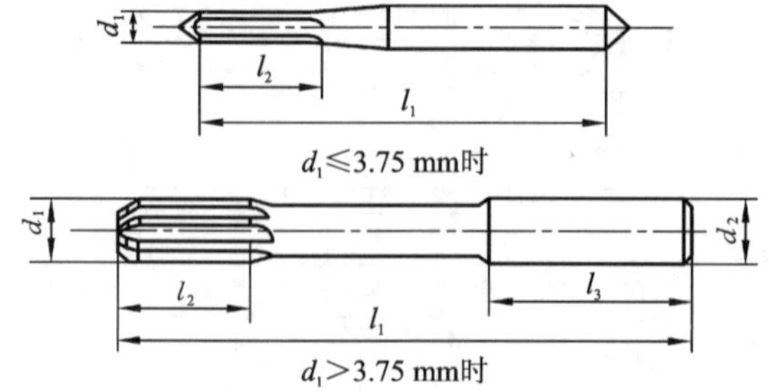

标记示例：

直径 d_1=10 mm,加工 H8 级精度孔的直柄机用铰刀标记为

直柄机用铰刀 10 H8 GB/T 1132—2017

续表

公称直径 d_1 的尺寸及其偏差					柄径 d_2 (h9)	总长 l_1	刃长 l_2	柄长 l_3
优先值	分级范围	加工孔的精度等级						
		H7	H8	H9				
2.8	>2.65～3.00	+0.008 +0.004	+0.011 +0.006	+0.021 +0.012	2.8	61±1.5	15±1	—
3.0					3.0			
3.2	>3.00～3.35	+0.010 +0.005	+0.015 +0.008	+0.025 +0.014	3.2	65±1.5	16±1	
3.5	>3.35～3.75				3.5	70±1.5	18±1	
4.0	>3.75～4.25				4.0	75±1.5	19±1	32±1.5
4.5	>4.25～4.75				4.5	80±1.5	21±1	33±1.5
5.0	>4.75～5.30				5.0	86±1.5	23±1	34±1.5
5.5	>5.30～6.00				5.6	93±1.5	26±1	36±1.5
6.0								
—	>6.00～6.7	+0.012 +0.006	+0.018 +0.010	+0.030 +0.017	6.3	101±1.5	28±1	40±1.5
7	>6.7～7.5				7.1	109±1.5	31±1.5	42±1.5
8	>7.5～8.5				8.0	117±1.5	33±1.5	44±1.5
9	>8.5～9.5				9.0	125±2	36±1.5	46±1.5
10	>9.5～10.0				10	133±2	38±1.5	
—	>10.0～10.6	+0.015 +0.008	+0.022 +0.012	+0.036 +0.020				
11	>10.6～11.8					142±2	41±1.5	
12	>11.8～13.2					151±2	44±1.5	
14	>13.2～14.0				12.5	160±2	47±1.5	50±1.5
—	>14.0～15.0					162±2	50±1.5	
16	>15.0～16.0					170±2	52±1.5	
—	>16.0～17.0				14	175±2	54±1.5	52±1.5
18	>17.0～18.0					182±2	56±1.5	
—	>18.0～19.0	+0.017 +0.009	+0.028 +0.016	+0.044 +0.025	16	189±2	58±1.5	58±1.5
20	>19.0～20.0					195±2	60±1.5	

注　对于常备标准铰刀，直径 d_1 的公差为 m6。对于加工 H7、H8、H9 级精度孔的铰刀，直径 d_1 的公差按本表取。

5.4.3 镗刀

表 5-41　机夹单刃镗刀形式和尺寸（摘自 GB/T 20335—2006）　　(mm)

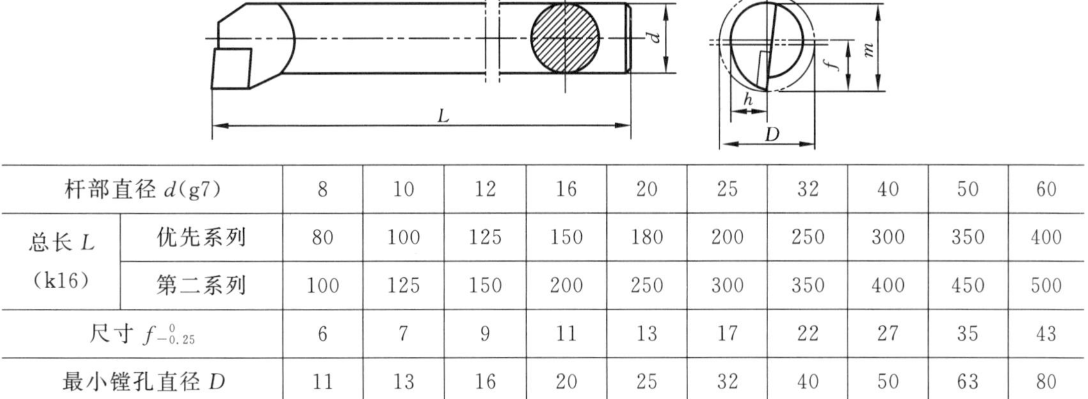

杆部直径 d(g7)		8	10	12	16	20	25	32	40	50	60
总长 L (k16)	优先系列	80	100	125	150	180	200	250	300	350	400
	第二系列	100	125	150	200	250	300	350	400	450	500
尺寸 $f_{-0.25}^{0}$		6	7	9	11	13	17	22	27	35	43
最小镗孔直径 D		11	13	16	20	25	32	40	50	63	80

5.5 各种加工方法的常用加工余量

5.5.1 工序间加工余量确定原则

(1) 加工余量应尽量小。

① 缩短加工时间,提高加工效率。

② 降低制造成本。

③ 延长机床、刀具耐用度。

(2) 加工余量应保证按此余量加工后,能达到零件图要求的尺寸公差、几何公差和表面粗糙度。

① 工序公差不应超出经济加工精度范围。

② 本工序的余量应大于前一工序留下的尺寸公差、几何公差和表面缺陷层厚度。

③ 本工序的余量还应考虑装夹误差、加工中变形、热处理变形和加工方法可能带来的误差。

5.5.2 轴的加工余量

表 5-42 圆棒料切断和端面加工余量 (mm)

公称尺寸	余量							
	切断后不加工				端面需加工			
	机械弓锯	切断机床	车床用	铣床上用	≤300	>300～1 000	>1 000～5 000	>5 000
≤30	2	2	3	3	2	2	4	5
>30～50	2	4	4	4	2	4	5	7
>50～60	2	4	5	5	3	6	7	9
>60～80	2	6	7	7	3	7	8	10
>80～150	2	6	7	8	4	8	10	12

注 对于不再进行加工的毛坯的切断,只给切宽余量,对于还需加工的,则在加工面上附加补充的余量。

表 5-43 粗车及半精车外圆的加工余量 (mm)

零件公称尺寸	直径余量						直径公差	
	粗车		半精车(未经热处理)		半精车(经热处理)		荒车	粗车
	≤200	>200～400	≤200	>200～400	≤200	>200～400	h14	h12～h13
3～6	—	—	0.5	—	0.3	—	−0.30	−0.12～−0.18
>6～10	1.5	1.7	0.8	1.0	1.0	1.3	−0.36	−0.15～−0.22
>10～18	1.5	1.7	1.0	1.3	1.3	1.5	−0.43	−0.18～−0.27
>18～30	2.0	2.2	1.3	1.3	1.3	1.5	−0.52	−0.21～−0.33
>30～50	2.0	2.2	1.4	1.5	1.5	1.9	−0.62	−0.25～−0.39
>50～80	2.3	2.5	1.5	1.8	1.8	2.0	−0.74	−0.30～−0.45
>80～120	2.5	2.8	1.5	1.8	1.8	2.0	−0.87	−0.35～−0.54
>120～180	2.5	2.8	1.8	2.0	2.0	2.3	−1.00	−0.40～−0.63
>180～250	2.8	3.0	2.0	2.3	2.3	2.5	−1.15	−0.46～−0.72
>250～315	3.0	3.3	2.0	2.3	2.3	2.5	−1.30	−0.52～−0.81

注 加工阶梯轴时,加工余量要根据零件的全长和最大直径来确定。

表 5-44 半精车端面的加工余量 (mm)

零件长度	余量(端面最大直径)					粗车端面尺寸公差 IT12～IT13
	≤30	>30～120	>120～260	>260～500	>500	
≤10	0.5	0.6	1.0	1.2	1.4	−0.15～−0.22
>10～18	0.5	0.7	1.0	1.2	1.4	−0.18～−0.27
>18～30	0.6	1.0	1.2	1.3	1.5	−0.21～−0.33
>30～50	0.6	1.0	1.2	1.3	1.5	−0.25～−0.39
>50～80	0.7	1.0	1.3	1.5	1.7	−0.30～−0.46
>80～120	1.0	1.0	1.3	1.5	1.7	−0.35～−0.54
>120～180	1.0	1.3	1.5	1.7	1.8	−0.40～−0.63
>180～250	1.0	1.3	1.5	1.7	1.8	−0.46～−0.72
>250～500	1.2	1.4	1.5	1.7	1.8	−0.52～−0.97
>500	1.4	1.5	1.7	1.8	2.0	−0.70～−1.10

注 加工阶梯轴时,加工余量要根据零件的全长和加工轴的直径来确定。

表 5-45 半精车后磨外圆的加工余量 (mm)

零件公称尺寸	直径余量				直径公差 h10～h11	直径余量				直径公差 h8～h9
	终磨(长度)		热处理前粗磨(长度)			热处理后粗磨(长度)		热处理后半精磨(长度)		
	≤200	>200～400	≤200	>200～400		≤200	>200～400	≤200	>200～400	
3～6	0.15	0.20	—	—	−0.048～−0.075	0.10	0.12	0.05	0.08	−0.018～−0.030
>6～10	0.20	0.30	0.12	0.20	−0.058～−0.090	0.12	0.20	0.08	0.10	−0.022～−0.036
>10～18	0.20	0.30	0.12	0.20	−0.070～−0.110	0.12	0.20	0.08	0.10	−0.027～−0.043
>18～30	0.20	0.30	0.12	0.20	−0.084～−0.130	0.12	0.20	0.08	0.10	−0.033～−0.052
>30～50	0.30	0.40	0.20	0.25	−0.100～−0.160	0.20	0.25	0.10	0.15	−0.039～−0.062
>50～80	0.40	0.50	0.25	0.30	−0.120～−0.190	0.25	0.30	0.15	0.20	−0.046～−0.074
>80～120	0.40	0.50	0.25	0.30	−0.140～−0.220	0.25	0.30	0.15	0.20	−0.054～−0.087
>120～180	0.50	0.80	0.30	0.50	−0.160～−0.250	0.30	0.50	0.20	0.30	−0.063～−0.100
>180～250	0.50	0.80	0.30	0.50	−0.185～−0.290	0.30	0.50	0.20	0.30	−0.072～−0.115
>250～315	0.50	0.80	0.30	0.50	−0.210～−0.320	0.30	0.50	0.20	0.30	−0.081～−0.130

表 5-46 无心磨外圆的加工余量 (mm)

零件公称尺寸	直径余量				直径公差 h10～h11	直径余量		直径公差 h8～h9
	终磨未加工过		终磨加工过	热处理前粗磨		热处理后粗磨	热处理后半精磨	
	冷拉棒料	热轧棒料						
3～6	0.3	0.5	0.2	0.1	−0.048～−0.075	0.10	0.05	−0.018～−0.030
>6～10	0.3	0.6	0.3	0.2	−0.058～−0.090	0.12	0.08	−0.022～−0.036
>10～18	0.5	0.8	0.3	0.2	−0.070～−0.110	0.12	0.08	−0.027～−0.043
>18～30	0.6	1.0	0.3	0.3	−0.084～−0.130	0.12	0.08	−0.033～−0.052
>30～50	0.7	1.2	0.4	0.3	−0.100～−0.160	0.20	0.10	−0.039～−0.062
>50～80	—	—	0.4	0.3	−0.120～−0.190	0.25	0.15	−0.046～−0.074

表 5-47 精车外圆的加工余量 (mm)

零件材料	直径加工余量		
	≤50(加工直径)	>50～100(加工直径)	>100(加工直径)
轻合金	0.3	0.5	0.7
青铜及铸铁	0.3	0.4	0.6
钢	0.2	0.3	0.5

注 ①精车前零件加工公差按 h8、h9 确定。

②适合硬质合金和高速钢刀具。

③适合零件长度不超过直径的 3 倍的情况，如超过则加工余量应适当加大。

表 5-48 研磨外圆的加工余量 (mm)

零件公称尺寸	直径加工余量	零件公称尺寸	直径加工余量
≤10	0.005～0.008	>50～80	0.008～0.012
>10～18	0.006～0.009	>80～120	0.010～0.014
>18～30	0.007～0.010	>120～180	0.012～0.016
>30～50	0.008～0.011	>180～250	0.015～0.020

表 5-49 抛光外圆的加工余量 (mm)

零件公称尺寸	≤100	>100～200	>200～600	>600
直径加工余量	0.1	0.3	0.4	0.5

注 抛光前的加工精度按 IT7 级确定。

表 5-50 磨端面的加工余量 (mm)

零件长度	余量(按端面直径选)					半精车端面尺寸公差(IT11)
	≤30	>30～120	>120～260	>260～500	>500	
≤10	0.2	0.2	0.3	0.4	0.6	−0.09
>10～18	0.2	0.3	0.3	0.4	0.6	−0.11
>18～30	0.2	0.3	0.3	0.4	0.6	−0.13
>30～50	0.2	0.3	0.3	0.4	0.6	−0.16
>50～80	0.3	0.3	0.4	0.5	0.6	−0.19
>80～120	0.3	0.3	0.5	0.5	0.6	−0.22
>120～180	0.3	0.4	0.5	0.6	0.7	−0.25
>180～250	0.3	0.4	0.5	0.6	0.7	−0.29
>250～500	0.4	0.5	0.6	0.7	0.8	−0.40
>500	0.5	0.6	0.7	0.7	0.8	−0.44

注 加工阶梯轴时，加工余量要根据零件的全长和加工轴的直径来确定。

5.5.3 孔的加工余量

表 5-51 基孔制 H7 孔的加工余量 (mm)

零件公称尺寸	直径					
	钻		车刀镗孔以后	扩孔钻	粗铰	精铰
	第一次	第二次				
3	2.9	—	—	—	—	3H7
4	3.9	—	—	—	—	4H7

续表

零件公称尺寸	直径					
	钻		车刀镗孔以后	扩孔钻	粗铰	精铰
	第一次	第二次				
5	4.8	—	—	—	—	5H7
6	5.8	—	—	—	—	6H7
8	7.8	—	—	—	7.96	8H7
10	9.8	—	—	—	9.96	10H7
12	11.0	—	—	11.85	11.95	12H7
13	12.0	—	—	12.85	12.95	13H7
14	13.0	—	—	13.85	13.95	14H7
15	14.0	—	—	14.85	14.95	15H7
16	15.0	—	—	15.85	15.95	16H7
18	17.0	—	—	17.85	17.94	18H7
20	18.0	—	19.8	19.80	19.94	20H7
22	20.0	—	21.8	21.80	21.94	22H7
24	22.0	—	23.8	23.80	23.94	24H7
25	23.0	—	24.8	24.80	24.94	25H7
26	24.0	—	25.8	25.80	25.94	26H7
28	26.0	—	27.8	27.80	27.94	28H7
30	15.0	28.0	29.8	29.80	29.93	30H7
32	15.0	30.0	31.7	31.75	31.93	32H7
35	20.0	33.0	34.7	34.75	34.93	35H7
38	20.0	36.0	37.7	37.75	37.93	38H7
40	25.0	38.0	39.7	39.75	39.93	40H7
42	25.0	40.0	41.7	41.75	41.93	42H7
45	25.0	43.0	44.7	44.75	44.93	45H7
48	25.0	46.0	47.7	47.75	47.93	48H7
50	25.0	48.0	49.7	49.75	49.93	50H7
60	30.0	55.0	59.5	59.5	59.90	60H7
70	30.0	65.0	69.5	69.5	69.90	70H7
80	30.0	75.0	79.5	79.5	79.90	80H7
90	30.0	80.0	89.3	—	89.90	90H7
100	30.0	80.0	99.3	—	99.80	100H7
120	30.0	80.0	119.3	—	119.8	120H7
140	30.0	80.0	139.3	—	139.8	140H7
160	30.0	80.0	159.3	—	159.8	160H7
180	30.0	80.0	179.3	—	179.8	180H7

注 ①在铸铁上加工直径小于 15 mm 的孔时，不用扩孔和镗孔。

②如仅有一次铰孔，则铰孔的加工余量为表中粗铰和精铰加工余量之和。

表 5-52 基孔制 H8 孔的加工余量 (mm)

零件公称尺寸	第一次钻	第二次钻	车刀镗孔以后	扩孔钻	精铰
3	2.9	—	—	—	3H7
4	3.9	—	—	—	4H7
5	4.8	—	—	—	5H7
6	5.8	—	—	—	6H7
8	7.8	—	—	—	8H8
10	9.8	—	—	—	10H8
12	11.8	—	—	11.85	12H8
13	12.8	—	—	12.85	13H8
14	13.8	—	—	13.85	14H8
15	14.8	—	—	14.85	15H8
16	15.0	—	15.85	15.85	16H8
18	17.0	—	17.85	17.85	18H8
20	18.0	—	19.8	19.8	20H8
22	20.0	—	21.8	21.8	22H8
24	22.0	—	23.8	23.8	24H8
25	23.0	—	24.8	24.8	25H8
26	24.0	—	25.8	25.8	26H8
28	26.0	—	27.8	27.8	28H8
30	15.0	28.0	29.8	29.8	30H8
32	15.0	30.0	31.7	31.75	32H8
35	20.0	33.0	34.7	34.75	35H8
38	20.0	36.0	37.7	37.75	38H8
40	25.0	38.0	39.7	39.75	40H8
42	25.0	40.0	41.7	41.75	42H8
45	25.0	43.0	44.7	44.75	45H8
48	25.0	46.0	47.7	47.75	48H8
50	25.0	48.0	49.7	49.75	50H8
60	30.0	55.0	59.5	—	60H8
70	30.0	65.0	69.5	—	70H8
80	30.0	75.0	79.5	—	80H8
90	30.0	80.0	89.3	—	90H8
100	30.0	80.0	99.3	—	100H8
120	30.0	80.0	119.3	—	120H8
140	30.0	80.0	139.3	—	140H8
160	30.0	80.0	159.3	—	160H8
180	30.0	80.0	179.3	—	180H8

表 5-53 一般孔的加工余量 (mm)

零件公称尺寸	直径的余量						
	钻孔后				扩孔或镗孔后		粗铰孔后
	扩孔	粗镗孔	半精镗孔	铰孔	铰孔	粗铰孔	半精铰孔
3～6	—	—	—	0.15	—	0.15	0.05
>6～10	—	—	—	0.2	0.2	0.2	0.1
>10～18	0.8	0.8	0.5	0.3	0.2	0.2	0.1
>18～30	1.2	1.2	0.8	0.3	0.3	0.2	0.1
>30～50	1.5	1.5	1.0	—	—	—	—
>50～80	—	2.0	1.0	—	—	—	—
>80～120	—	2.0	1.3	—	—	—	—
>120～180	—	2.0	1.5	—	—	—	—

表 5-54 半精镗后磨孔的加工余量 (mm)

公称尺寸	直径余量	直径公差	直 径 余 量		直径公差
	一般终磨	(终磨前 H10)	热处理后粗磨	热处理后半精磨	(半精磨前)
>6～10	0.2	—	—	—	—
>10～18	0.3	+0.07	0.2	0.1	+0.027
>18～30	0.3	+0.08	0.2	0.1	+0.033
>30～50	0.3	+0.10	0.2	0.1	+0.039
>50～80	0.4	+0.12	0.3	0.1	+0.046
>80～120	0.5	+0.14	0.3	0.2	+0.054
>120～180	0.5	+0.16	0.3	0.2	+0.063

表 5-55 圆孔拉削余量 (mm)

直径 D	拉削余量 A	直径 D	拉削余量 A	直径 D	拉削余量 A
10～12	0.4	>25～30	0.7	>60～100	1.2
>10～18	0.5	>30～40	0.8	>100～160	1.4
>18～25	0.6	>40～60	1.0		

注 预加工孔精度较高时余量可适当减小。

表 5-56 花键孔拉削余量 (mm)

花 键 规 格		定 心 方 式	
键数 z	外径 D	大径定心	内径定心
6	35～42	0.4～0.5	0.7～0.8
6	45～50	0.5～0.6	0.8～0.9
6	55～90	0.6～0.7	0.9～1.0
10	30～42	0.4～0.5	0.7～0.8
10	45	0.5～0.6	0.8～0.9
16	38	0.4～0.5	0.7～0.8
16	50	0.5～0.6	0.8～0.9

表 5-57 金刚石刀精镗孔加工余量 (mm)

零件公称尺寸	直径加工余量								前一工序公差	
	轻合金		巴氏合金		青铜及铸铁		钢		镗孔前公差	镗孔后公差(H9)
	粗镗	精镗	粗镗	精镗	粗镗	精镗	粗镗	精镗		
≤30	0.2	0.1	0.3	0.1	0.2	0.1	0.2	0.1	+0.084	+0.052
>30～50	0.3	0.1	0.4	0.1	0.3	0.1	0.2	0.1	+0.10	+0.062
>50～80	0.4	0.1	0.5	0.1	0.3	0.1	0.2	0.1	+0.12	+0.074
>80～120	0.4	0.1	0.5	0.1	0.3	0.1	0.3	0.1	+0.14	+0.087
>120～180	0.5	0.1	0.6	0.2	0.4	0.1	0.3	0.1	+0.16	+0.100
>180～250	0.5	0.1	0.6	0.2	0.4	0.1	0.3	0.1	+0.185	+0.115
>250～315	0.5	0.1	0.6	0.2	0.4	0.1	0.3	0.1	+0.21	+0.130
>315～400	0.5	0.1	0.6	0.2	0.4	0.1	0.3	0.1	+0.23	+0.140
>400～500	0.5	0.1	0.6	0.2	0.5	0.2	0.4	0.1	+0.25	+0.155
>500～630	—	—	—	—	0.5	0.2	0.4	0.1	+0.28	+0.175
>630～800	—	—	—	—	0.5	0.2	0.4	0.1	+0.32	+0.200
>800～1000	—	—	—	—	0.6	0.2	0.5	0.2	+0.36	+0.230

表 5-58 珩磨孔加工余量 (mm)

零件公称尺寸	直径加工余量						珩磨前加工精度(H7)
	精镗后		半精镗后		珩磨后		
	铸铁	钢	铸铁	钢	铸铁	钢	
≤50	0.09	0.06	0.09	0.07	0.08	0.05	+0.025
>50～80	0.10	0.07	0.10	0.08	0.09	0.05	+0.030
>80～120	0.11	0.08	0.11	0.09	0.10	0.06	+0.035
>120～180	0.12	0.09	0.12	—	0.11	0.07	+0.040
>180～260	0.12	0.09	—	—	0.12	0.08	+0.046

表 5-59 研磨孔加工余量 (mm)

零件公称尺寸	铸铁	钢
≤25	0.010～0.020	0.005～0.0150
>25～125	0.020～0.100	0.010～0.040
>125～300	0.080～0.160	0.020～0.050
>300～500	0.120～0.200	0.040～0.060

表 5-60 单刃钻后深孔加工余量(直径) (mm)

零件公称尺寸	加工后热处理孔的长度						加工后无热处理孔的长度					
	≤1000	>1000～2000	>2000～3000	>3000～5000	>5000～7000	>7000	≤1000	>1000～2000	>2000～3000	>3000～5000	>5000～7000	>7000～10000
>35～100	4	6	3	10	12	14	2	4	6	8	—	—
>100～180	4	6	8	10	14	16	2	4	6	8	10	12
>180～400	—	—	—	12	—	—	—	—	—	10	12	14

表 5-61 拉键槽余量 (mm)

b	D	f	b	D	f	b	D	f	b	D	f
4	11	0.38	5	15	0.43	6	19	0.49	8	25	0.68
	12	0.34		16	0.40		20	0.46		26	0.66
	14	0.29		18	0.36		22	0.42		27	0.59
	—	—		—	—		24	0.38		28	0.56
10	32	0.80	12	37	1.00	14	44	1.14	16	50	1.32
	34	0.75		38	0.97		45	1.12		52	1.25
	35	0.73		40	0.92		46	1.09		55	1.19
	36	0.71		42	0.88		48	1.04		—	—
18	58	1.43	20	68	1.51	余量 A 计算 $A=T-D+f+0.7P$ $f=0.5(D-\sqrt{D^2-b^2})$ P:尺寸 T 的制造公差					
	60	1.38		70	1.46						
	62	1.34		72	1.42						
	65	1.27		75	1.36						
	—	—		76	1.31						

表 5-62 有色金属及其合金的加工余量 (mm)

加工方法		直径的加工余量(按孔公称尺寸取)					
		≤30	>30~50	>50~80	>80~120	>120~180	>180~260
铸造孔的加工余量	铸造后粗镗或扩孔(砂型浇铸)	2.7	2.8	3.0	3.0	3.2	3.2
	铸造后粗镗或扩孔(离心浇铸)	2.4	2.5	2.7	2.7	3.0	3.0
	铸造后粗镗或扩孔(金属型浇铸)	1.3	1.4	1.5	1.5	1.6	1.6
	粗镗后半精镗或拉孔	0.25	0.30	0.40	0.40	0.50	0.50
	半精镗后拉孔、精镗、铰或预磨	0.10	0.15	0.20	0.20	0.25	0.25
	预磨后半精磨	0.10	0.12	0.15	0.15	0.20	0.20
	铰孔后精磨	0.05	0.08	0.08	0.10	0.10	0.15
	精铰后研磨	0.008	0.01	0.015	0.02	0.025	0.03
外旋转面的加工余量	铸造后粗车(砂型浇铸)	2.0	2.1	2.1	2.2	2.4	2.6
	铸造后粗车(离心浇铸)	1.6	1.7	1.7	1.8	2.0	2.2
	铸造后粗车(金属型浇铸)	0.9	1.0	1.0	1.1	1.2	1.3
	粗车后半精车或预磨	0.4	0.5	0.5	0.6	0.7	0.8
	半精车后精车或预磨	0.15	0.20	0.20	0.25	0.25	0.30
	粗磨后半精磨	0.10	0.15	0.15	0.15	0.20	0.20
	半精车后精磨或珩磨	0.01	0.015	0.015	0.02	0.025	0.03
	精车后研磨或抛光	0.006	0.008	0.009	0.01	0.01	0.015
端面加工余量	铸造后粗车或一次车完(砂型浇铸)	0.8	0.9	1.0	1.1	1.3	1.5
	铸造后粗车或一次车完(离心浇铸)	0.6	0.7	0.7	0.8	0.9	1.2
	铸造后粗车或一次车完(金属型浇铸)	0.4	0.45	0.45	0.5	0.6	0.7
	粗车后半精车	0.1	0.13	0.13	0.15	0.15	0.15
	粗车后磨	0.08	0.08	0.08	0.11	0.11	0.11

5.5.4 平面的加工余量

表 5-63 平面第一次粗加工余量 (mm)

平面最大尺寸	铸造			热冲压	冷冲压	锻造
	灰铸铁	青铜	可锻铸铁			
≤50	1.0～1.5	1.0～1.3	0.8～1.0	0.8～1.1	0.6～0.8	1.0～1.4
>50～120	1.5～2.0	1.3～1.7	1.0～1.4	1.3～1.8	0.8～1.1	1.4～1.8
>120～260	2.0～2.7	1.7～2.2	1.4～1.8	1.5～1.8	1.0～1.4	1.5～2.5
>260～500	2.7～3.5	2.2～3.0	2.0～2.5	1.8～2.2	1.3～1.8	2.2～3.0
>500	4.0～6.0	3.5～4.5	3.0～4.0	2.4～3.0	2.0～2.6	3.5～4.5

表 5-64 平面粗刨后精铣的加工余量 (mm)

平面长度	平面宽度			平面长度	平面宽度		
	≤100	>100～200	>200		≤100	>100～200	>200
≤100	0.6～0.7	—	—	>250～500	0.7～1.0	0.8～1.0	0.8～1.1
>100～250	0.6～0.8	0.7～0.9	—	>500	0.8～1.0	0.9～1.2	0.9～1.2

表 5-65 铣平面加工余量 (mm)

零件厚度	宽度≤200			宽度>200～400		
	荒铣后粗铣不同长度平面的加工余量					
	≤100	>100～250	>250～400	≤100	>100～250	>250～400
>6～30	1.0	1.2	1.5	1.2	1.5	1.7
>30～50	1.0	1.5	1.7	1.5	1.5	2.0
>50	1.5	1.7	2.0	1.7	2.0	2.5
零件厚度	粗铣后半精铣不同长度平面的加工余量					
	≤100	>100～250	>250～400	≤100	>100～250	>250～400
>6～30	0.7	1.0	1.0	1.0	1.0	1.0
>30～50	1.0	1.0	1.2	1.0	1.2	1.2
>50	1.0	1.3	1.5	1.3	1.5	1.5

表 5-66 磨平面的加工余量 (mm)

零件厚度	宽度≤200			宽度>200～400		
	终磨不同长度平面的加工余量(未经热处理或经热处理)					
	≤100	>100～250	>250～400	≤100	>100～250	>250～400
>6～30	0.3	0.3	0.5	0.3	0.5	0.5
>30～50	0.5	0.5	0.5	0.5	0.5	0.5
>50	0.5	0.5	0.5	0.5	0.5	0.5
零件厚度	热处理后粗磨不同长度平面的加工余量					
	≤100	>100～250	>250～400	≤100	>100～250	>250～400
>6～30	0.2	0.2	0.3	0.2	0.3	0.3
>30～50	0.3	0.3	0.3	0.3	0.3	0.3
>50	0.3	0.3	0.3	0.3	0.3	0.3
零件厚度	热处理后精磨不同长度平面的加工余量					
	≤100	>100～250	>250～400	≤100	>100～250	>250～400
>6～30	0.1	0.1	0.2	0.1	0.2	0.2
>30～50	0.2	0.2	0.2	0.2	0.2	0.2
>50	0.2	0.2	0.2	0.2	0.2	0.2

表 5-67　刮平面的加工余量及公差　(mm)

加工面长度	加工面宽度					
	≤100		>100～300		>300～1 000	
	余量	公差	余量	公差	余量	公差
≤300	0.15	+0.06	0.15	+0.06	0.20	+0.10
>300～1000	0.20	+0.10	0.20	+0.10	0.25	+0.12
>1000～2000	0.25	+0.12	0.25	+0.12	0.30	+0.15

表 5-68　研磨平面加工余量　(mm)

平面长度	平面宽度			平面长度	平面宽度		
	≤25	>25～75	>75～150		≤25	>25～75	>75～150
≤25	0.005～0.007	0.007～0.010	0.010～0.014	>75～150	0.010～0.014	0.014～0.020	0.020～0.024
>25～75	0.007～0.010	0.010～0.014	0.014～0.020	>150～260	0.014～0.018	0.020～0.024	0.024～0.030

表 5-69　有色金属及其合金的平面加工余量　(mm)

单面余量(按加工面最大尺寸取)												
≤50	>50～80	>80～120	>120～180	>180～250	>250～360	>360～500	>500～630	>630～800	>800～1000	>1000～1250	>1250～1600	>1600～2000
加工方法:铸造后粗铣或一次铣、刨完(砂型浇铸)												
0.8	0.9	1.0	1.2	1.4	1.7	2.1	2.5	3.0	3.6	4.2	5.0	6.0
加工方法:铸造后粗铣或一次铣、刨完(金属型浇铸)												
0.5	0.6	0.7	0.9	1.1	1.4	1.8	2.2	2.6	3.0	3.5	4.0	4.5
加工方法:铸造后粗铣或一次铣、刨完(熔模浇铸)												
0.4	0.5	0.6	0.8	1.0	1.3	1.7	2.1	2.5	—	—	—	—
加工方法:粗加工后半精刨或铣												
0.08	0.09	0.11	0.14	0.18	0.23	0.30	0.37	0.45	0.55	0.65	0.80	1.0
加工方法:半精加工后磨												
0.05	0.06	0.07	0.09	0.12	0.15	0.20	0.25	0.30	0.40	0.50	0.60	0.80

5.5.5　攻螺纹前的钻孔直径

表 5-70　攻螺纹前的钻孔直径　(mm)

公称尺寸	粗牙普通螺纹	细牙普通螺纹(螺距)								英制螺纹		管螺纹
		0.2	0.25	0.35	0.5	0.75	1.0	1.25	1.5	Ⅰ	Ⅱ	
1.0	0.75	0.8	—	—	—	—	—	—	—	—	—	—
1.1	0.85	0.9	—	—	—	—	—	—	—	—	—	—
1.2	0.95	1.0	—	—	—	—	—	—	—	—	—	—
1.4	1.10	1.2	—	—	—	—	—	—	—	—	—	—
1.6	1.25	1.4	—	—	—	—	—	—	—	—	—	—

续表

公称尺寸	粗牙普通螺纹	细牙普通螺纹(螺距)								英制螺纹		管螺纹
		0.2	0.25	0.35	0.5	0.75	1.0	1.25	1.5	Ⅰ	Ⅱ	
1.8	1.45	1.6	—	—	—	—	—	—	—	—	—	—
2.0	1.6	—	1.75	—	—	—	—	—	—	—	—	—
2.2	1.75	—	1.95	—	—	—	—	—	—	—	—	—
2.5	2.05	—	—	2.15	—	—	—	—	—	—	—	—
3.0	2.50	—	—	2.65	—	—	—	—	—	—	—	—
1/8″	—	—	—	—	—	—	—	—	—	—	—	8.8
3.5	2.90	—	—	3.10	—	—	—	—	—	—	—	—
4.0	3.30	—	—	—	3.5	—	—	—	—	—	—	—
4.5	3.70	—	—	—	4.0	—	—	—	—	—	—	—
3/16″	—	—	—	—	—	—	—	—	—	3.7	3.7	—
5.0	4.20	—	—	—	4.5	—	—	—	—	—	—	—
5.5	—	—	—	—	5	—	—	—	—	—	—	—
6.0	5.00	—	—	—	—	5.2	—	—	—	—	—	—
1/4″	—	—	—	—	—	—	—	—	—	5.1	5.1	11.7
7.0	6.00	—	—	—	—	6.2	—	—	—	—	—	—
5/16″	—	—	—	—	—	—	—	—	—	6.4	6.5	—
8.0	6.80	—	—	—	—	7.2	7.0	—	—	—	—	—
9.0	7.80	—	—	—	—	8.2	8.0	—	—	—	—	—
3/8″	—	—	—	—	—	—	—	—	—	7.8	7.9	15.2
10	8.50	—	—	—	—	9.2	9.0	8.8	—	—	—	—
11	9.50	—	—	—	—	10.2	10.0	—	—	—	—	—
7/16″	—	—	—	—	—	—	—	—	—	9.2	9.2	—
12	10.2	—	—	—	—	—	11.0	10.8	10.5	—	—	—
1/2″	—	—	—	—	—	—	—	—	—	10.4	10.5	18.9
14	11.9	—	—	—	—	—	13.0	12.8	12.5	—	—	—
15	—	—	—	—	—	13.5	14.0	—	13.5	—	—	—
5/8″	—	—	—	—	—	—	—	—	—	13.3	13.5	20.8
16	14	—	—	—	—	14.5	15.0	—	14.5	—	—	—
17	—	—	—	—	—	15.5	16.0	—	15.5	—	—	—
18	15.5	—	—	—	—	16.5	17.0	—	16.5	—	—	—
3/4″	—	—	—	—	—	—	—	—	—	16.3	16.4	24.3
20	17.5	—	—	—	—	18.5	19.0	—	18.5	—	—	—
22	19.5	—	—	—	—	20.5	21.0	—	20.5	—	—	—

续表

公称尺寸	粗牙普通螺纹	细牙普通螺纹(螺距)								英制螺纹		管螺纹
		0.2	0.25	0.35	0.5	0.75	1.0	1.25	1.5	Ⅰ	Ⅱ	
7/8″	—	—	—	—	—	—	—	—	—	19.1	19.3	28.1
24	21.0	—	—	—	—	22.5	23.0	—	22.5	—	—	—
25	—	—	—	—	—	23.5	24.0	—	23.5	—	—	—
1″	—	—	—	—	—	—	—	—	—	21.9	22	30.5

公称尺寸	粗牙普通螺纹	细牙普通螺纹(螺距)								英制螺纹		管螺纹
		0.5	0.75	1.0	1.25	1.5	2	3	4	Ⅰ	Ⅱ	
26	—	—	—	—	—	24.5	—	—	—	—	—	—
27	24.0	—	—	26.0	—	25.5	25.0	—	—	—	—	—
28	—	—	—	27.0	—	26.5	26.0	—	—	—	—	—
11/8″	—	—	—	—	—	—	—	—	—	24.6	24.7	35.2
30	26.5	—	—	29.0	—	28.5	28.0	27.0	—	—	—	—
32	—	—	—	—	—	30.5	20.0	—	—	—	—	—
33	29.5	—	—	—	—	31.5	31.0	30.0	—	—	—	—
13/8″	—	—	—	—	—	—	—	—	—	—	—	41.6
35	—	—	—	—	—	33.5	—	—	—	—	—	—
36	32.0	—	—	—	—	34.5	34.0	33.0	—	—	—	—
37	—	—	—	—	—	—	—	—	—	—	—	—
38	—	—	—	—	—	36.5	—	—	—	—	—	—
11/2″	—	—	—	—	—	—	—	—	—	33.4	33.5	45.1
39	35.0	—	—	—	—	37.5	37.0	36.0	—	—	—	—
40	—	—	—	—	—	38.5	38.0	37.0	—	—	—	—
15/8″	—	—	—	—	—	—	—	—	—	35.7	35.8	—
42	37.5	—	—	—	—	40.5	40.0	39.0	38.0	—	—	—
13/4″	—	—	—	—	—	—	—	—	—	38.9	39	51
45	40.5	—	—	—	—	43.5	43.0	42.0	41.0	—	—	—
17/8″	—	—	—	—	—	—	—	—	—	41.4	41.5	—
48	43.0	—	—	—	—	46.5	46.0	45.0	44.0	—	—	—
50	—	—	—	—	—	48.5	49.0	47.0	—	—	—	—
2″	—	—	—	—	—	—	—	—	—	44.6	44.7	—
52	47.0	—	—	—	—	50.5	50.0	49.0	48.0	—	—	—
56	50.5	—	—	—	—	—	—	—	—	—	—	—

5.6 各种切削加工方法的常用切削用量

5.6.1 车削加工的切削用量

表 5-71 用硬质合金及高速钢车刀粗车外圆及端面的进给量

加工材料	刀杆尺寸(*B*×*H*)/mm	工件直径/mm	硬质合金车刀					高速钢车刀		
			背吃刀量 a_p/mm							
			≤3	>3~5	>5~8	>8~12	>12	≤3	>3~5	>5~8
碳素结构钢和合金结构钢	16×25	20	0.3~0.4	—	—	—	—	0.3~0.4	—	—
		40	0.4~0.5	0.3~0.4	—	—	—	0.4~0.6	—	—
		60	0.5~0.7	0.4~0.6	0.3~0.5	—	—	0.6~0.8	0.5~0.7	0.4~0.6
		100	0.6~0.9	0.5~0.7	0.5~0.6	0.4~0.5	—	0.7~1.0	0.6~0.9	0.6~0.8
		400	0.8~1.2	0.7~1.0	0.6~0.8	0.5~0.6	—	1.0~1.3	0.9~1.1	0.8~1.0
	20×23 25×25	20	0.3~0.4	—	—	—	—	0.3~0.4	—	—
		40	0.4~0.5	0.3~0.4	—	—	—	0.4~0.5	—	—
		60	0.6~0.7	0.5~0.7	0.4~0.6	—	—	0.7~0.8	0.6~0.8	—
		100	0.8~1.0	0.7~0.9	0.5~0.7	0.4~0.7	—	0.9~1.1	0.8~1.0	0.7~0.9
		600	1.2~1.4	1.0~1.2	0.8~1.0	0.6~0.9	0.4~0.6	1.2~1.4	1.1~1.4	1.0~1.2
	25×40	60	0.6~0.9	0.5~0.8	0.4~0.7	—	—	—	—	—
		100	0.8~1.2	0.7~1.1	0.6~0.9	0.5~0.8	—	—	—	—
		1000	1.2~1.5	1.1~1.5	0.9~1.2	0.8~1.0	0.7~0.8	—	—	—
	30×45 40×60	500	1.1~1.4	1.1~1.4	1.0~1.2	0.8~1.2	0.7~1.1	—	—	—
		2500	1.3~2.0	1.3~1.8	1.2~1.6	1.1~1.5	1.0~1.5	—	—	—
铸铁和铜合金	16×25	40	0.4~0.5	—	—	—	—	—	—	—
		60	0.6~0.8	0.5~0.8	0.4~0.6	—	—	—	—	—
		100	0.8~1.2	0.7~1.0	0.6~0.8	0.5~0.7	—	—	—	—
		400	1.0~1.4	1.0~1.2	0.8~1.0	0.6~0.8	—	—	—	—
	20×30 25×25	40	0.4~0.5	—	—	—	—	—	—	—
		60	0.6~0.9	0.5~0.8	0.4~0.7	—	—	—	—	—
		100	0.9~1.3	0.8~1.2	0.7~1.0	0.5~0.8	—	—	—	—
		600	1.2~1.8	1.2~1.6	1.0~1.3	0.9~1.1	0.7~0.9	—	—	—
	25×40	60	0.6~0.8	0.5~0.8	0.4~0.7	—	—	—	—	—
		100	1.0~1.4	0.9~1.2	0.8~1.0	0.6~0.9	—	—	—	—
		1000	1.5~2.0	1.2~1.8	1.0~1.4	1.0~1.2	0.8~1.0	—	—	—
	30×45 40×60	500	1.4~1.8	1.2~1.6	1.0~1.4	1.0~1.3	0.9~1.2	—	—	—
		2500	1.6~2.4	1.6~2.0	1.4~1.8	1.3~1.7	1.2~1.7	—	—	—

注 ①加工断续表面及有冲击时，进给量要乘 0.75~0.85 之间的系数。

②加工耐热钢及其合金时，进给量不大于 1.0 mm/r。

③加工淬硬钢时，进给量要乘系数 0.8(材料硬度为 44~56 HRC)或 0.5(材料硬度为 57~62 HRC)。

表 5-72 用硬质合金及高速钢车刀半精车、精车外圆及端面的进给量 (mm/r)

表面粗糙度 $Ra/\mu m$	加工材料	副偏角 $\kappa_r'/(°)$	切削速度 v_c 范围/(m/s)	刀尖半径 r_ε/mm		
				0.5	1.0	2.0
12.5	钢和铸铁	5	不限	—	1.0～1.1	1.3～1.5
		10		—	0.8～0.9	1.0～1.1
		15		—	0.7～0.8	0.9～1.0
6.3	钢和铸铁	5	不限	—	0.55～0.7	0.7～0.88
		10～15		—	0.45～0.8	0.6～0.70
3.2	钢	5	<0.833	0.20～0.30	0.25～0.35	0.30～0.46
			0.833～1.666	0.28～0.35	0.35～0.40	0.40～0.55
			>1.666	0.35～0.40	0.40～0.50	0.50～0.60
		10～15	<0.833	0.18～0.25	0.25～0.30	0.30～0.40
			0.833～1.666	0.25～0.30	0.30～0.35	0.35～0.50
			>1.666	0.30～0.35	0.35～0.40	0.50～0.55
	铸铁	5	不限	—	0.30～0.50	0.45～0.65
		10～15		—	0.25～0.40	0.40～0.60
1.6	钢	≥5	0.500～0.833	—	0.11～0.15	0.14～0.22
			0.833～1.333	—	0.14～0.20	0.17～0.25
			1.333～1.666	—	0.14～0.25	0.23～0.35
			1.666～2.166	—	0.20～0.30	0.25～0.39
			>2.166	—	0.25～0.30	0.35～0.39
	铸铁		不限	—	0.15～0.25	0.20～0.35
0.8	钢	≥5	1.666～1.833	—	0.12～0.15	0.14～0.17
			1.833～2.166	—	0.13～0.18	0.17～0.23
			>2.166	—	0.17～0.20	0.21～0.27

注 以上数据是被加工材料强度 σ_b 在 686～882 MPa 时的进给量值，加工不同强度材料时，对进给量要考虑相应的修正系数。当 σ_b<122 MPa 时，修正系数取 0.7；当 σ_b=122～686 MPa 时，修正系数取 0.75；当 σ_b=686～882 MPa 时，修正系数取 1.0；当 σ_b=882～1 078 MPa 时，修正系数取 1.25。半精镗、精镗内孔进给量可参考车外圆数据，并选取较小值。

表 5-73 切断和切槽的切削用量(切刀宽度为 3～15 mm)

硬质合金车刀						高速钢车刀					
YT15		YG6		YG8		W18Cr4V		W18Cr4V		W18Cr4V	
碳素结构钢、铬钢、镍铬钢(σ_b=637 MPa)		灰铸铁(190 HBS)		可锻铸铁(150 HBS)		碳素结构钢、铬钢、镍铬钢(σ_b=637 MPa)		灰铸铁(190 HBS)		可锻铸铁(150 HBS)	
f/(mm/r)	v_c/(m/s)	f/(mm/r)	v_c/(m/s)	f/(mm/r)	v_c/(m/s)	f/(mm/r)	v_c/(m/s)	f/(mm/r)	v_c/(m/s)	f/(mm/r)	v_c/(m/s)
0.06	2.65	0.11	1.22	0.11	1.53	0.06	0.81	0.11	0.39	0.11	0.68
0.08	2.11	0.14	1.11	0.14	1.39	0.08	0.67	0.14	0.36	0.14	0.60
0.10	1.76	0.16	1.05	0.16	1.32	0.10	0.57	0.16	0.34	0.16	0.56
0.12	1.52	0.20	0.96	0.20	1.21	0.12	0.51	0.20	0.31	0.20	0.55
0.15	1.27	0.24	0.89	0.24	1.12	0.15	0.44	0.24	0.29	0.24	0.46
0.18	1.10	0.28	0.84	0.28	1.05	0.18	0.39	0.28	0.27	0.28	0.43
0.20	1.01	0.30	0.81	0.30	1.02	0.20	0.36	0.30	0.26	0.30	0.41
0.23	0.90	0.32	0.79	0.32	0.99	0.23	0.33	0.32	0.26	0.32	0.40
0.26	0.82	0.35	0.77	0.35	0.97	0.26	0.31	0.35	0.25	0.35	0.38

续表

硬质合金车刀						高速钢车刀					
YT15		YG6		YG8		W18Cr4V		W18Cr4V		W18Cr4V	
碳素结构钢、铬钢、镍铬钢(σ_b=637 MPa)		灰铸铁(190 HBS)		可锻铸铁(150 HBS)		碳素结构钢、铬钢、镍铬钢(σ_b=637 MPa)		灰铸铁(190 HBS)		可锻铸铁(150 HBS)	
f/(mm/r)	v_c/(m/s)	f/(mm/r)	v_c/(m/s)	f/(mm/r)	v_c/(m/s)	f/(mm/r)	v_c/(m/s)	f/(mm/r)	v_c/(m/s)	f/(mm/r)	v_c/(m/s)
0.30	0.73	0.40	0.73	0.40	0.92	0.30	0.28	0.40	0.23	0.40	0.36
0.32	0.69	0.45	0.69	0.45	0.87	0.32	0.27	0.45	0.22	0.45	0.34
0.36	0.63	0.50	0.66	0.50	0.83	0.36	0.25	0.50	0.21	0.50	0.32
0.40	0.58	0.55	0.64	0.55	0.80	0.40	0.23	0.55	0.21	0.55	0.30

注 ①切槽时，按最终直径(d)与初始直径(D)比值的不同要乘以相应的修正系数：当 d/D=0.5～0.7 时，修正系数取 0.96；当 d/D=0.8～0.95 时，修正系数取 0.84。

②切削速度 v_c 与切刀宽度无关。

表 5-74 外圆切削速度 (m/s)

工件材料	热处理状态	硬度/HBS	硬质合金刀具 a_p=0.3～2 mm f=0.03～0.3 mm/r	硬质合金刀具 a_p=2～6 mm f=0.3～0.6 mm/r	硬质合金刀具 a_p=6～10 mm f=0.6～1 mm/r	高速钢刀具
低碳钢、易切削钢	热、轧	143～207	2.33～3.0	1.667～2.0	1.167～1.5	0.417～0.75
中碳钢	热、轧	179～255	2.170～2.667	1.500～1.830	1.000～1.333	0.333～0.500
	调质	200～250	1.667～2.170	1.167～1.500	0.833～1.167	0.250～0.417
	淬火	347～547	1.000～1.333	0.667～1.000	—	—
合金结构钢	热、轧	212～369	1.667～2.170	1.167～1.500	0.833～1.167	0.333～0.500
	调质	200～293	1.333～1.830	0.833～1.167	0.667～1.000	0.167～0.333
工具钢	退火	—	1.500～2.000	1.000～1.333	0.833～1.167	0.333～0.500
不锈钢	—	—	1.167～1.333	1.000～1.167	0.833～1.000	0.250～0.417
灰铸铁	—	<190	1.500～2.000	1.000～1.333	0.833～1.167	0.333～0.500
		190～225	1.333～1.830	0.833～1.167	0.667～1.000	0.250～0.417
高锰钢(13%Mn)	—	—	—	0.167～0.333	—	—
铜及铜合金	—	—	3.33～4.167	2.000～3.000	1.500～2.000	0.833～1.167
铝及铝合金	—	—	5.00～10.00	3.330～6.670	2.500～2.000	1.667～4.167
铸铝合金(7%～13%Si)	—	—	1.667～6.000	1.333～2.500	1.000～1.670	0.667～1.333

注 ①切削钢及铸铁时刀具的耐用度为 60～90 min。

②车孔要比车外圆的速度低 10%～20%。

表 5-75 高速切削细长轴的切削用量

加工方法	长径比≤222：1 背吃刀量 a_p/mm	长径比≤222：1 进给量 f/(mm/r)	长径比≤222：1 转速 n/(r/s)	长径比>222：1 背吃刀量 a_p/mm	长径比>222：1 进给量 f/(mm/r)	长径比>222：1 转速 n/(r/s)
粗车	3.5	0.45～0.50	6.67～10	2.5	0.35～0.45	6.67～10
半精车	2.5	0.35～0.45	10～20	1.5	0.20～0.30	10～20
精车	0.5～1.0	0.20～0.30	20	0.25～0.75	0.15～0.25	20

表 5-76 成形车削的进给量 (mm/r)

刀具宽度/mm		8	10	15	20	30	40	≥50
加工直径	20	0.03~0.08	0.03~0.070	0.02~0.055	—	—	—	—
	25	0.04~0.09	0.04~0.085	0.035~0.075	0.03~0.06	—	—	—
	≥40	0.04~0.09	0.04~0.085	0.04~0.08	0.04~0.08	0.035~0.07	0.03~0.06	0.025~0.055

表 5-77 硬质合金车刀精车薄壁工件的切削用量

工件材料	刀片材料	切削速度 v_c/(m/min)	进给量 f/(mm/r)	背吃刀量 a_p/mm
45~Q235A	K类,YT15	100~130	0.08~0.16	0.05~0.5
铝合金	P类,YG6X	400~470	0.02~0.03	0.05~0.1

5.6.2 钻、扩、锪、铰、镗削加工的切削用量

1. 钻削加工的切削用量

表 5-78 高速钢钻头钻孔的进给量 (mm/r)

钻头直径 d_0	钢的抗拉强度 σ_b/MPa			铸铁、铜、铝合金硬度/HBS	
	<800	800~1 000	>1000	≤200	>200
≤2	0.05~0.06	0.04~0.05	0.03~0.04	0.09~0.11	0.05~0.07
>2~4	0.08~0.10	0.06~0.08	0.04~0.06	0.18~0.22	0.11~0.13
>4~6	0.14~0.16	0.10~0.12	0.08~0.10	0.27~0.33	0.18~0.22
>6~8	0.18~0.22	0.13~0.15	0.11~0.13	0.36~0.44	0.22~0.26
>8~10	0.22~0.28	0.17~0.21	0.13~0.17	0.47~0.57	0.28~0.34
>10~13	0.25~0.31	0.19~0.23	0.15~0.19	0.52~0.64	0.31~0.39
>13~16	0.31~0.37	0.22~0.28	0.18~0.22	0.61~0.75	0.37~0.45
>16~20	0.35~0.43	0.26~0.32	0.21~0.25	0.70~0.86	0.43~0.53
>20~25	0.39~0.47	0.29~0.35	0.23~0.29	0.78~0.96	0.47~0.57
>25~30	0.45~0.55	0.32~0.40	0.27~0.33	0.90~1.10	0.54~0.66
>30~60	0.60~0.70	0.40~0.50	0.30~0.40	1.00~1.20	0.70~0.80

注 ①表中数据的应用条件为:在大刚度零件上钻孔,精度在IT12~IT13以下,钻后还用钻头、扩孔钻或镗刀加工。

②在中等刚度零件上钻孔时,乘系数0.75;在低刚度零件、斜面上钻孔,以及钻孔后用丝锥攻螺纹孔时,乘系数0.50。长径比大于3,且小于或等于5时乘系数0.9;长径比大于5,且小于或等于7时乘系数0.8;长径比大于7,且小于或等于10时乘系数0.75。

表 5-79 YG8 钻头钻灰铸铁的进给量 (mm/r)

钻头直径 d_0/mm	≤200HBS		>200HBS		钻头直径 d_0/mm	≤200HBS		>200HBS	
	Ⅰ	Ⅱ	Ⅰ	Ⅱ		Ⅰ	Ⅱ	Ⅰ	Ⅱ
≤8	0.22~0.28	0.18~0.22	0.18~0.22	0.13~0.17	>20~24	0.45~0.55	0.33~0.38	0.38~0.43	0.27~0.32
>8~12	0.20~0.36	0.22~0.28	0.25~0.30	0.18~0.22	>24~26	0.50~0.60	0.37~0.41	0.40~0.46	0.32~0.38
>12~16	0.25~0.40	0.25~0.30	0.28~0.34	0.20~0.25	>26~30	0.55~0.65	0.40~0.50	0.45~0.50	0.36~0.44
>16~20	0.40~0.48	0.27~0.33	0.32~0.38	0.23~0.28					

注 ①Ⅰ类进给量适用于在大刚度零件上钻孔,精度在IT12~IT13以下,钻后还用钻头、锪钻或镗刀加工的情况。Ⅱ类进给量适用于在中等刚度零件上钻孔后,用铰刀加工的精确孔,以及钻孔后用丝锥攻螺纹孔时的情况。

②孔深的修正系数见表5-78注②。

表 5-80　高速钢钻头钻孔的切削速度

加工材料	硬度/HBS	切削速度 v_c/(m/s)	加工材料		硬度/HBS	切削速度 v_c(m/s)
低碳钢	100～125	0.45	铸钢	低碳		0.40
	125～175	0.40		中碳		0.30～0.40
	175～225	0.35		高碳		0.25
中、高碳钢	125～175	0.37	球墨铸铁		140～190	0.50
	175～225	0.33			190～225	0.35
	225～275	0.25			225～260	0.28
	275～325	0.20			260～300	0.20
合金钢	175～225	0.30	可锻铸铁		110～160	0.70
	225～275	0.25			160～200	0.42
	275～325	0.20			200～240	0.33
	325～375	0.17			240～250	0.20
灰铸铁	100～140	0.55	高速钢		200～250	0.22
	140～190	0.45	铝合金、铝镁合金			1.25～1.50
	190～220	0.35	铜合金			0.33～0.80
	220～260	0.25				
	260～320	0.15				

2. 扩孔的切削用量

表 5-81　高速钢及硬质合金扩孔钻头扩孔的切削用量

扩孔钻直径 d_0/mm	加工不同材料时的进给量 f/(mm/r)		
	钢及铸钢	铸铁、铜合金及铝合金	
		≤200HBS	＞200HBS
≤15	0.5～0.6	0.7～0.9	0.5～0.6
＞15～20	0.6～0.7	0.9～1.1	0.6～0.7
＞20～25	0.7～0.9	1.0～1.2	0.7～0.8
＞25～30	0.8～1.0	1.1～1.3	0.8～0.9
＞30～35	0.9～1.1	1.2～1.5	0.9～1.0
加工方法	背吃刀量 a_p/mm	进给量 f/(mm/r)	切削速度 v_c/(m/s)
扩钻	(0.15～0.25)D	(1.2～1.8)$f_{钻}$	(1/2～1/3)$v_{钻}$
扩孔	0.05D	(2.2～2.4)$f_{钻}$	(1/2～1/3)$v_{钻}$

注　用麻花钻扩孔称为扩钻，用扩孔钻扩孔称为扩孔。D 为加工孔直径，$f_{钻}$ 为钻孔进给量，$v_{钻}$ 为钻孔切削速度。

3. 锪削加工的切削用量

表 5-82　高速钢锪钻锪端面的切削用量

被加工材料	进给量 f/(mm/r)						切削速度 v_c/(m/min)	
	被加工端面直径/mm						加切削液	不加切削液
	15	20	30	40	50	60		
钢(σ_b≤0.588 GPa)、铜及黄铜	0.08～0.12	0.08～0.15	0.10～0.15	0.12～0.20	0.12～0.20	0.15～0.25	10～18	—
钢 σ_b ＞0.588GPa	0.05～0.08	0.05～0.10	0.06～0.10	0.08～0.12	0.08～0.15	0.10～0.18	7～12	—

续表

被加工材料	进给量 f/(mm/r)						切削速度 v_c/(m/min)	
	被加工端面直径/mm						加切削液	不加切削液
	15	20	30	40	50	60		
铝合金	0.10～0.15	0.10～0.15	0.12～0.20	0.15～0.25	0.15～0.25	0.20～0.30	40～60	—
铸铁、青铜	0.10～0.15	0.10～0.15	0.12～0.20	0.15～0.25	0.15～0.25	0.20～0.30	—	12～25

注 刀具材料为9CrSi钢时，切削速度要乘0.6～0.7之间的系数；用碳素工具钢刀具加工时，切削速度要乘系数0.5。

4. 铰孔的切削用量

表5-83 高速钢及硬质合金机铰刀铰孔的进给量 (mm/r)

铰刀直径 d_0/mm	高速钢铰刀				硬质合金铰刀			
	钢		铸铁		钢		铸铁	
	$\sigma_b \leqslant 900$ MPa	$\sigma_b > 900$ MPa	硬度≤170 HBS,铜、铝合金	硬度>170HBS	未淬硬钢	淬硬钢	硬度≤170HBS	硬度>170HBS
≤5	0.20～0.50	0.15～0.35	0.60～1.20	0.40～0.80	—	—	—	—
>5～10	0.40～0.90	0.35～0.70	1.00～2.00	0.65～1.30	0.35～0.50	0.25～0.35	0.9～1.4	0.7～1.1
>10～20	0.65～1.40	0.55～1.20	1.50～3.00	1.00～2.00	0.40～0.60	0.30～0.40	1.0～1.5	0.8～1.2
>20～30	0.80～1.80	0.65～1.50	2.00～4.00	1.30～2.60	0.50～0.70	0.35～0.45	1.2～1.8	0.9～1.4
>30～40	0.95～2.10	0.80～1.80	2.50～5.00	1.60～3.20	0.60～0.80	0.40～0.50	1.3～2.0	1.0～1.5
>40～60	1.30～2.80	1.00～2.30	3.20～6.40	2.10～4.20	0.70～0.90	—	1.6～2.4	1.25～1.8
>60～80	1.50～3.20	1.20～2.60	3.75～7.50	2.60～5.00	0.90～1.20	—	2.0～3.0	1.5～2.2

注 ①加工盲孔时进给量取为0.2～0.5 mm/r。

②最大进给量用于粗铰孔；中等进给量用于粗铰或精镗后精铰IT7级精度的孔，对于硬质合金铰刀，用于精铰IT8～IT9级精度的孔；最小进给量用于抛光或珩磨之前的精铰孔，用一把铰刀铰IT8～IT9级精度的孔，对于硬质合金铰刀，用于精铰IT7级精度的孔。

5. 镗削加工的切削用量

表5-84 卧式镗床的镗削加工的切削用量

加工方法	刀具材料	刀具类型	铸铁		钢(包括铸钢)		铜、铝及其合金		a_p/mm(直径上)
			v_c/(m/s)	f/(mm/r)	v_c/(m/s)	f/(mm/r)	v_c/(m/s)	f/(mm/r)	
粗镗	高速钢	刀头	0.30～0.66	0.3～1.0	0.3～0.66	0.3～1.0	1.6～2.5	0.4～1.5	5～8
		镗刀块	0.42～0.66	0.3～0.8	—	—	2.0～2.5	0.4～1.5	
	硬质合金	刀头	0.66～1.32	0.3～1.0	0.66～1.0	0.3～1.0	3.3～4.2	0.4～1.5	
		镗刀块	0.60～1.00	0.3～0.8	—	—	3.3～4.2	0.4～1.0	
半精镗	高速钢	刀头	0.42～0.66	0.2～0.8	0.5～0.8	0.2～0.8	2.5～3.3	0.2～1.0	1.5～3
		镗刀块	0.50～0.66	0.2～0.6	—	—	2.5～3.3	0.2～1.0	
		粗铰刀	0.25～0.42	2.0～5.0	0.16～0.3	0.5～3.0	0.5～0.8	2.0～5.0	0.3～0.8
	硬质合金	刀头	1.00～1.60	0.2～0.8	1.32～2.0	0.2～0.8	4.2～5.0	0.2～0.8	1.5～3
		镗刀块	0.80～1.32	0.2～0.6	—	—	4.2～5.0	0.2～0.6	
		粗铰刀	0.50～0.80	3.0～5.0	—	—	1.32～2.0	3.0～5.0	0.3～0.8

续表

加工方法	刀具材料	刀具类型	铸铁		钢(包括铸钢)		铜、铝及其合金		a_p/mm
			v_c/(m/s)	f/(mm/r)	v_c/(m/s)	f/(mm/r)	v_c/(m/s)	f/(mm/r)	(直径上)
精镗	高速钢	刀头	0.25~0.50	0.15~0.5	0.3~0.66	0.1~0.6	2.5~3.3	0.2~1.0	0.6~1.2
		镗刀块	0.13~0.25	1.0~4.0	0.1~0.2	1.0~4.0	0.3~0.5	1.0~4.0	
		精铰刀	0.16~0.30	2.0~6.6	0.16~0.3	0.5~3.0	0.5~0.8	2.0~5.0	0.1~0.4
	硬质合金	刀头	0.80~1.32	0.15~0.5	1.00~1.6	0.15~0.5	3.3~4.2	0.15~0.5	0.6~1.2
		镗刀块	0.30~0.66	1.0~4.0	0.13~0.3	1.0~4.0	0.5~0.8	1.0~4.0	
		精铰刀	0.50~0.80	2.5~5.0	—	—	0.8~1.6	2.0~5.0	0.1~0.4

注 ①镗杆悬伸时 v_c 取小值,以镗套支承时 v_c 取中间值。

②加工孔径较大时 a_p 取大值,孔径小且加工精度要求高时 a_p 取小值。

表 5-85 精密镗削加工的切削用量

被加工材料	刀具材料	v_c/(m/s)	f/(mm/r)	a_p/mm	表面粗糙度/μm
HT100	YG3X/立方氮化硼	1.33~2.66/2.66~3.33	0.04~0.08/0.04~0.06	0.1~0.3/0.06~0.3	*Ra* 3.2~6.3/*Ra* 3.2
HT150、HT200		1.66~2.66/5~5.83		0.1~0.3/0.1~0.3	*Ra* 3.2/*Ra* 1.6
HT200、HT250		2~2.66/8.33~9.16			*Ra* 1.6~3.2/*Ra* 1.6
KTH300-06、KTH380-08		1.33~2.33/5~5.83	0.03~0.06/0.03~0.06		*Ra* 3.2~6.3/*Ra* 3.2
KTZ450-05、KTZ600-03		2~2.66/8.33~9.16			*Ra* 3.2/*Ra* 1.6~3.2
高强度铸铁		2~2.66/8.33~9.16	0.04~0.08/0.04~0.06		*Ra* 1.6~3.2/*Ra* 1.6
优质碳素结构钢	YT30/立方氮化硼	1.66~3/9.16~10			*Ra* 1.6~3.2/*Ra* 0.8
合金结构钢		2~3/7.5~8.33			*Ra* 0.8~1.6/*Ra* 0.8
不锈钢、耐热合金钢		1.33~2/3.33~3.66	0.02~0.04/0.02~0.04	0.1~0.2/0.1~0.2	*Ra* 0.8~1.6/*Ra* 0.8
铸钢		1.66~2.66/3.33~3.83	0.02~0.06/0.02~0.06	0.1~0.3/0.1~0.3	*Ra* 1.6~3.2/*Ra* 1.0
调质结构钢(26~30 HRC)		2~3/5.83~6.66	0.04~0.06/0.04~0.06		*Ra* 0.8~3.2/*Ra* 0.8~1.6
淬火结构钢(40~45 HRC)		1.16~2.5/5~5.83	0.02~0.04/0.02~0.04	0.1~0.2/0.1~0.2	*Ra* 1.6/*Ra* 0.8~1.6

5.6.3 铣削加工的切削用量

1. 铣平面的切削用量

表 5-86 高速钢(W18Cr4V)套式面铣刀铣平面的切削用量

粗铣平面的进给量

机床功率	工艺系统的刚度	整体粗齿及镶刀铣刀,每齿进给量 f_z/(mm/z)	
		碳钢、合金钢、耐热钢	铸铁、铜合金
>10	上等/中等/下等	0.2~0.3/0.15~0.25/0.1~0.15	0.4~0.6/0.3~0.5/0.2~0.3
5~10	上等/中等/下等	0.12~0.2/0.08~0.15/0.06~0.1	0.3~0.5/0.2~0.4/0.15~0.25
≤5	中等/下等	0.04~0.06/0.04~0.06	0.15~0.3/0.1~0.2

精铣平面的进给量

表面粗糙度/μm	铣刀每转进给量 f_r/(mm/r)			
	45(轧制)、40Cr(轧制、正火)	35	45(调质)	10、20、20Cr
*Ra*10	1.20~2.7	1.4~3.1	2.6~5.6	1.8~3.9
*Ra*5	0.50~1.2	0.5~1.4	1.0~2.6	0.7~1.8
*Ra*2.5	0.24~0.5	0.3~0.5	0.4~1.0	0.3~1.7

铣削速度/(m/min)

结构碳钢 σ_b=0.735 GPa,加切削液							灰铸铁(195 HBS)			
T/min	*d*/*z*	侧吃刀量/mm	每齿进给量 f_z/(mm/z)	背吃刀量/mm 3	5	8	每齿进给量 f_z/(mm/z)	背吃刀量/mm 3	5	8
镶齿铣刀										
180	80/10	48	0.03	54.6	51.9	49.3	0.05	70.2	66.6	—
			0.05	48.4	45.8	44.0	0.08	57.6	54.9	—
			0.08	44.9	42.7	40.5	0.12	49.0	46.8	—
			0.12	40.5	38.3	36.5	0.20	40.0	38.3	—
180	125/14	75	0.03	55.4	52.8	51.0	0.05	71.1	67.5	64.8
			0.05	50.0	47.5	45.3	0.08	58.5	55.8	54.0
			0.08	46.6	44.0	42.0	0.12	50.4	47.7	45.9
			0.12	40.5	38.7	37.0	0.20	41.0	38.7	36.9
			0.20	33.4	31.2	30.4	0.30	34.6	32.9	—
180	160/16	96	0.05	49.0	46.6	44.9	0.05	72.0	68.4	65.3
			0.08	45.8	43.1	41.8	0.08	59.4	56.3	53.6
			0.12	40.9	39.6	37.4	0.12	50.4	48.2	45.9
			0.20	33.4	31.7	30.4	0.20	41.4	39.2	37.4
			0.30	28.6	26.8	—	0.30	35.1	33.3	31.5
240	200/20	120	0.05	47.5	45.8	43.6	0.08	56.7	54.0	51.8
			0.08	44.0	42.2	40.0	0.12	48.6	45.9	44.1
			0.12	39.2	37.6	36.0	0.20	39.6	37.4	35.6
			0.20	32.1	30.4	29.0	0.30	33.8	32.0	30.6
			0.30	27.5	26.0	—	0.40	29.7	28.4	27.0

续表

铣削速度/(m/min)										
结构碳钢 $\sigma_b=0.735$ GPa,加切削液							灰铸铁(195HBS)			
T/min	d/z	侧吃刀量/mm	f_z(mm/z)	背吃刀量/mm			f_z(mm/z)	背吃刀量/mm		
				3	5	8		3	5	8
整体铣刀										
120	40/12	24	0.03	54.6	51.9	—	0.03	83.7	80.0	—
			0.05	49.0	46.6	—	0.05	68.4	65.3	—
			0.08	44.9	42.7	—	0.08	56.7	53.6	—
180	68/10	38	0.03	52.8	50.2	48.4	0.05	68.4	65.3	62.1
			0.05	47.4	44.9	44.0	0.08	56.7	54.0	51.3
			0.08	44.0	41.8	40.0	0.12	48.6	45.9	43.7
			0.12	38.7	37.0	35.6	0.20	39.2	37.3	35.6
180	80/18	48	0.03	51.5	48.8	—	0.05	65.7	63.0	—
			0.05	46.2	44.4	—	0.08	54.9	52.2	—
			0.08	42.7	40.5	—	0.10	50.4	47.7	—
			0.12	36.0	34.0	—	0.15	42.8	40.5	—

注 ①背吃刀量、侧吃刀量小时,用大进给量,反之用小进给量。

②d 为铣刀直径,z 为铣刀齿数,T 为刀具耐用度,f_z为每齿进给量。

表 5-87 硬质合金圆柱铣刀粗铣的进给量

工艺系统的刚度	每齿进给量 f_z/(mm/z)	
	钢	铸 铁
上等	0.2～0.3	0.2～0.35
中等	0.15	0.08～0.12

表 5-88 高速钢立铣刀铣平面的切削用量

每齿进给量 f_z/(mm/z)														
铣刀直径/mm			16		20		25		32		40		50	
铣刀齿数			3	5	3	5	3	5	4	6	4	6	4	6
背吃刀量/mm	钢	≤3	0.05～0.07	0.03～0.06	0.06～0.09	0.04～0.08	0.08～0.12	0.05～0.1	0.1～0.14	0.06～0.12	0.12～0.16	0.08～0.15	0.15～0.2	0.12～0.18
		≤5	—	—	0.05～0.08	0.03～0.06	0.07～0.1	0.04～0.08	0.08～0.12	0.05～0.1	0.1～0.14	0.07～0.12	0.12～0.16	0.08～0.12
		≤8	—	—	—	—	—	—	—	—	0.08～0.12	0.05～0.08	0.1～0.14	0.06～0.1
	铸铁	≤3	0.1～0.14	0.07～0.12	0.12～0.2	0.08～0.15	0.12～0.2	0.1～0.16	0.2～0.3	0.12～0.22	0.24～0.3	0.16～0.25	0.24～0.4	0.16～0.3
		≤5	—	—	0.1～0.13	0.06～0.1	0.1～0.15	0.08～0.12	0.14～0.2	0.1～0.15	0.16～0.24	0.12～0.18	0.18～0.3	0.12～0.2
		≤8	—	—	—	—	—	—	—	—	0.1～0.15	0.08～0.12	0.12～0.2	0.08～0.15

续表

铣削速度/(m/min)										
结构碳钢 σ_b=0.735 GPa,加切削液							灰铸铁(195 HBS)			
T/min	d/z	侧吃刀量/mm	f_z/(mm/z)	背吃刀量/mm			f_z/(mm/z)	背吃刀量/mm		
				3	5	8		3	5	8
60	20/5	40	0.03	91	71	—	0.05	42	33	—
			0.04	79	61	—	0.08	39	30	—
			0.06	65	50	—	0.12	35	27	—
			0.08	56	—	—	0.18	33	—	—
90	32/6	40	0.06	68	53	—	0.08	46	35	—
			0.08	59	46	—	0.12	42	33	—
			0.10	53	41	—	0.18	39	30	—
			0.12	48	—	—	0.25	36	—	—
120	50/6	40	0.06	—	59	46	0.08	—	45	35
			0.08	66	51	40	0.12	54	42	33
			0.10	59	46	36	0.18	49	38	30
			0.12	53	41	31	0.25	47	36	—
			0.15	48	—	—	0.40	42	—	—
			0.20	42	—	—	—	—	—	—

注 ①采用表内切削用量能得到的表面粗糙度为 Ra 5 μm。

②d 为铣刀直径,z 为铣刀齿数,T 为刀具耐用度,f_z为每齿进给量。

2. 铣槽的切削用量

表 5-89 高速钢立铣刀铣槽的切削用量

每齿进给量 f_z/(mm/z)								
铣刀直径/mm			8	10	16		20	
铣刀齿数			5	5	3	5	3	5
槽深/mm	钢	5	0.010~0.020	0.015~0.025	0.035~0.05	0.024~0.400	—	—
		10	0.008~0.015	0.012~0.020	0.030~0.04	0.015~0.025	0.050~0.08	0.040~0.06
		15	—	0.01~0.0150	0.020~0.03	0.012~0.020	0.040~0.06	0.030~0.05
		20	—	—	—	—	0.025~0.05	0.020~0.04
	铸铁	5	0.015~0.025	0.03~0.050	0.070~0.10	0.050~0.080	0.080~0.12	0.060~0.12
		10	0.012~0.020	0.015~0.03	0.050~0.08	0.040~0.070	0.070~0.12	0.060~0.10
		15	—	0.012~0.02	0.040~0.07	0.025~0.050	0.060~0.10	0.050~0.08
		20	—	—	—	—	0.040~0.07	0.035~0.05

铣削速度/(m/min)													
结构碳钢 σ_b=0.735 GPa,加切削液								灰铸铁(195 HBS)					
T/min	d/z	槽宽/mm	f_z/(mm/z)	槽深/mm				f_z/(mm/z)	槽深/mm				
				5	10	15	20		5	10	15	20
45	8/5	8	0.006	—	111	—	—	0.01	38	30	—	—
			0.008	97	90	—	—	0.02	33	26	—	—
			0.010	87	81	—	—	0.03	30	25	—	—
			0.020	61	57	—	—					
	10/5	10	0.008	—	90	85	—	0.01	—	32	28	—
			0.010	86	80	76	—	0.02	35	28	25	—
			0.020	61	56	54	—	0.03	31	26	—	—
			0.030	49	—	—	—	0.05	29	—	—	—

续表

铣削速度/(m/min)												
		结构碳钢 σ_b=0.735 GPa,加切削液						灰铸铁(195 HBS)				
T/min	d/z	槽宽/mm	f_z/(mm/z)	槽深/mm				f_z/(mm/z)	槽深/mm			
				5	10	15	20		5	10	15	20
60	16/5	16	0.01	76	71	68	—	0.02	—	28	25	—
			0.02	53	50	48	—	0.03	32	26	23	—
			0.03	44	41	—	—	0.05	29	23	21	—
			0.04	38	—	—	—	0.08	26	21	19	—
	20/5	20	0.02	—	—	47	46	0.03	33	27	24	22
			0.03	—	40	39	38	0.05	30	25	21	20
			0.04	—	35	34	32	0.08	27	22	20	—
			0.06	—	28	27	—	0.12	25	21	18	—

注 ①采用表内切削用量能得到的表面粗糙度为 Ra 5 μm。

②d 为铣刀直径,z 为铣刀齿数,T 为刀具耐用度,f_z为每齿进给量。

表 5-90 高速钢切断铣刀切断加工的切削用量

每齿进给量 f_z/(mm/z)											
工件材料		钢					铸铁、铜合金				
铣刀直径/mm		60		75			60		75		
铣刀厚度/mm		1	2	1	2	3	1	2	1	2	3
切削深度/mm	≤6	0.015~0.020	0.015~0.025	0.015~0.02	0.015~0.025	0.02~0.03	0.02~0.03	0.02~0.03	0.02~0.03	0.02~0.03	0.03~0.04
	60~10	0.01~0.02	0.01~0.02	0.01~0.02	0.01~0.02	0.015~0.025	0.01~0.02	0.015~0.025	0.01~0.02	0.015~0.025	0.015~0.03
	10~15	—	—	—	0.01~0.02	0.01~0.02	—	—	—	0.015~0.025	0.015~0.025

切断速度/(m/min)												
		结构碳钢 σ_b=0.735 GPa,加切削液						灰铸铁(195 HBS)				
T/min	d/z	铣刀厚度/mm	f_z/(mm/z)	切削深度/mm				f_z/(mm/z)	切削深度/mm			
				6	10	15	20		6	10	15	20
90	60/36	1	0.010	60	52	—	—	0.010	—	—	58	46
			0.015	57	48	—	—	0.015	—	—	50	39
			0.020	53	46	—	—	0.020	—	—	44	35
120	110/50	2	0.015	40	35	31	28	0.015	44	34	29	24
			0.020	39	33	29	27	0.020	40	31	25	22
			0.030	35	31	27	25	0.030	34	26	22	18
								0.040	30	23	19	17
	110/40	3	0.015	49	43	38	35	0.020	37	29	23	20
			0.020	47	41	36	33	0.030	32	24	20	18
			0.030	43	37	33	30	0.040	29	22	18	16
180	150/54	4	0.015	—	—	34	31	0.015	—	—	25	21
			0.020	—	—	33	30	0.020	—	—	22	19
			0.030	—	—	30	27	0.030	—	—	19	16
								0.040	—	—	17	14

注 表内参数含义同表 5-88。

表 5-91 高速钢键槽铣刀铣槽的切削用量

铣刀直径 d/mm	在摆动进给的键槽铣床上铣削						一次行程铣键槽	
	每一行程的背吃刀量/mm						每分钟进给量 f_m/(mm/min)	
	0.1		0.2		0.3			
	v/(m/min)	f_m/(mm/min)	v/(m/min)	f_m/(mm/min)	v/(m/min)	f_m/(mm/min)	垂直切入	纵向切入
6	28	580	22	475	20	410	14	47
8	30	510	24	420	21	370	11	40
12	31	490	25	395	22	350	10	31
16	33	450	26	360	23	315	9	26
20	34	420	27	340	24	300	8	24
24	35	380	28	305	25	270	7	21

注 本表适用于加工 σ_b=0.735 GPa 的碳素结构钢。

表 5-92 硬质合金三面刃圆盘铣刀铣槽的切削用量

每齿进给量 f_z/(mm/z)					
钢 σ_b/GPa	背吃刀量/mm	机床动力(铣头)/kW			
		5～10		>10	
		工艺系统刚度			
		上等	中等	上等	中等
≤0.882	≤30	0.10～0.12	0.08～0.10	0.12～0.15	0.10～0.12
	>30	0.08～0.10	0.06～0.08	0.10～0.12	0.08～0.10
>0.882	≤30	0.06～0.08	0.05～0.06	0.08～0.10	0.06～0.08
	>30	0.05～0.06	0.04～0.05	0.06～0.08	0.05～0.06

(YT15 刀具)切削速度/(m/min)							
T/min	d/z	槽宽/mm	每齿进给量 f_z/(mm/z)	切削深度(或槽深)/mm			
				12	20	30	50
240	200/12	20	0.03	382	327	291	250
			0.06	318	273	241	204
			0.09	268	232	204	175
			0.12	241	200	182	156
			0.15	223	191	170	145

注 表内参数含义同表 5-89。

5.6.4 磨削加工的切削用量

表 5-93 纵向进给外圆磨的切削用量

工件回转的圆周速度 v_w/(m/min)							
磨削工件直径/mm	20	30	50	80	120	200	300
粗磨	10～20	11～12	12～24	12～26	14～28	15～30	17～34
精磨非淬火钢及铸铁	15～30	18～35	20～40	25～50	30～60	35～70	40～80
精磨淬火钢及耐热钢	20～30	22～35	25～40	30～50	35～60	40～70	50～80

续表

纵向进给量 f_a/mm		
粗　磨	精　磨	
$(0.5\sim0.8)b_s$	$(0.2\sim0.4)b_s$，Ra 0.4～0.2 μm	$(0.4\sim0.6)b_s$，Ra 0.8 μm

横向进给量

	磨削直径 d_w/mm	工件圆周速度 v_w/(m/min)	工件每转的纵向进给量 f_a(以砂轮宽度计)/(mm/r)			
			0.5	0.6	0.7	0.8
			工作台单行程的纵向进给量 f_t/(μm/单行程)			
粗磨	20	10	21.6	18	15.4	13.6
		15	14.4	12	10.3	9.0
		20	10.8	9	7.7	6.8
	30	11	22.2	18.5	15.8	13.9
		16	15.2	12.7	10.9	9.6
		22	11.1	9.2	7.9	7.0
	50	12	23.7	19.7	16.9	14.8
		18	15.7	13.2	11.3	9.9
		24	11.8	9.8	8.4	7.4
	80	13	24.2	20.1	17.2	15.1
		19	16.5	13.8	11.8	10.3
		26	12.6	10.1	8.6	7.6
	120	14	26.4	22.0	18.9	6.5
		21	17.6	14.7	12.6	11.0
		28	13.2	11.0	9.5	8.3
	200	15	28.7	23.9	20.5	18.0
		22	19.6	16.4	14.0	12.2
		30	14.4	12.0	10.3	9.0
	300	17	28.7	23.9	20.5	17.9
		25	19.5	16.2	13.9	12.1
		37	14.3	11.9	10.2	8.9

粗磨横向进给量的修正系数

刀具耐用度 T/min	与砂轮耐用度有关的修正系数 K_1				与工件材料有关的修正系数 K_2	
	砂轮直径 d_s				工件材料	系　数
	400	500	600	750		
6	1	0.8	0.62	0.5	耐热钢	0.68
9					淬火钢	0.95
16					非淬火钢	1.00
24					铸铁	1.05

续表

	磨削直径 d_w/mm	工件圆周速度 v_w/(m/min)	工件每转的纵向进给量 f_a/(mm/r)								
			10	12.5	16	20	25	32	40	50	63
			工作台单行程的横向进给量 f_t/(μm/单行程)								
精磨	20	16	11.3	9.0	7.0	5.6	4.5	3.5	2.8	2.2	1.8
		20	9.0	7.2	5.6	4.5	3.6	2.8	2.2	1.8	1.4
		25	7.2	5.8	4.5	3.6	2.9	2.2	1.8	1.4	1.1
		32	5.6	4.5	3.5	2.8	2.3	1.8	1.4	1.1	0.9
	30	20	10.9	8.8	6.9	5.5	4.4	3.4	2.7	2.2	1.7
		25	8.7	7.0	5.5	5.4	3.5	2.7	2.2	1.8	1.4
		32	6.8	5.4	4.3	3.4	2.7	2.1	1.7	1.4	1.1
		40	6.4	4.3	3.4	2.7	2.2	1.7	1.4	1.1	0.9
	50	23	12.3	9.9	7.7	6.2	4.9	3.9	3.1	2.5	2.0
		29	9.8	7.9	6.1	4.9	3.9	3.1	2.5	2.0	1.6
		36	7.9	6.4	4.9	4.0	3.2	2.5	2.0	1.6	1.3
		45	6.3	5.1	3.9	3.2	2.5	2.0	1.6	1.3	1.0
	80	25	14.3	11.5	9.0	7.2	5.8	4.5	3.6	2.9	2.3
		32	11.2	9.0	7.1	5.6	4.5	3.5	2.8	2.3	1.8
		40	9.0	7.2	5.7	4.5	3.6	2.8	2.2	1.8	1.4
		50	7.2	5.8	4.6	3.6	2.9	2.2	1.8	1.4	1.1
	120	30	14.6	11.7	9.2	7.4	5.9	4.6	3.7	2.9	2.3
		38	11.5	9.3	7.3	5.8	4.6	3.6	2.9	2.3	1.8
		48	9.1	7.3	5.8	4.6	3.7	2.9	2.3	1.9	1.5
		60	7.3	5.9	4.7	3.7	3.0	2.3	1.8	1.5	1.2
	200	35	16.2	12.0	10.1	8.1	6.5	5.1	4.1	3.2	2.6
		44	12.9	10.2	8.0	6.5	5.2	4.0	3.2	2.6	2.1
		65	10.3	8.1	6.4	5.2	4.2	3.2	2.6	2.1	1.7
		70	8.0	6.4	5.0	4.1	3.3	2.5	2.0	1.6	1.3
	300	45	17.4	13.9	10.9	8.7	7.0	5.4	4.4	3.5	2.8
		50	13.9	11.1	8.7	7.0	5.6	4.3	3.5	2.8	2.2
		63	11.0	8.8	6.9	5.6	4.4	3.4	2.8	2.2	1.8
		70	9.9	7.9	6.2	5.0	3.9	3.1	2.5	2.0	1.6

粗磨横向进给量的修正系数

与加工精度和余量有关的修正系数 K_1							与工件材料和砂轮直径有关的修正系数 K_2					
精度等级	直径余量/mm						工件材料	砂轮直径 d_s/mm				
	0.11～0.15	0.2	0.3	0.5	0.7	1.0		400	500	600	750	900
IT5	0.4	0.5	0.63	0.9	1.0	1.12	耐热钢	0.55	0.60	0.71	0.80	0.85
IT6	0.5	0.63	0.8	1.0	1.2	1.40	淬火钢	0.80	0.90	1.00	1.10	1.20
IT7	0.63	0.8	1.0	1.25	1.5	1.75	非淬火钢	0.95	1.10	1.20	1.30	1.45
IT8	0.8	1.0	1.25	1.6	1.9	2.25	铸铁	1.30	1.45	1.60	1.75	1.90

注 ①b_s为砂轮宽度。

②磨铸铁时，工件回转的圆周速度在建议的范围内取上限。

③选择IT9级加工精度的切削用量时，应按粗磨用量校核，如按精磨选择的用量比粗磨用量高，则按粗磨用量选用。

表 5-94 内圆磨的切削用量

工件回转的圆周速度/(m/min)										
磨削工件直径/mm	10	15	20	30	50	80	120	200	300	400
粗磨	10～20	10～20	10～20	12～24	15～30	18～36	20～40	23～46	28～56	35～70
精磨非淬火钢及铸铁	10～18	12～20	16～32	20～40	25～50	30～60	35～70	40～80	45～90	55～110
精磨淬火钢及耐热钢	10～16	12～20	20～32	25～40	30～50	40～60	45～70	50～80	55～90	65～110
砂轮速度的选择 v_c/(m/s)										
砂轮直径/mm	<8	9～12	13～18	19～22	23～25	26～30	31～33	34～41	42～49	>50
磨钢、铸铁时	10	14	18	20	21	23	24	26	27	30

纵向进给量 f_a/mm		
粗　磨	精　磨	
$(0.5\sim0.8)b_s$	$(0.5\sim0.9)b_s$， Ra 0.8～1.6 μm	$(0.25\sim0.5)b_s$， Ra 0.4 μm

横向进给量

	磨削直径 d_w/mm	工件圆周速度 v_w/(m/min)	工件每转的纵向进给量 f_a/(mm/r)			
			0.5	0.6	0.7	0.8
			工作台一次往复行程的横向进给量 f_{ts}/(μm/往复行程)			
粗磨	20	10	8.0	6.7	5.7	5.0
		15	5.3	4.4	3.8	3.3
		20	4.0	3.3	2.9	2.6
	25	10	10.0	8.3	7.2	6.3
		15	6.6	5.5	4.7	4.1
		20	5.0	4.2	3.6	3.1
	30	11	10.9	9.1	7.8	6.8
		16	7.5	6.25	5.35	4.7
		20	6.0	5	4.3	3.8
	35	12	11.6	9.7	8.3	7.2
		18	7.8	6.5	5.6	4.9
		24	5.9	4.9	4.2	3.7
	40	13	12.3	10.3	8.8	7.7
		20	8.0	6.7	5.7	5.0
		26	6.2	5.1	4.4	3.8
	50	14	14.3	11.9	10.2	8.9
		21	9.6	7.95	6.8	6.0
		29	6.9	5.75	4.9	4.3
	80	17	18.8	15.7	13.4	11.7
		25	12.8	10.7	9.2	8.0
		33	9.7	8.1	6.9	6.1
	120	20	24.0	20.0	17.2	15.0
		30	16.0	13.3	11.4	10.0
		40	12.0	10.0	8.5	7.5
	150	22	27.3	22.7	19.5	17.0
		33	18.2	15.2	13.0	11.0
		44	13.8	11.3	9.8	8.5

续表

横向进给量

	磨削直径 d_w/mm	工件圆周速度 v_w/(m/min)	工件每转的纵向进给量 f_a/(mm/r)			
			0.5	0.6	0.7	0.8
			工作台一次往复行程的横向进给量 f_{ts}/(μm/往复行程)			
粗磨	180	25	28.8	24	20.6	17.9
		37	19.4	16.2	13.9	12.1
		49	14.7	12.3	10.5	9.2
	200	26	30.8	25.7	22.0	19.2
		38	21.1	17.5	15.1	13.2
		52	15.4	12.8	11.0	9.6
	250	27	37.0	30.8	26.4	23.1
		40	25.0	20.8	17.8	15.6
		54	18.5	15.4	13.2	11.5
	300	30	40.0	33.3	28.6	25.0
		42	28.6	23.8	20.4	17.8
		55	21.8	18.2	15.6	13.6
	400	33	48.5	40.4	34.5	30.2
		44	36.4	30.3	26.0	22.7
		56	28.6	23.8	20.4	17.9

粗磨横向进给量的修正系数

与砂轮耐用度 T 有关的修正系数 K_1

T/min	≤1.6	2.5	4	6	10
K_1	1.25	1	0.8	0.62	0.5

与砂轮直径 d_s 和工件直径 d_w 有关的修正系数 K_2

d_s/d_w	<0.4	0.4～0.7	>0.7
K_2	0.63	0.8	1

与工件材料和砂轮速度有关的修正系数 K_3

圆周速度/(m/s)	耐热钢	淬火钢	非淬火钢	铸铁
18～22.5	0.68	0.76	0.80	0.83
22.5～28	0.76	0.85	0.90	0.94
25～35	0.85	0.95	1.00	1.05

	磨削直径 d_w/mm	工件圆周速度 v_w/(m/min)	工件每转的纵向进给量 f_a/(mm/r)							
			10	12.5	16	20	25	32	40	50
			工作台单行程的横向进给量 f_t/(μm/单行程)							
精磨	10	10	3.86	3.08	2.41	1.93	1.54	1.21	0.965	0.775
		13	2.96	2.38	1.86	1.48	1.19	0.93	0.745	0.595
		16	2.41	1.96	1.50	1.21	0.965	0.755	0.605	0.482
	12	10	4.65	3.73	2.92	2.33	1.86	1.46	1.16	0.935
		11	3.6	2.94	2.29	1.83	1.47	1.14	0.915	0.735
		14	2.86	2.29	1.79	1.43	1.14	0.895	0.715	0.572
	16	13	6.22	4.97	3.89	3.11	2.49	2.04	1.55	1.24
		19	4.25	3.40	2.65	2.12	1.70	1.33	1.06	0.85
		26	3.10	2.48	1.95	1.55	1.24	0.97	0.775	0.62

续表

	磨削直径 d_w/mm	工件圆周速度 v_w/(m/min)	工件每转的纵向进给量 f_a/(mm/r)							
			10	12.5	16	20	25	32	40	50
			工作台单行程的横向进给量 f_t/(μm/单行程)							
精磨	20	16	6.2	4.9	3.8	3.10	2.50	1.93	1.54	1.23
		24	4.1	3.3	2.6	2.05	1.65	1.29	1.02	0.83
		32	3.1	2.5	1.93	1.55	1.23	0.97	0.77	0.62
	25	18	6.7	5.4	4.2	3.4	2.7	2.1	1.68	1.35
		27	4.5	3.6	2.8	2.2	1.79	1.4	1.13	0.90
		36	3.4	2.7	2.1	1.68	1.34	1.05	0.84	0.67
	30	20	7.1	5.7	4.4	3.5	2.8	2.2	1.78	1.42
		30	4.7	3.8	3.0	2.4	1.9	1.48	1.18	0.95
		40	3.6	2.8	2.2	1.78	1.42	1.11	0.89	0.71
	35	22	7.5	6.0	4.7	3.7	3.0	2.30	1.86	1.49
		33	5.0	4.0	3.1	2.5	2.0	1.55	1.24	1.00
		45	3.7	2.9	2.3	1.82	1.46	1.14	0.91	0.73
	40	23	6.1	5.5	5.1	4.1	3.2	2.50	2.00	1.62
		35	5.3	4.2	3.3	2.7	2.1	1.95	1.32	1.06
		47	3.9	3.2	2.5	1.96	1.58	1.23	0.99	0.79
	50	25	9.0	7.2	5.7	4.5	3.6	2.8	2.30	1.81
		37	6.1	4.9	3.8	3.0	2.4	1.9	1.53	1.22
		60	4.5	3.6	2.8	2.3	1.81	1.41	1.13	0.91
	60	27	9.0	7.9	6.2	4.9	3.9	3.1	2.5	1.96
		41	6.5	5.2	4.1	3.2	2.6	2.0	1.83	1.30
		65	4.8	3.9	3.0	2.4	1.93	1.52	1.21	0.97
	80	30	11.2	8.9	7.0	5.6	4.5	3.5	2.8	2.20
		45	7.7	6.1	4.8	3.8	3.0	2.4	1.9	1.53
		60	5.8	4.6	3.5	2.9	2.3	1.8	1.43	1.15
	120	35	14.1	11.3	8.8	7.1	5.7	4.4	3.5	2.8
		52	9.5	7.6	5.9	4.8	3.8	3.0	2.4	1.9
		70	7.1	5.7	4.4	3.5	2.8	2.2	1.76	1.41
	150	37	16.4	13.1	10.2	8.2	6.5	5.1	4.1	3.3
		56	10.8	8.7	6.8	5.4	4.3	3.4	2.7	2.2
		75	8.1	6.4	5.1	4.1	3.2	2.5	2.0	1.61
	180	38	18.9	15.1	11.8	9.4	7.6	5.9	4.7	3.9
		58	12.4	9.9	7.8	6.2	5.0	3.9	3.1	2.5
		78	9.2	7.4	5.7	4.6	3.7	2.9	2.3	1.84

续表

	磨削直径 d_w/mm	工件圆周速度 v_w/(m/min)	工件每转的纵向进给量 f_a/(mm/r)							
			10	12.5	16	20	25	32	40	50
			工作台单行程的横向进给量 f_t/(μm/单行程)							
精磨	200	40	19.7	15.8	12.3	9.9	7.9	6.2	4.9	3.9
		60	13.1	10.5	8.2	6.6	5.2	4.1	3.3	2.6
		80	9.9	7.9	6.2	4.9	4.0	3.1	2.5	2.0
	250	42	23.0	18.4	14.4	11.5	9.2	7.2	5.7	4.6
		63	15.3	12.2	9.6	7.7	6.1	4.8	3.8	3.1
		85	11.3	9.1	7.1	5.7	4.5	3.6	2.8	2.3
	300	45	25.3	20.2	15.8	12.6	10.1	7.9	6.3	5.1
		67	16.9	13.5	10.6	8.5	6.8	5.3	4.2	3.4
		90	12.6	10.1	7.9	6.3	5.1	3.9	3.2	2.5
	400	55	26.6	21.3	16.6	13.3	10.7	8.3	6.7	5.3
		82	17.9	14.3	11.2	9.0	7.2	5.6	4.5	3.6
		110	13.3	10.6	8.3	6.7	5.3	4.2	3.3	2.7

精磨横向进给量的修正系数

与加工精度和余量有关的 K_1						与工件材料和表面形状有关的 K_2			与磨削长度和直径比有关的 K_3				
公差等级	直径余量/mm					工件材料	表面						
	0.2	0.3	0.4	0.5	0.8		无圆角	有圆角					
IT5	0.50	0.69	0.80	1.00	1.25	耐热钢	0.7	0.56	L_w/d_w	≤1.24	≤1.6	≤2.5	≤4
IT6	0.63	0.80	1.00	1.25	1.60	淬火钢	1.0	0.75					
IT7	0.80	1.00	1.25	1.60	2.00	非淬火钢	1.2	0.90	K_3	1.0	0.87	0.76	0.67
IT8	1.00	1.26	1.60	2.00	2.50	铸铁	1.6	1.20					

注 ①d_s为砂轮宽度。

②精磨的横向进给量不应大于粗磨横进给量。

③工作台每一行程的横向进给量,应通过将 f_{ts}除以 2 得到。

表 5-95　平面磨削砂轮速度的选择　(m/s)

磨削形式	工件材料	粗 磨	精 磨	磨削形式	工件材料	粗磨	精磨
圆周磨削	灰铸铁	20～22	22～25	端面磨削	灰铸铁	15～18	18～20
	钢	22～25	25～30		钢	18～20	20～25

表 5-96　用砂轮端面磨平面的切削用量

折合的磨削宽度/mm	圆台平面磨床工作台的磨削深度进给量 f/(mm/r)													
	工件的运动速度 v/(m/min)													
	粗 磨 平 面							精 磨 平 面						
	10	12	15	20	25	30	40	10	15	20	25	30	40
20	0.065	0.054	0.044	0.033	0.026	0.022	0.016	0.024	0.016	0.012	0.0097	0.0081	0.0061
30	0.048	0.040	0.032	0.024	0.019	0.016	0.012	0.020	0.013	0.010	0.0078	0.0065	0.0049
50	0.033	0.027	0.022	0.016	0.013	0.011	0.0083	0.015	0.010	0.0076	0.0061	0.0051	0.0038
80	0.023	0.019	0.015	0.012	0.0093	0.0078	0.0058	0.012	0.0081	0.0061	0.0048	0.0040	0.0030
120	0.017	0.014	0.011	0.0086	0.0068	0.0057	0.0043	0.010	0.0065	0.0049	0.0039	0.0032	0.0024
200	0.012	0.0097	0.0077	0.0046	0.0046	0.0039	0.0029	0.0077	0.0052	0.0039	0.0030	0.0025	0.0019
300	0.0086	0.0071	0.0057	0.0034	0.0034	0.0028	0.0021	0.0062	0.0042	0.0030	0.0024	0.0020	0.0015

注 ①粗磨非淬火钢及铸铁时,v 取 10～20 m/min;粗磨淬火钢及铸铁时,v 取 25～40 m/min。

②精磨非淬火钢及铸铁时,v 取 10～25 m/min;精磨淬火钢及铸铁时,v 取 15～40 m/min。

③精磨进给量不应超过粗磨进给量。

5.6.5 攻螺纹的切削用量

表 5-97 攻螺纹的切削用量

螺纹直径/mm	螺距/mm	丝锥类型及材料				
		高速钢螺母丝锥 W18Cr4V		高速钢机动丝锥 W18Cr4V		
		碳钢(σ_b=0.49～0.784 GPa)	碳钢、镍铬钢(σ_b=0.735 GPa)	碳钢(σ_b=0.49～0.784 GPa)	碳钢、镍铬钢(σ_b=0.735 GPa)	灰铸铁(190 HBS)
		切削速度 v/(m/min)				
5	0.5 0.8	12.5	11.3	9.4 6.3	8.5 5.7	10.2 6.8
6	0.75 1.00	15.0	13.5	8.3 6.4	7.5 3.8	8.9 6.9
8	1.00 1.25	20.0	18.0	9.0 7.4	8.2 6.7	9.8 8.0
10	1.0 1.5	25.0	22.5	11.8 8.2	10.7 7.4	12.9 8.0
12	1.25 1.75	26.6 23.4	24.0 21.1	12.6 8.9	11.3 8.0	12.5 9.6
14	1.5 2.0	27.4 23.7	24.7 21.4	12.6 9.7	11.3 8.7	12.5 10.2
16	1.5 2.0	29.4 25.4	26.4 22.9	15.1 11.7	13.6 10.5	15.5 12.0
20	1.5 2.0 2.5	33.2 28.4 25.8	29.4 25.5 22.6	19.3 14.9 12.1	17.3 13.4 10.9	20.3 15.7 12.8
24	1.5 2.0 2.5	35.8 31.1 27.8	32.1 27.9 24.8	25.0 18.6 15.1	21.6 16.7 13.6	25.2 19.3 15.9

5.6.6 拉削加工的切削用量

表 5-98 拉削加工的切削用量

拉刀形式	拉削进给量(单面齿升量)/(mm/z)				
	钢 σ_b/GPa			铸铁	
	≤0.49	0.49～0.735	>0.735	灰铸铁	可锻灰铸铁
圆柱拉刀	0.01～0.02	0.015～0.08	0.01～0.025	0.03～0.08	0.05～0.10
三角形及渐开线花键拉刀	0.03～0.05	0.04～0.06	0.03～0.05	0.04～0.08	0.05～0.08
键槽拉刀	0.05～0.15	0.05～0.20	0.05～0.12	0.06～0.20	0.06～0.20
直角及平面拉刀	0.03～0.12	0.05～0.15	0.03～0.12	0.06～0.20	0.05～0.15
型面拉刀	0.02～0.05	0.03～0.06	0.02～0.05	0.03～0.08	0.05～0.10
正方形及六角形拉刀	0.015～0.08	0.02～0.150	0.015～0.12	0.03～0.14	0.05～0.15

续表

速度组	拉削速度/(m/min)						
	圆柱拉刀		花键拉刀		外表面及键槽拉刀		各种类型拉刀
	Ra 2.5 μm 或IT7级公差	Ra 5～10 μm 或IT9级公差	Ra 2.5 μm 或IT7级公差	Ra 5～10 μm 或IT9级公差	Ra 2.5 μm 或公差值 T=0.03～0.05 mm	Ra 5～10 μm 或公差值 T>0.05 mm	Ra 1.25 μm～0.63 μm
Ⅰ	6～4	8～5	5～4	8～5	7～4	10～5	4～2.5
Ⅱ	5～3.5	7～5	4.5～3.5	7～5	6～4	8～6	3～2
Ⅲ	4～3	6～4	3.5～3	6～4	5～3.5	7～5	2.5～2
Ⅳ	3～2.5	4～3	2.5～2	4	3.5～3	4	2

5.7 常用夹具标准元件*

5.7.1 夹紧元件

表 5-99 带肩六角螺母(摘自 JB/T 8004.1—1999) (mm)

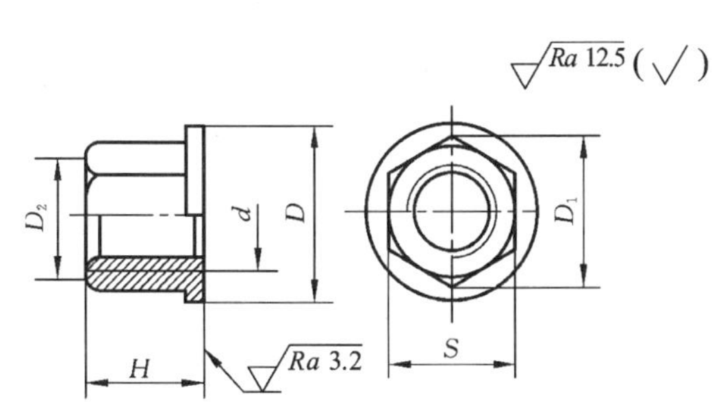

(1) 材料:45 钢,按 GB/T 699—2015 的规定。
(2) 热处理:35～40 HRC。
(3) 细牙螺母的支承面对螺纹轴心线的垂直度按 GB/T 1184—1996 中附录 B 表 B3 规定的 9 级公差。
(4) 其他技术条件按 JB/T 8004—1999 的规定。

标记示例:

d=M16×1.5 的带肩六角螺母标记为

螺母 M16×1.5 JB/T 8004.1—1999

本螺母可独立使用,不需要加平垫片,有较好的防松效果

d		D	H	S		D_1≈	D_2≈
普通螺纹	细牙螺纹			公称尺寸	极限偏差		
M5	—	10	8	8	0 −0.220	9.2	7.5
M6	—	12.5	10	10		11.5	9.5
M8	M8×1	17	12	13	0 −0.270	14.2	13.5
M10	M10×1	21	16	16		17.59	16.5
M12	M12×1.25	24	20	18	0 −0.330	19.85	17
M16	M16×1.5	30	25	24		27.7	23
M20	M20×1.5	37	32	30		34.6	29
M24	M24×1.5	44	38	36	0 −0.620	41.6	34
M30	M30×1.5	56	48	46		53.1	44
M36	M36×1.5	66	55	55	0 −0.740	63.5	53
M42	M42×1.5	78	65	65		75	62
M48	M48×1.5	92	75	75		86.5	72

* 本节插图引自标准文件,表面粗糙度注法已按 GB/T 131—2006 更新。

表 5-100　球面带肩螺母(摘自 JB/T 8004.2—1999)　　(mm)

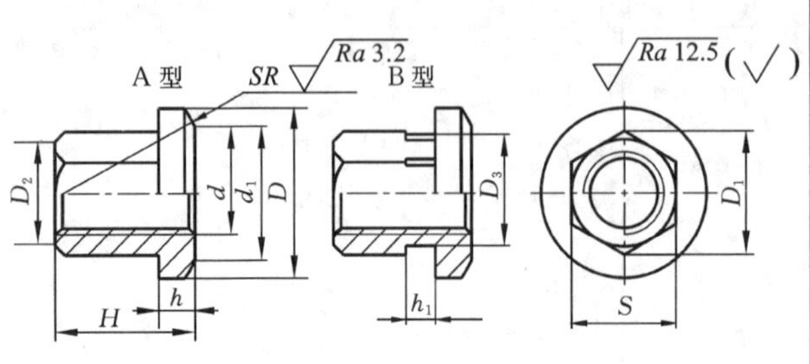

(1) 材料:45 钢,按 GB/T 699—2015 的规定。
(2) 热处理:35～40 HRC。
(3) 其他技术条件按 JB/T 8004—1999 的规定。

标记示例:

d=M16 的 A 型球面带肩螺母标记为

螺母　AM16　JB/T 8004.2—1999

与球面垫圈配套使用,夹紧压板,达到夹紧工件的目的

d	D	H	SR	S 公称尺寸	S 极限偏差	$D_1\approx$	$D_2\approx$	D_3	d_1	h	h_1
M6	12.5	10	10	10	0 −0.220	11.5	9.5	10	6.4	3	2.5
M8	17	12	12	13	0 −0.270	14.2	13.5	14	8.4	4	3
M10	21	16	16	16		17.59	16.5	18	10.5		3.5
M12	24	20	20	18		19.85	17	20	13	5	4
M16	30	25	25	24	0 −0.330	27.7	23	26	17	6	5
M20	37	32	32	30		34.6	29	32	21	6.6	
M24	44	38	36	36	0 −0.620	41.6	34	38	25	9.6	6
M30	56	48	40	46		53.1	44	48	31	9.8	7
M36	66	55	50	55	0 −0.740	63.5	53	58	37	12	8
M42	78	65	63	65		75	62	68	43	16	9
M48	92	75	70	75		86.5	72	78	50	20	10

表 5-101　菱形螺母(摘自 JB/T 8004.6—1999)　　(mm)

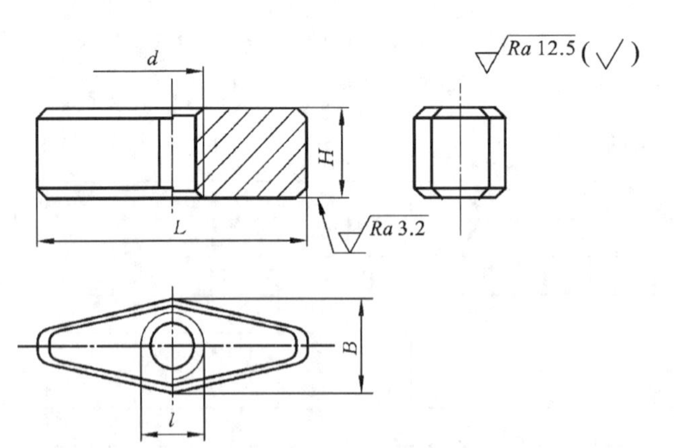

(1) 材料:45 钢,按 GB/T 699—2015 的规定。
(2) 热处理:35～40 HRC。
(3) 其他技术条件按 JB/T 8004—1999 的规定。

标记示例:

d=M16 的菱形螺母标记为

螺母　M16　JB/T 8004.6—1999

用于手动夹紧夹具上的某些可改变位置的零件,如铰链式钻模板

d	M4	M5	M6	M8	M10	M12	M16
L	20	25	30	35	40	50	60
B	7	8	10	12	14	16	22
H	8	10	12	16	20	22	25
l	4	5	6	8	10	12	16

表 5-102 固定手柄压紧螺钉(摘自 JB/T 8006.3—1999) (mm)

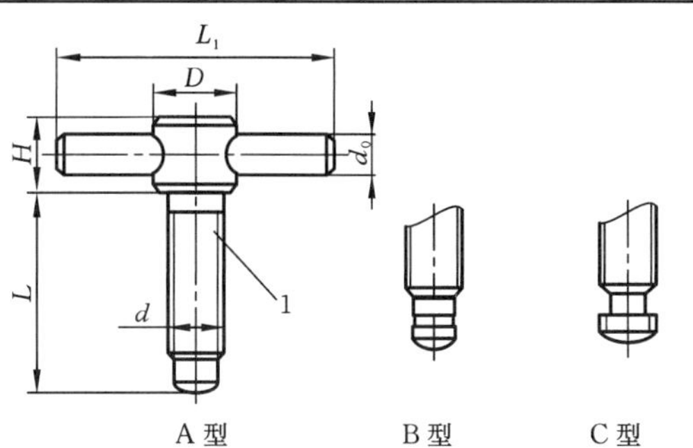

标记示例:

d=M10、L=70 mm 的 A 型固定手柄压紧螺钉标记为

螺钉 AM10×70 JB/T 8006.3—1999

与光面压块配套使用,加大夹紧面积,避免夹紧过程中损伤工件表面

<table>
<tr><th>d</th><th>d₀</th><th>D</th><th>H</th><th>L₁</th><th colspan="11">L</th></tr>
<tr><td>M6</td><td>5</td><td>12</td><td>10</td><td>50</td><td rowspan="2">30</td><td rowspan="2">35</td><td rowspan="3">40</td><td>—</td><td>—</td><td rowspan="2">—</td><td rowspan="2">—</td><td rowspan="2">—</td><td rowspan="3">—</td><td rowspan="4">—</td><td rowspan="4">—</td></tr>
<tr><td>M8</td><td>6</td><td>15</td><td>12</td><td>60</td><td rowspan="3">50</td><td rowspan="4">60</td></tr>
<tr><td>M10</td><td>8</td><td>18</td><td>14</td><td>80</td><td colspan="2">—</td><td rowspan="4">70</td><td rowspan="4">80</td><td rowspan="4">90</td></tr>
<tr><td>M12</td><td>10</td><td>20</td><td>16</td><td>100</td><td colspan="3">—</td><td rowspan="3">100</td></tr>
<tr><td>M16</td><td>12</td><td>24</td><td>20</td><td>120</td><td colspan="4">—</td><td rowspan="2">120</td><td rowspan="2">140</td></tr>
<tr><td>M20</td><td>16</td><td>30</td><td>25</td><td>160</td><td colspan="5">—</td></tr>
</table>

表 5-103 轴位螺钉(摘自 GB/T 830—1988) (mm)

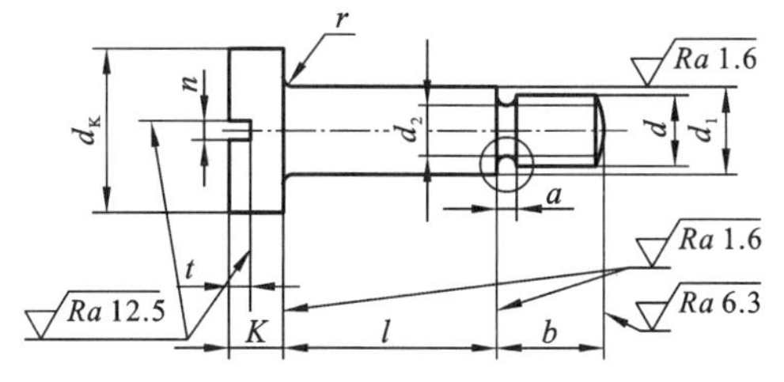

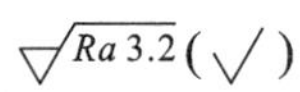

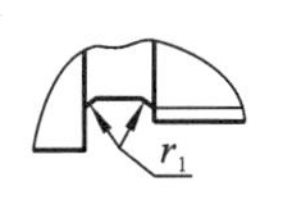

(1) 材料:45 钢,按 GB/T 699—2015 的规定。

(2) 热处理:33~38 HRC。

(3) 采用表面发蓝或其他防锈处理工艺。

(4) 螺钉按 7 级精度制造

<table>
<tr><td colspan="2">d</td><td>M2</td><td>M2.5</td><td>M3</td><td>M4</td><td>M5</td><td>M6</td><td>M8</td><td>M10</td></tr>
<tr><td rowspan="2">d₁</td><td>公称</td><td>3</td><td>3.5</td><td>4</td><td>5</td><td>6</td><td>8</td><td>10</td><td>12</td></tr>
<tr><td>偏差</td><td>−0.020
−0.080</td><td colspan="4">−0.030
−0.105</td><td colspan="2">−0.040
−0.130</td><td>−0.050
−0.160</td></tr>
<tr><td rowspan="2">d_K</td><td>公称</td><td>4</td><td>5</td><td>6</td><td>8</td><td>10</td><td>12</td><td>15</td><td>20</td></tr>
<tr><td>偏差</td><td colspan="3">0
−0.30</td><td colspan="2">0
−0.36</td><td colspan="2">0
−0.43</td><td>0
−0.52</td></tr>
<tr><td colspan="2">K</td><td>1.28~1.52</td><td>1.58~1.82</td><td>1.7~2.1</td><td>2.3~2.7</td><td>2.8~3.2</td><td>3.26~3.74</td><td>4.76~5.24</td><td>5.76~6.24</td></tr>
<tr><td colspan="2">n 公称</td><td>0.5</td><td>0.6</td><td>0.8</td><td>1.2</td><td>1.2</td><td>1.6</td><td>2</td><td>2.5</td></tr>
<tr><td colspan="2">t min</td><td>0.5</td><td>0.6</td><td>0.7</td><td>1</td><td>1.2</td><td>1.4</td><td>1.9</td><td>2.4</td></tr>
<tr><td colspan="2">r min</td><td colspan="3">0.1</td><td colspan="2">0.2</td><td>0.25</td><td colspan="2">0.4</td></tr>
<tr><td colspan="2">r₁ ≤</td><td colspan="3">0.3</td><td colspan="4">0.5</td><td>1</td></tr>
<tr><td colspan="2">d₂</td><td>1.4</td><td>1.8</td><td>2.2</td><td>3</td><td>3.8</td><td>4.5</td><td>6.2</td><td>7.8</td></tr>
<tr><td colspan="2">a ≈</td><td colspan="3">1</td><td colspan="2">1.5</td><td colspan="2">2</td><td>3</td></tr>
<tr><td colspan="2">b</td><td>3</td><td>3.</td><td>4</td><td>5</td><td>6</td><td>8</td><td>10</td><td>12</td></tr>
<tr><td colspan="2">l
(公称系列)</td><td colspan="8">1,1.2,1.6,2,2.5,3,4,5,6,8,10,12,(14),16,20</td></tr>
</table>

表 5-104　球面垫圈(摘自 GB/T 849—1988)　(mm)

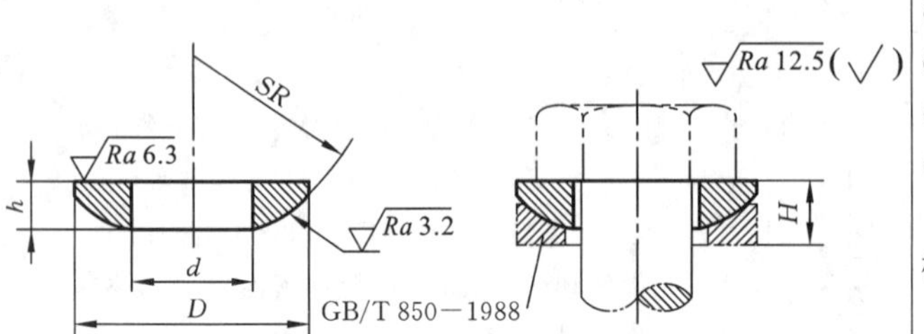

(1) 材料:45 钢,按 GB/T 699—2015 的规定。
(2) 热处理:40～48 HRC。
(3) 垫圈应进行表面氧化处理。
(4) 其他技术条件按 JB/T 8044—1999 的规定。

标记示例:

规格为 8 mm 的球面垫圈标记为

垫圈 8 GB/T 849—1988

规格(螺纹大径)	d		D		h		SR	H≈
	max	min	max	min	max	min		
8	8.6	8.40	17.00	16.57	4.00	3.70	12	5
10	10.74	10.50	21.00	20.48	4.00	3.70	16	6
12	13.24	13.00	24.00	23.48	5.00	4.70	20	7
16	17.24	17.00	30.00	29.48	6.00	5.70	25	8
20	21.28	21.00	37.00	35.38	6.60	6.24	32	10
24	25.28	25.00	44.00	43.38	9.60	9.24	36	13
30	31.34	31.00	56.00	55.26	9.80	9.44	40	16

表 5-105　锥面垫圈(摘自 GB/T 850—1988)　(mm)

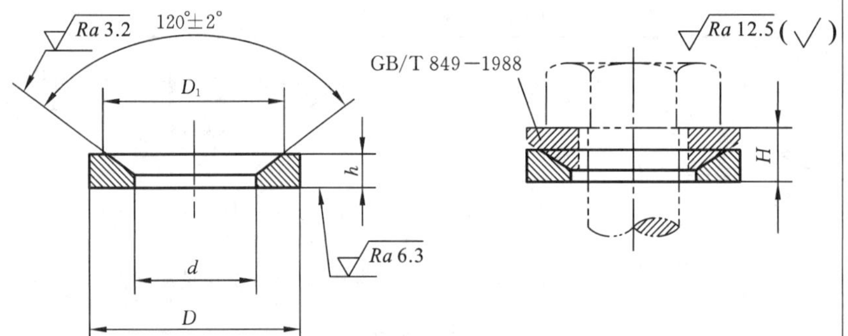

(1)材料:45 钢,按 GB/T 699—2015 的规定。
(2)热处理:40～48 HRC。
(3)垫圈应进行表面氧化处理。

标记示例:

公称直径为 8 mm 的锥面垫圈标记为

垫圈 8 GB/T 850—1988

规格(螺纹大径)	d		D		h		D_1	H≈
	max	min	max	min	max	min		
8	10.36	10	17	16.57	3.2	2.90	16	5
10	12.93	12.5	21	29.48	4	3.70	18	6
12	16.43	16	24	23.48	4.7	4.40	23.5	7
16	20.52	20	30	29.48	5.1	4.80	29	8
20	25.52	25	37	36.48	6.6	6.24	34	10
24	30.52	30	44	43.48	6.8	6.44	38.5	13
30	36.62	36	56	55.26	9.9	9.54	45.2	16

表 5-106　转动垫圈(摘自 JB/T 8008.4—1999)　(mm)

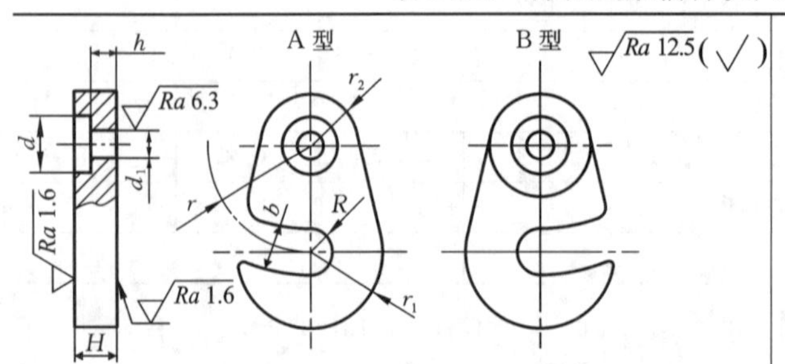

(1) 材料:45 钢,按 GB/T 699—2015 的规定。
(2) 热处理:35～40 HRC。
(3) 其他技术条件按 JB/T 8044—1999 的规定。

标记示例:

公称直径=8 mm,r=22 mm 的 A 型转动垫圈标记为

垫圈　A8×22　JB/T 8008.4—1999

续表

公称直径（螺钉直径）	r	r_1	H	d	d_1 公称尺寸	d_1 极限偏差	h 公称尺寸	h 极限偏差	b	r_2
5	15	11	6	9	5	+0.075 0	3	0 −0.100	7	7
	20	14								
6	18	13	7	11	6				8	8
	25	18								
8	22	16	8	14	8	+0.090 0	4		10	10
	30	22								
10	26	20	10	18	10				12	13
	35	26								
12	32	25							14	
	45	32								
16	38	28	12	22	12	+0.110 0	5		18	15
	50	36								
20	45	32	14				6		22	
	60	42								
24	50	38	16				8		26	
	70	50								
30	60	45	18	26	16				32	18
	80	58								
36	70	55	20				10		38	
	95	70								

表 5-107　光面压块(摘自 JB/T 8009.1—1999)　(mm)

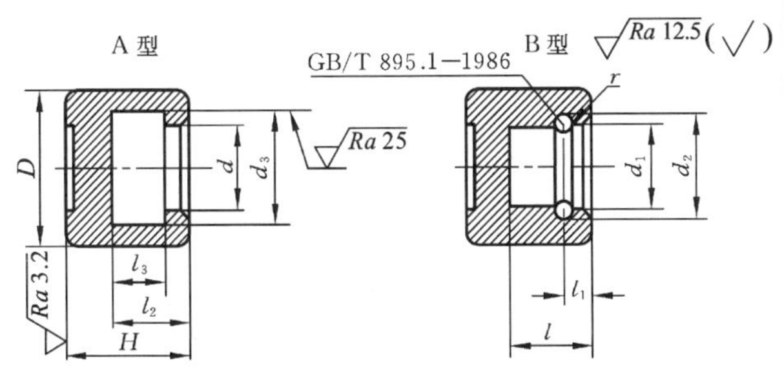

(1) 材料:45 钢,按 GB/T 699—2015 的规定。
(2) 热处理:35～40 HRC。
(3) 其他技术条件按 JB/T 8044—1999 的规定。

标记示例:

公称直径＝12 mm,r＝22 mm 的 A 型光面压块标记为

压块 A12 JB/T 8009.1—1999

公称直径（螺钉直径）	D	H	d	d_1	d_2 公称尺寸	d_2 极限偏差	d_3	l	l_1	l_2	l_3	r	挡圈 GB/T 895.1—1986
4	8	7	M4	—	—	—	4.5	—	—	4.5	2.5	—	—
5	10	9	M5				6			6	3.5		
6	12		M6	4.8	5.3	+0.100 0	7	6	2.4			0.4	5
8	16	12	M8	6.3	6.9		10	7.5	3.1	8	5		6
10	18	15	M10	7.4	7.9		12	8.5	3.5	9	6		7
12	20	18	M12	9.5	10		14	10.5	4.2	11.5	7.5		9
16	25	20	M16	12.5	13.1	+0.120 0	18	13	4.4	13	9	0.6	12
20	30	25	M20	16.5	17.5		22	16	5.4	15	10.5	1	16
24	36	28	M24	18.5	19.5	+0.280 0	26	18	6.4	17.5	12.5		18

表 5-108　移动压板(摘自 JB/T 8010.1—1999)　(mm)

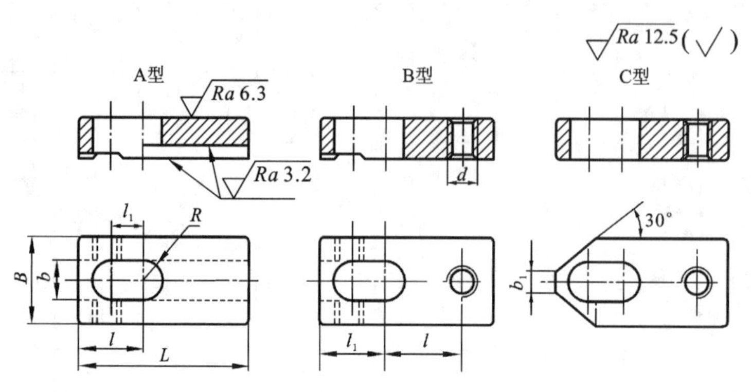

(1) 材料:45 钢,按 GB/T 699—2015 的规定。

(2) 热处理:35～40 HRC。

(3) 其他技术条件按 JB/T 8044—1999 的规定。

标记示例:

公称直径为 10 mm,$L=$70 mm 的A 型移动压板标记为

压板 A10×70 JB/T 8010.1—1999

<table>
<tr><th rowspan="2">公称直径
(螺钉直径)</th><th colspan="3">L</th><th rowspan="2">B</th><th rowspan="2">H</th><th rowspan="2">l</th><th rowspan="2">l1</th><th rowspan="2">b</th><th rowspan="2">b1</th><th rowspan="2">d</th></tr>
<tr><th>A 型</th><th>B 型</th><th>C 型</th></tr>
<tr><td rowspan="3">6</td><td>40</td><td>—</td><td>40</td><td>18</td><td>6</td><td>17</td><td>9</td><td rowspan="3">6.6</td><td rowspan="3">7</td><td rowspan="3">M6</td></tr>
<tr><td colspan="2">45</td><td>—</td><td>20</td><td>8</td><td>19</td><td>11</td></tr>
<tr><td colspan="3">50</td><td>22</td><td>12</td><td>22</td><td>14</td></tr>
<tr><td rowspan="3">8</td><td>45</td><td>—</td><td>—</td><td>20</td><td>8</td><td>18</td><td>8</td><td rowspan="3">9</td><td rowspan="3">9</td><td rowspan="3">M8</td></tr>
<tr><td colspan="3">50</td><td>22</td><td>10</td><td>22</td><td>12</td></tr>
<tr><td rowspan="2">60</td><td colspan="2">60</td><td rowspan="2">25</td><td>14</td><td rowspan="2">27</td><td>17</td></tr>
<tr><td rowspan="3">10</td><td>—</td><td>—</td><td>10</td><td>14</td><td rowspan="3">11</td><td rowspan="3">10</td><td rowspan="3">M10</td></tr>
<tr><td colspan="3">70</td><td>28</td><td>12</td><td>30</td><td>17</td></tr>
<tr><td colspan="3">80</td><td>20</td><td>16</td><td>36</td><td>23</td></tr>
<tr><td rowspan="4">12</td><td>70</td><td>—</td><td>—</td><td rowspan="2">32</td><td>14</td><td>30</td><td>15</td><td rowspan="4">14</td><td rowspan="4">12</td><td rowspan="4">M12</td></tr>
<tr><td colspan="3">80</td><td>16</td><td>35</td><td>20</td></tr>
<tr><td colspan="3">100</td><td rowspan="3">36</td><td>18</td><td>45</td><td>30</td></tr>
<tr><td colspan="3">120</td><td>22</td><td>55</td><td>43</td></tr>
<tr><td rowspan="4">16</td><td>80</td><td>—</td><td>—</td><td>18</td><td>35</td><td>15</td><td rowspan="4">18</td><td rowspan="4">16</td><td rowspan="4">M16</td></tr>
<tr><td colspan="3">100</td><td>40</td><td>22</td><td>44</td><td>24</td></tr>
<tr><td colspan="3">120</td><td rowspan="3">45</td><td>25</td><td>54</td><td>36</td></tr>
<tr><td colspan="3">160</td><td>30</td><td>74</td><td>54</td></tr>
<tr><td rowspan="4">20</td><td>100</td><td>—</td><td>—</td><td>22</td><td>42</td><td>18</td><td rowspan="4">22</td><td rowspan="4">20</td><td rowspan="4">M20</td></tr>
<tr><td colspan="3">120</td><td rowspan="2">50</td><td>25</td><td>52</td><td>30</td></tr>
<tr><td colspan="3">160</td><td>30</td><td>72</td><td>48</td></tr>
<tr><td colspan="3">200</td><td>55</td><td>35</td><td>92</td><td>68</td></tr>
<tr><td rowspan="4">24</td><td>120</td><td>—</td><td>—</td><td>50</td><td>28</td><td>52</td><td>22</td><td rowspan="4">26</td><td rowspan="4">24</td><td rowspan="4">M24</td></tr>
<tr><td colspan="3">160</td><td>55</td><td>30</td><td>70</td><td>40</td></tr>
<tr><td colspan="3">200</td><td rowspan="2">60</td><td>35</td><td>90</td><td>60</td></tr>
<tr><td colspan="3">250</td><td>40</td><td>115</td><td>85</td></tr>
<tr><td rowspan="3">30</td><td>160</td><td>—</td><td rowspan="3">—</td><td rowspan="3">65</td><td rowspan="2">35</td><td>70</td><td>35</td><td rowspan="3">33</td><td rowspan="3">—</td><td rowspan="3">M30</td></tr>
<tr><td colspan="2">200</td><td>90</td><td>55</td></tr>
<tr><td colspan="2">250</td><td>40</td><td>115</td><td>80</td></tr>
</table>

表 5-109　平压板(摘自 JB/T 8010.9—1999)　(mm)

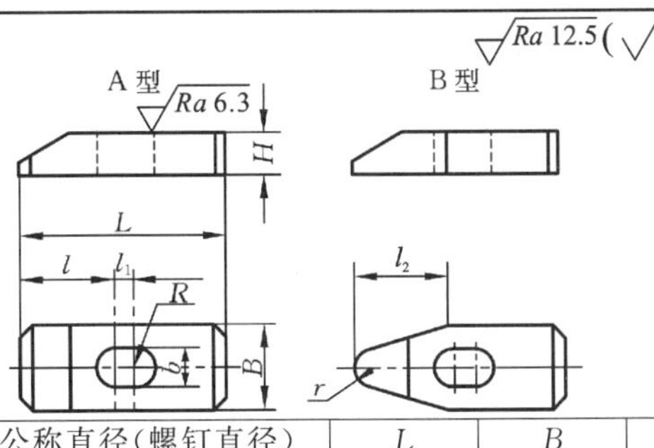

(1)材料:45 钢,按 GB/T 699—2015 的规定。

(2)热处理:35～40 HRC。

(3)其他技术条件按 JB/T 8044—1999 的规定。

标记示例:

公称直径为 20 mm,L=200 mm 的 A 型平压板标记为

压板　A20×200　JB/T 8010.9—1999

<table>
<tr><th>公称直径(螺钉直径)</th><th>L</th><th>B</th><th>H</th><th>b</th><th>l₁</th><th>l₂</th><th>l₃</th><th>r</th></tr>
<tr><td rowspan="2">6</td><td>40</td><td>18</td><td>8</td><td rowspan="2">7</td><td>18</td><td rowspan="8">7</td><td>16</td><td rowspan="2">4</td></tr>
<tr><td>50</td><td rowspan="2">22</td><td>12</td><td>23</td><td>21</td></tr>
<tr><td rowspan="2">8</td><td>45</td><td>10</td><td rowspan="2">10</td><td>21</td><td>19</td><td rowspan="2">5</td></tr>
<tr><td rowspan="2">60</td><td rowspan="2">25</td><td rowspan="2">12</td><td rowspan="2">28</td><td rowspan="2">26</td></tr>
<tr><td rowspan="2">10</td><td rowspan="2">12</td><td rowspan="2">6</td></tr>
<tr><td rowspan="2">80</td><td>30</td><td rowspan="2">16</td><td rowspan="2">38</td><td rowspan="2">35</td></tr>
<tr><td rowspan="2">12</td><td>32</td><td rowspan="2">15</td><td rowspan="2">8</td></tr>
<tr><td>100</td><td>40</td><td>20</td><td>48</td><td>45</td></tr>
<tr><td rowspan="2">16</td><td>120</td><td rowspan="2">50</td><td rowspan="2">25</td><td rowspan="2">19</td><td>52</td><td>15</td><td>55</td><td rowspan="2">10</td></tr>
<tr><td>160</td><td>70</td><td rowspan="3">20</td><td>60</td></tr>
<tr><td rowspan="2">20</td><td>200</td><td>60</td><td>28</td><td rowspan="2">24</td><td>90</td><td>75</td><td rowspan="2">12</td></tr>
<tr><td rowspan="3">250</td><td>70</td><td>32</td><td rowspan="2">100</td><td>85</td></tr>
<tr><td rowspan="2">24</td><td rowspan="2">80</td><td rowspan="2">35</td><td rowspan="2">28</td><td rowspan="2">30</td><td>100</td><td rowspan="2">16</td></tr>
<tr><td rowspan="2">130</td><td rowspan="2">110</td></tr>
<tr><td rowspan="2">30</td><td>320</td><td rowspan="4">100</td><td rowspan="2">40</td><td rowspan="2">35</td><td rowspan="2">40</td><td rowspan="4">20</td></tr>
<tr><td>360</td><td>150</td><td>130</td></tr>
<tr><td rowspan="2">36</td><td>320</td><td rowspan="2">45</td><td rowspan="2">42</td><td>130</td><td rowspan="2">50</td><td>110</td></tr>
<tr><td>360</td><td>150</td><td>130</td></tr>
</table>

表 5-110　铰链压板(摘自 JB/T 8010.14—1999)　(mm)

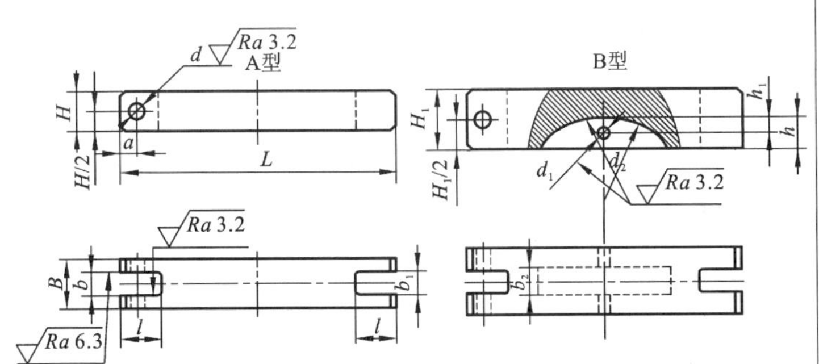

(1)材料:45 钢,按 GB/T 699—2015 的规定。

(2)热处理:A 型 T215,B 型 35～40 HRC。

(3)其他技术条件按 JB/T 8044—1999 的规定。

标记示例:

b=8 mm,L=100 mm 的 A 型铰链压板标记为

压板　A8×100　JB/T 8010.14—1999

<table>
<tr><th colspan="2">b</th><th rowspan="2">L</th><th rowspan="2">B</th><th rowspan="2">H</th><th rowspan="2">H₁</th><th rowspan="2">b₁</th><th rowspan="2">b₂</th><th colspan="2">d</th><th colspan="2">d₁</th><th rowspan="2">d₂</th><th rowspan="2">a</th><th rowspan="2">l</th><th rowspan="2">h</th><th rowspan="2">h₁</th></tr>
<tr><th>公称尺寸</th><th>极限偏差</th><th>公称尺寸</th><th>极限偏差</th><th>公称尺寸</th><th>极限偏差</th></tr>
<tr><td rowspan="2">6</td><td rowspan="2">+0.075
0</td><td>70</td><td rowspan="2">16</td><td rowspan="2">12</td><td rowspan="2">—</td><td rowspan="2">6</td><td rowspan="2">—</td><td rowspan="2">4</td><td rowspan="4">+0.012
0</td><td rowspan="2">—</td><td rowspan="4">+0.010
0</td><td rowspan="2">—</td><td rowspan="2">5</td><td rowspan="2">12</td><td rowspan="2">—</td><td rowspan="2">—</td></tr>
<tr><td>90</td></tr>
<tr><td rowspan="2">8</td><td rowspan="2">+0.090
0</td><td>100</td><td>18</td><td rowspan="2">15</td><td rowspan="2">20</td><td rowspan="2">8</td><td>10</td><td rowspan="2">5</td><td rowspan="2">3</td><td rowspan="2">63</td><td rowspan="2">6</td><td rowspan="2">15</td><td rowspan="2">10</td><td rowspan="2">6.2</td></tr>
<tr><td>120</td><td>24</td><td>14</td></tr>
</table>

续表

b		L	B	H	H_1	b_1	b_2	d		d_1		d_2	a	l	h	h_1
公称尺寸	极限偏差							公称尺寸	极限偏差	公称尺寸	极限偏差					
10	+0.090 0	120	24	18	20	10	10	6	+0.012 0	3	+0.010 0	63	7	18	10	6.2
	+0.110 0	140					14									
12			32	22	26	12	10	8	+0.015 0	4	+0.012 0	80	9	22	14	7.5
		160					14									
		180					18									
14				26	32	14	10	10		5		100	10	25	18	9.5
		200					14									
		220					18									
18			40	32	38	18	14	12	+0.018 0	6		125	14	32	22	10.5
		250					16									
	+0.130 0	280					20									
22		250	50	40	45	22	14	16		8	+0.015 0	160	18	40	26	12.5
		280					16									
		300					20									
26		320	60	45		26	16	20	+0.021 0			200	22	48		14.5
		360					20									

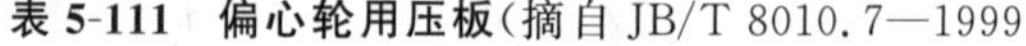
表 5-111 偏心轮用压板(摘自 JB/T 8010.7—1999) (mm)

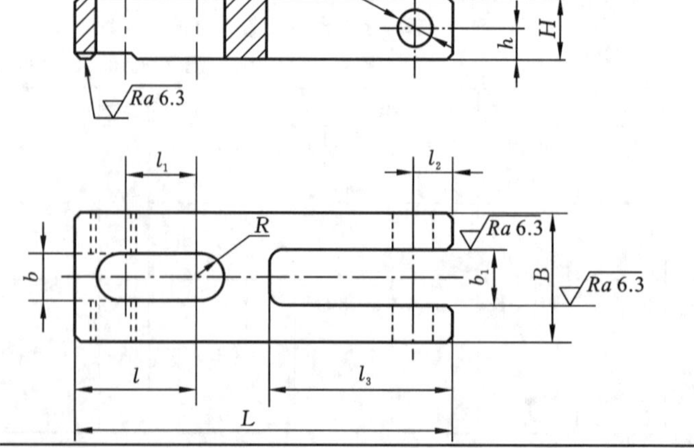

(1)材料:45 钢,按 GB/T 699—2015 的规定。

(2)热处理:35~40 HRC。

(3)其他技术条件按 JB/T 8044—1999 的规定。

标记示例:

公称直径为 10 mm,L=80 mm 的偏心轮用压板标记为

压板 10×80 JB/T 8010.7—1999

续表

公称直径(螺钉直径)	L	B	H	d 公称尺寸	d 极限偏差	b	b_1 公称尺寸	b_1 极限偏差	l	l_1	l_2	l_3	h
6	60	25	12	6	$^{+0.012}_{0}$	6.6	12	$^{+0.110}_{0}$	24	14	6	24	5
8	70	30	16	8	$^{+0.015}_{0}$	9	14		28	16	8	28	7
10	80	36	18	10		11	16		32	18	10	32	8
12	100	40	22	12	$^{+0.018}_{0}$	14	18		42	24	12	38	10
16	120	45	25	16		18	22	$^{+0.130}_{0}$	54	32	14	45	12
20	160	50	30			22	24		70	45	15	52	14

表 5-112　直压板(摘自 JB/T 8010.13—1999)　(mm)

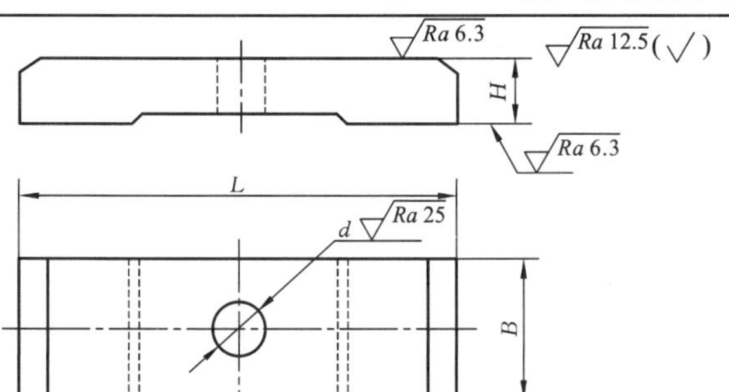

(1)材料:45 钢,按 GB/T 699—2015 的规定。

(2)热处理:35～40 HRC。

(3)其他技术条件按 JB/T 8044—1999 的规定。

标记示例:

公称直径为 10 mm,L=80 mm 的直压板标记为

压板 10×80 JB/T 8010.13—1999

公称直径(螺钉直径)	L	B	H	d
8	50	25	12	9
	60			
	80			
10	60	32	16	11
	80			
	100		20	
12	80			14
	100			
	120		25	
16	100	40		18
	120			
	160			
20	120	50	32	22
	160			
	200			

表 5-113　钩形压板(摘自 JB/T 8012.1—1999)　(mm)

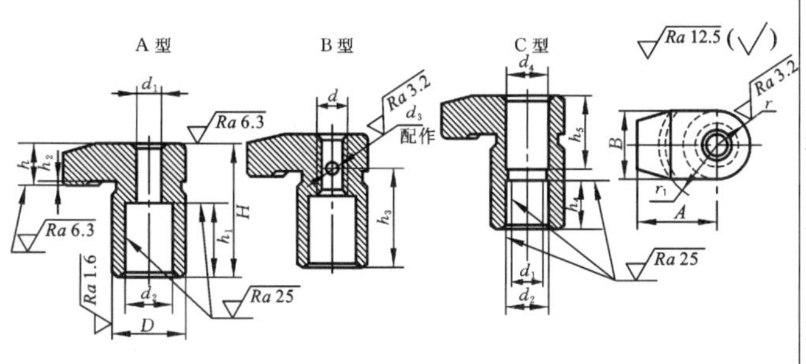

(1)材料:45 钢,按 GB/T 699—2015 的规定。

(2)热处理:35～40 HRC。

(3)其他技术条件按 JB/T 8044—1999 的规定。

标记示例:

公称直径为 13 mm,A=35 mm 的 A 型钩形压板标记为

压板　A13×35　JB/T 8012.1—1999

d=M12,A=35 mm 的 B 型钩形压板标记为

压板　BM12×35　JB/T 8012.1—1999

续表

A、C型	d_1	6.6		9		11		13		17		21		25	
B型	d	M6		M8		M10		M10		M16		M20		M24	
A		18	24		28		35		45		55		65		75
B		16		20		25		30		35		40		50	
D	公称尺寸	16		20		25		30		35		40		50	
	极限偏差 f9	−0.016 −0.059		−0.020 −0.072						−0.025 −0.087					
H		28	35		45		58	55	70		90	80	100	95	120
h		8	10	11	13		16		20	22	25	28	30	32	35
r	公称尺寸	8		10		12.5		15		17.5		20		25	
	极限偏差 h11	0 −0.090				0 −0.110						0 −0.130			
r_1		14	20	18	24	22	30	26	36	35	45	42	52	50	60
d_2		10		14		16		18		23		28		34	
d_3	公称尺寸	2		3		4				5		6			
	极限偏差 H7	+0.010 0				+0.012 0									
d_4		10.5		14.5		18.5		22.5		25.5		30.5		35	
h_1		16	21	20	28	25	36	30	42	40	60	45	60	50	75
h_2		1								1.5				2	
h_3		22	28		35		45	42	55		75	60	75	70	95
h_4		8	14	11	20	16	25	20	30	24	40	24	40	28	50
h_5		16		20		25		30		40		50		60	
配用螺钉		M6		M8		M10		M12		M16		M20		M24	

表 5-114 回转压板(摘自 JB/T 8010.15—1999) (mm)

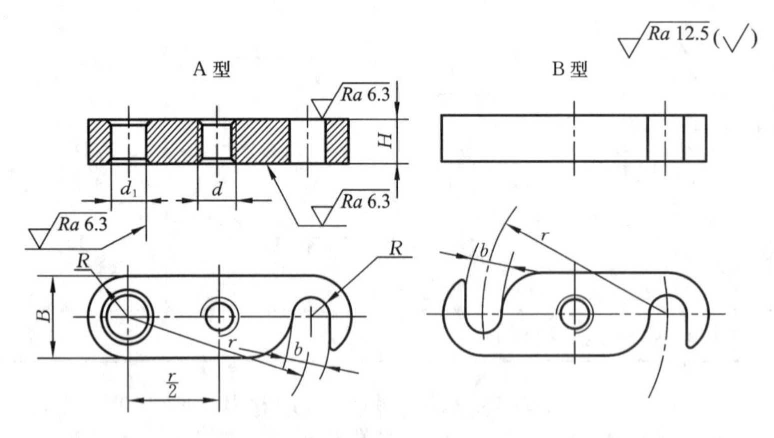

(1)材料:45 钢,按 GB/T 699—2015 的规定。

(2)热处理:35~40 HRC。

(3)其他技术条件按 JB/T 8044—1999 的规定。

标记示例:

d=M10 mm,r=50 mm 的 A 型回转压板标记为

压板 AM10×50 JB/T 8010.15—1999

d		M5	M6	M8	M10	M12	M16
B		14	18	20	22	25	32
H	公称尺寸	6	8	10	12	16	20
	极限偏差 h11	0 −0.075	0 −0.090		0 −0.110		0 −0.130
b		3.5	6.6	9	11	14	18

续表

d_1	公称尺寸	6	8	10	12	14	18
	极限偏差 H11	+0.075 0	+0.090 0		+0.110 0		
r		20,25,30, 35,40	30,35,40, 45,50	40,45,50, 55,60,65,70	50,55,60,65, 70,75,80,85,90	60,65,70,75, 80,85,90,100	80,85,90, 100,110,120
配用螺钉		M5×6	M6×8	M8×10	M10×12	M12×16	M16×20

5.7.2 对刀引导元件

表 5-115 对刀块的结构和参考尺寸 (mm)

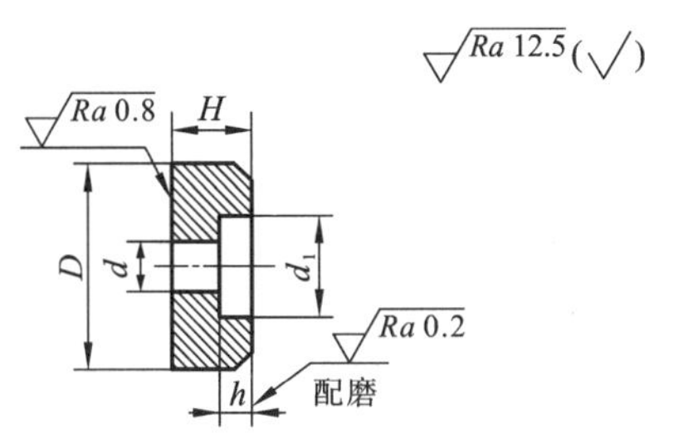

(1)材料:20 钢,按 GB/T 699—2015 的规定。
(2)热处理:渗碳深度至 0.8～1.2 mm,58～64 HRC。
(3)其他技术条件按 JB/T 8044—1999 的规定。
标记示例:
D=25 mm 的圆形对刀块标记为
对刀块 25 JB/T 8031.1—1999

D	H	h	d	d_1
16	10	6	5.5	10
25	10	7	6.6	11

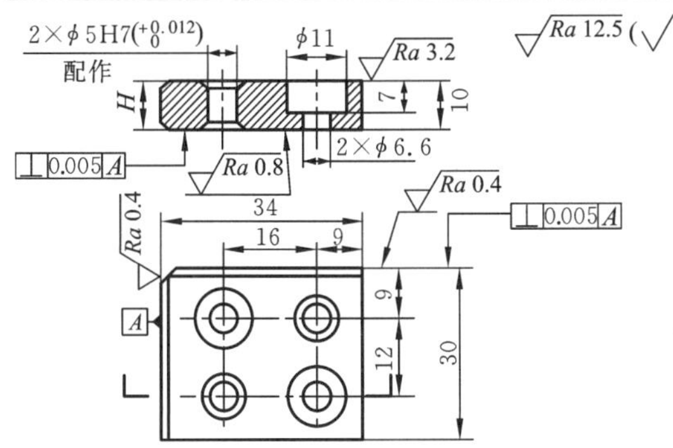

(1)材料:20 钢,按 GB/T 699—2015 的规定。
(2)热处理:渗碳深度为 0.8～1.2 mm,58～64 HRC。
(3)其他技术条件按 JB/T 8044—1999 的规定。
标记示例:
方形对刀块标记为
对刀块 JB/T 8031.2—1999

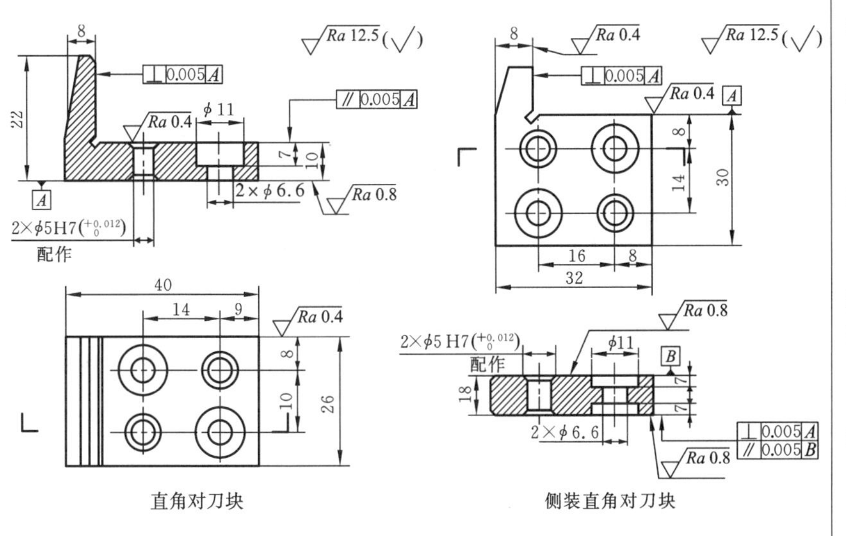

直角对刀块　　侧装直角对刀块

(1)材料:20 钢,按 GB/T 699—2015 的规定。
(2)热处理:渗碳深度为 0.8～1.2 mm,58～64 HRC。
(3)其他技术条件按 JB/T 8044—1999 的规定。
标记示例:
对刀块
JB/T 8031.3—1999
(直角对刀块)
对刀块
JB/T 8031.4—1999
(侧装对刀块)

表 5-116 对刀塞尺的结构和参考尺寸 (mm)

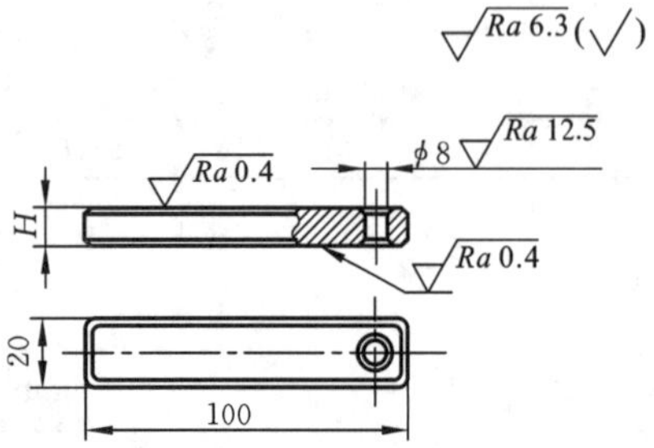

(1)材料:T8,按 GB/T 1299—2014 的规定。
(2)热处理:55～60 HRC。
(3)其他技术条件按 JB/T 8044—1999 的规定。
标记示例:
H=5 mm 的对刀平塞尺标记为
塞尺 5 JB/T 8032.1—1999

公称尺寸 H	极限偏差 h8
1	0 −0.014
2	0 −0.014
3	0 −0.014
4	0 −0.018
5	0 −0.018

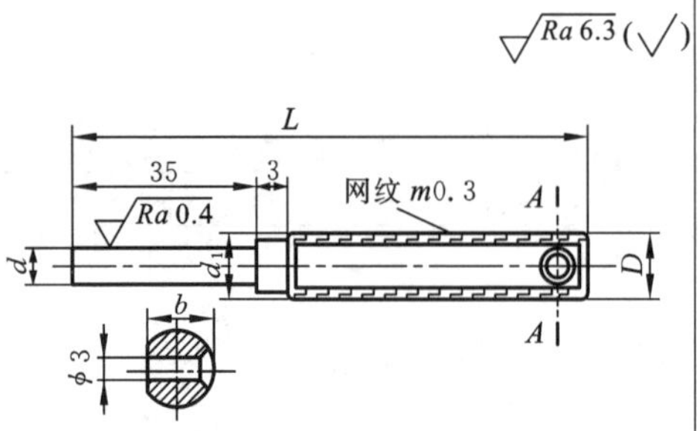

(1)材料:T8,按 GB/T 1299—2014 的规定。
(2)热处理:55～60 HRC。
(3)其他技术条件按 JB/T 8044—1999 的规定。
标记示例:
d=5 mm 的对刀圆柱塞尺标记为
塞尺 5 JB/T 8032.2—1999

d 公称尺寸	d 极限偏差 h8	D	L	d_1	b
3	0 −0.014	7	90	5	6
5	0 −0.018	10	100	8	9

表 5-117 固定钻套的基本结构和参考尺寸 (mm)

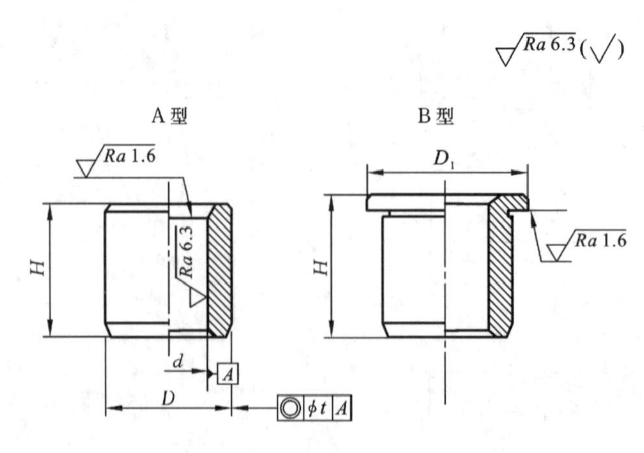

(1)材料:d≤26 mm 时,T10A,按 GB/T 1299—2014 的规定;d>26 mm 时,20 钢,按 GB/T 699—2015 的规定。
(2)热处理:T10A,58～64 HRC;20 钢,渗碳深度为 0.8～1.2 mm,58～64 HRC。
(3)其他技术条件按 JB/T 8044—1999 的规定。
标记示例:
d=18 mm,H=16 mm 的 A 型固定钻套标记为
钻套 A18×16 JB/T 8045.1—1999

续表

<table>
<tr><th colspan="2">d</th><th colspan="2">D</th><th rowspan="2">D_1</th><th colspan="3" rowspan="2">H</th><th rowspan="2">t</th></tr>
<tr><th>公称尺寸</th><th>极限偏差 F7</th><th>公称尺寸</th><th>极限偏差 n6</th></tr>
<tr><td>>0～1</td><td rowspan="4">+0.016
+0.006</td><td>3</td><td>+0.010
+0.004</td><td>6</td><td rowspan="3">6</td><td rowspan="3">9</td><td rowspan="3">—</td><td rowspan="12">0.008</td></tr>
<tr><td>>1～1.8</td><td>4</td><td rowspan="4">+0.016
+0.008</td><td>7</td></tr>
<tr><td>>1.8～2.6</td><td>5</td><td>8</td></tr>
<tr><td>>2.6～3</td><td rowspan="2">6</td><td rowspan="2">9</td><td rowspan="4">8</td><td rowspan="4">12</td><td rowspan="4">16</td></tr>
<tr><td>>3～3.3</td><td rowspan="4">+0.022
+0.010</td></tr>
<tr><td>>3.3～4</td><td>7</td><td rowspan="3">+0.019
+0.010</td><td>10</td></tr>
<tr><td>>4～5</td><td>8</td><td>11</td></tr>
<tr><td>>5～6</td><td>10</td><td>13</td><td rowspan="2">10</td><td rowspan="2">16</td><td rowspan="2">20</td></tr>
<tr><td>>6～8</td><td rowspan="2">+0.028
+0.013</td><td>12</td><td rowspan="3">+0.023
+0.012</td><td>15</td></tr>
<tr><td>>8～10</td><td>15</td><td>18</td><td rowspan="2">12</td><td rowspan="2">20</td><td rowspan="2">25</td></tr>
<tr><td>>10～12</td><td rowspan="3">+0.034
+0.016</td><td>18</td><td>22</td></tr>
<tr><td>>12～15</td><td>22</td><td rowspan="3">+0.028
+0.015</td><td>26</td><td rowspan="2">16</td><td rowspan="2">28</td><td rowspan="2">36</td></tr>
<tr><td>>15～18</td><td>26</td><td>30</td><td rowspan="7">0.012</td></tr>
<tr><td>>18～22</td><td rowspan="3">+0.041
+0.020</td><td>30</td><td>34</td><td rowspan="2">20</td><td rowspan="2">36</td><td rowspan="2">45</td></tr>
<tr><td>>22～26</td><td>35</td><td rowspan="3">+0.033
+0.017</td><td>39</td></tr>
<tr><td>>26～30</td><td>42</td><td>46</td><td rowspan="2">25</td><td rowspan="2">45</td><td rowspan="2">56</td></tr>
<tr><td>>30～35</td><td rowspan="4">+0.050
+0.025</td><td>48</td><td>52</td></tr>
<tr><td>>35～42</td><td>55</td><td rowspan="5">+0.039
+0.020</td><td>59</td><td rowspan="4">30</td><td rowspan="4">56</td><td rowspan="4">67</td></tr>
<tr><td>>42～48</td><td>62</td><td>66</td></tr>
<tr><td>>48～50</td><td rowspan="2">70</td><td rowspan="2">74</td><td rowspan="7">0.040</td></tr>
<tr><td>>50～55</td><td rowspan="5">+0.060
+0.030</td></tr>
<tr><td>>55～62</td><td>78</td><td>82</td><td rowspan="2">35</td><td rowspan="2">67</td><td rowspan="2">78</td></tr>
<tr><td>>62～70</td><td>85</td><td rowspan="4">+0.045
+0.023</td><td>90</td></tr>
<tr><td>>70～78</td><td>95</td><td>100</td><td rowspan="3">40</td><td rowspan="3">78</td><td rowspan="3">105</td></tr>
<tr><td>>78～80</td><td rowspan="2">105</td><td rowspan="2">110</td></tr>
<tr><td>>80～85</td><td>+0.071
+0.036</td></tr>
</table>

表 5-118 可换钻套的基本结构和参考尺寸 (mm)

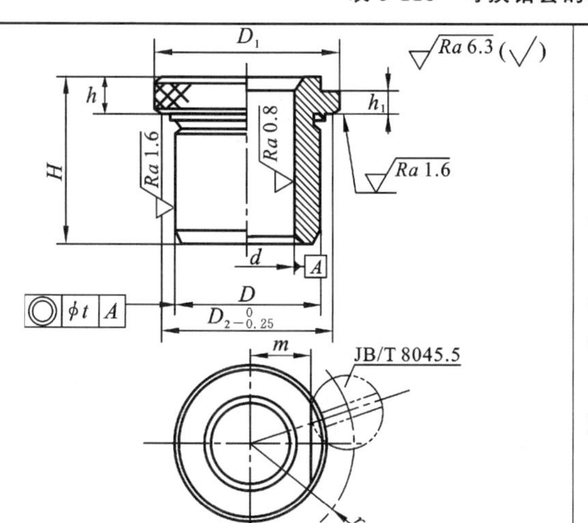

(1)材料：d≤26 mm 时，T10A，按 GB/T 1299—2014 的规定；d>26 mm 时，20 钢，按 GB/T 699—2015 的规定。

(2)热处理：T10A，58～64 HRC；20 钢，渗碳深度为 0.8～1.2 mm，58～64 HRC。

(3)其他技术条件按 JB/T 8044—1999 的规定。

标记示例：

d=12 mm，公差带为 F7，D=18 mm，公差带为 k6，H=16 mm 的可换钻套标记为

钻套 12F7×18k6×16 JB/T 8045.2—1999

续表

<table>
<tr><th colspan="2">d</th><th colspan="3">D</th><th rowspan="2">D₁（滚花前）</th><th rowspan="2">D₂</th><th colspan="3" rowspan="2">H</th><th rowspan="2">h</th><th rowspan="2">h₁</th><th rowspan="2">r</th><th rowspan="2">m</th><th rowspan="2">t</th><th rowspan="2">配用的螺钉</th></tr>
<tr><th>公称尺寸</th><th>极限偏差 F7</th><th>公称尺寸</th><th>极限偏差 m6</th><th>极限偏差 k6</th></tr>
<tr><td>>0～3</td><td>+0.016
+0.006</td><td rowspan="2">8</td><td rowspan="3">+0.015
+0.006</td><td rowspan="3">+0.010
+0.001</td><td rowspan="2">15</td><td rowspan="2">12</td><td rowspan="2">10</td><td rowspan="2">16</td><td rowspan="2">—</td><td rowspan="3">8</td><td rowspan="3">3</td><td rowspan="2">11.5</td><td rowspan="2">4.2</td><td rowspan="7">0.008</td><td rowspan="3">M5</td></tr>
<tr><td>>3～4</td><td rowspan="2">+0.022
+0.010</td></tr>
<tr><td>>4～6</td><td>10</td><td>18</td><td>15</td><td rowspan="2">12</td><td rowspan="2">20</td><td rowspan="2">25</td><td>13</td><td>5.5</td></tr>
<tr><td>>6～8</td><td rowspan="2">+0.028
+0.013</td><td>12</td><td rowspan="3">+0.018
+0.007</td><td rowspan="3">+0.012
+0.001</td><td>22</td><td>18</td><td rowspan="3">10</td><td rowspan="3">4</td><td>16</td><td>7</td><td rowspan="3">M6</td></tr>
<tr><td>>8～10</td><td>15</td><td>26</td><td>22</td><td rowspan="2">16</td><td rowspan="2">28</td><td rowspan="2">36</td><td>18</td><td>9</td></tr>
<tr><td>>10～12</td><td rowspan="3">+0.034
+0.016</td><td>18</td><td>30</td><td>26</td><td>20</td><td>11</td></tr>
<tr><td>>12～15</td><td>22</td><td rowspan="3">+0.021
+0.008</td><td rowspan="3">+0.015
+0.002</td><td>34</td><td>30</td><td rowspan="2">20</td><td rowspan="2">36</td><td rowspan="2">45</td><td rowspan="5">12</td><td rowspan="5">5.5</td><td>23.5</td><td>12</td><td rowspan="5">M8</td></tr>
<tr><td>>15～18</td><td>26</td><td>39</td><td>35</td><td>26</td><td>14.5</td><td rowspan="7">0.012</td></tr>
<tr><td>>18～22</td><td rowspan="3">+0.041
+0.020</td><td>30</td><td>46</td><td>42</td><td rowspan="2">25</td><td rowspan="2">45</td><td rowspan="2">56</td><td>29.5</td><td>18</td></tr>
<tr><td>>22～26</td><td>35</td><td rowspan="3">+0.025
+0.009</td><td rowspan="3">+0.018
+0.002</td><td>52</td><td>46</td><td>32.5</td><td>21</td></tr>
<tr><td>>26～30</td><td>42</td><td>59</td><td>53</td><td rowspan="3">30</td><td rowspan="3">56</td><td rowspan="3">67</td><td>36</td><td>24.5</td></tr>
<tr><td>>30～35</td><td rowspan="3">+0.050
+0.025</td><td>48</td><td>66</td><td>60</td><td rowspan="9">16</td><td rowspan="9">7</td><td>41</td><td>27</td><td rowspan="9">M10</td></tr>
<tr><td>>35～42</td><td>55</td><td rowspan="5">+0.030
+0.011</td><td rowspan="5">+0.021
+0.002</td><td>74</td><td>68</td><td>45</td><td>31</td></tr>
<tr><td>>42～48</td><td>62</td><td>82</td><td>76</td><td rowspan="3">35</td><td rowspan="3">67</td><td rowspan="3">78</td><td>49</td><td>35</td></tr>
<tr><td>>48～50</td><td rowspan="6">+0.060
+0.030</td><td rowspan="2">70</td><td rowspan="2">90</td><td rowspan="2">84</td><td rowspan="2">53</td><td rowspan="2">39</td><td rowspan="6">0.040</td></tr>
<tr><td>>50～55</td></tr>
<tr><td>>55～62</td><td>78</td><td>100</td><td>94</td><td rowspan="2">40</td><td rowspan="2">78</td><td rowspan="2">105</td><td>58</td><td>44</td></tr>
<tr><td>>62～70</td><td>85</td><td rowspan="3">+0.035
+0.013</td><td rowspan="3">+0.025
+0.003</td><td>110</td><td>104</td><td>63</td><td>49</td></tr>
<tr><td>>70～78</td><td>95</td><td>120</td><td>114</td><td rowspan="2">45</td><td rowspan="2">89</td><td rowspan="2">112</td><td>68</td><td>54</td></tr>
<tr><td>>78～80</td><td>105</td><td>130</td><td>124</td><td>73</td><td>59</td></tr>
</table>

表 5-119　快换钻套的基本结构和参考尺寸　(mm)

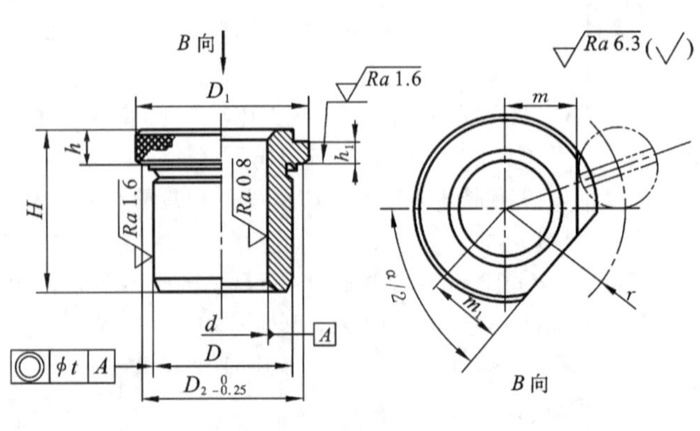

(1)材料：$d \leqslant 26$ mm 时，T10A，按 GB/T 1299—2014 的规定；$d > 26$ mm 时，20 钢，按 GB/T 699—2015 的规定。

(2)热处理：T10A，58～64 HRC；20 钢，渗碳深度为 0.8～1.2 mm，58～64 HRC。

(3)其他技术条件按 JB/T 8044—1999 的规定。

标记示例：

$d=12$ mm，公差带为 E7，$D=18$ mm，公差带为 k6，$H=16$ mm 的可换钻套标记为

钻套 12E7×18k6×16 JB/T 8045.3—1999

续表

d		D			D_1（滚花前）	D_2	H			h	h_1	r	m	m_1	α	t	配用的螺钉
公称尺寸	极限偏差 F7	公称尺寸	极限偏差 m6	极限偏差 k6													
>0～3	+0.016 +0.006	8	+0.015 +0.006	+0.010 +0.001	15	12	10	16	—	8	3	11.5	4.2	4.2	50°	0.008	M5
>3～4	+0.022 +0.010																
>4～6		10			18	15	12	20	25			13	5.5	5.5			
>6～8	+0.028 +0.013	12	+0.018 +0.007	+0.012 +0.001	22	18				10	4	16	7	7			M6
>8～10		15			26	22	16	28	36			18	9	9	55°		
>10～12	+0.034 +0.016	18			30	26				12	5.5	20	11	11			
>12～15		22	+0.021 +0.008	+0.016 +0.002	34	30	20	36	45			23.5	12	12			M8
>15～18		26			39	35						26	14.5	14.5		0.012	
>18～22	+0.041 +0.020	30			46	42	25	45	56			29.5	18	18			
>22～26		35	+0.025 +0.009	+0.018 +0.002	52	46						32.5	21	21			
>26～30		42			59	53	30	56	67			36	24.5	25	65°		
>30～35	+0.050 +0.025	48			66	60				16	7	41	27	28			M10
>35～42		55	+0.030 +0.011	+0.021 +0.002	74	68						45	31	32			
>42～48		62			82	76	35	67	78			49	35	36	70°		
>48～50		70			90	84						53	39	40		0.040	
>50～55	+0.060 +0.030																

续表

d 公称尺寸	d 极限偏差 F7	D 公称尺寸	D 极限偏差 m6	D 极限偏差 k6	D_1（滚花前）	D_2	H			h	h_1	r	m	m_1	α	t	配用的螺钉
>55～62	+0.060 +0.030	78			100	94	40	78	105	16	7	58	44	45	70°	0.040	M10
>62～70		85	+0.035 +0.013	+0.025 +0.003	110	104						63	49	50			
>70～78		95			120	114	45	89	112			68	54	55	75°		
>78～80		105			130	124						73	59	60			
>80～85	+0.071 +0.036																

表 5-120　钻套用衬套的基本结构和参考尺寸　（mm）

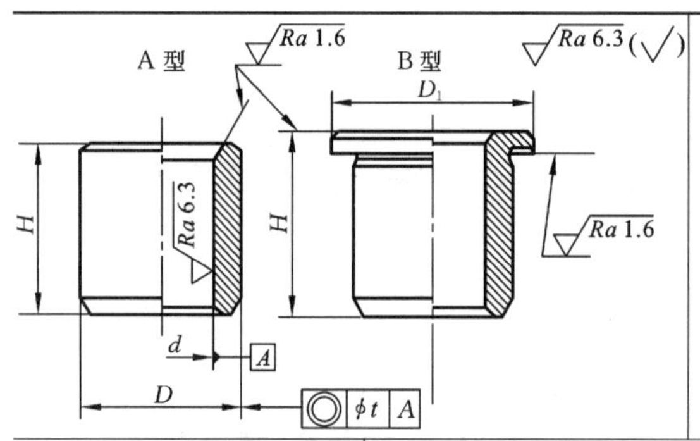

（1）材料：$d\leqslant 26$ mm 时，T10A，按 GB/T 1299—2014 的规定；$d>26$ mm 时，20 钢，按 GB/T 699—2015 的规定。

（2）热处理：T10A，58～64 HRC；20 钢，渗碳深度为 0.8～1.2 mm，58～64 HRC。

（3）其他技术条件按 JB/T 8044—1999 的规定。

标记示例：

d=18 mm，H=28 mm 的 A 型钻套用衬套标记为

衬套　A18×28　JB/T 8045.4—1999

d 公称尺寸	d 极限偏差 F7	D 公称尺寸	D 极限偏差 n6	D_1	H			t
8	+0.028 +0.013	12	+0.023 +0.012	15	10	16	—	0.008
10		15		18	12	20	25	
12	+0.034 +0.016	18		22				
(15)		22	+0.028 +0.015	26	16	28	36	
18		26		30				0.012
22	+0.041 +0.020	30		34	20	36	45	
(26)		35	+0.033 +0.017	39				
30		42		46	25	45	56	
35	+0.050 +0.025	48		52				
(42)		55	+0.039 +0.020	59	30	56	67	
(48)		62		66				
55	+0.060 +0.030	70		74				0.040
62		78		82	35	67	78	
70		85	+0.045 +0.023	90				
78		95		100	40	78	105	
(85)	+0.071 +0.036	105		110				
95		115		120	45	89	112	
105		125	+0.052 +0.027	130				

表 5-121 钻套螺钉的基本结构和参考尺寸 (mm)

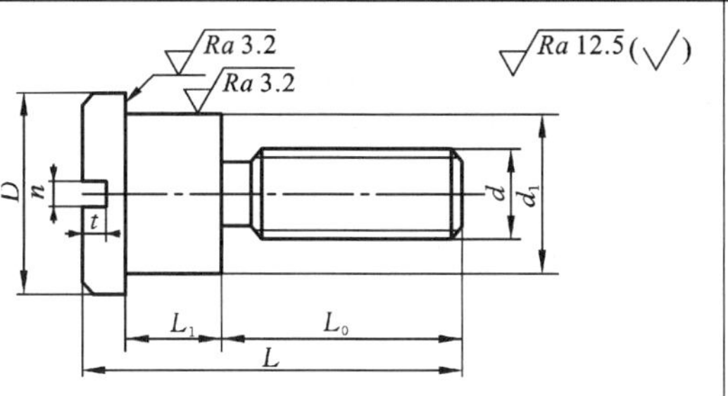

(1)材料:45 钢,按 GB/T 699—2015 的规定。

(2)热处理:35～40 HRC。

(3)其他技术条件按 JB/T 8044—1999 的规定。

标记示例:

d=M10,L_1=13 mm 的钻套螺钉标记为

螺钉 M10×13 JB/T 8045.5—1999

d	L_1		d_1		D	L	L_0	n	t	钻套内径
	公称尺寸	极限偏差	公称尺寸	极限偏差 $d11$						
M5	3	+0.200 +0.050	7.5	−0.040 −0.130	13	15	9	1.2	1.7	>0～6
	6					18				
M6	4		9.5		16	18	10	1.5	2	>6～12
	8					22				
M8	5.5		12	−0.050 −0.160	20	22	11.5	2	2.5	>12～30
	10.5					27				
M10	7		15		24	32	18.5	2.5	3	>30～85
	13					38				

第 6 章　机械制造技术基础课程设计案例

6.1　设计任务

· 设计题目　设计年产量为 5000 件的手柄(见图 5-2)的机械加工工艺规程及典型夹具

· 设计主要内容

(1) 设计手柄零件的毛坯并绘制毛坯图。

(2) 设计手柄零件的机械加工工艺规程,并填写:

① 整个零件的机械加工工艺卡片;

② 所设计夹具对应工序的机械加工工序卡片。

(3) 设计某工序的夹具一套,绘出总装图。

(4) 编写设计说明书。

6.2　设计指导书

6.2.1　初始设计规划

题目直接给定生产纲领为 5000 件,根据所给零件图样估算得零件质量约为 1.1 kg,从表 2-3 查得零件批量恰好处于中批和大批的分界点,由此在设计中可以综合应用中批和大批生产的毛坯制造、加工余量确定、工艺设备和工艺装备选择、工艺规程制订和夹具方案确定的方法。

(1) 毛坯制造方法:材料是 45 钢,部分模锻到全部模锻均适合本设计采用。

(2) 加工余量:毛坯余量和工序余量小到中等均适合本设计采用。

(3) 工艺设备和工艺装备:“通用＋专用”结合,题目要求设计专用夹具,则设备、刀具、量具等可以考虑选用通用的类型。

(4) 工艺规程:适合采用工艺卡和部分重点工序的工序卡。

(5) 夹具方案:适合对关键工序使用专用夹具。

6.2.2　分析和审查零件图样

1. 零件分析

设计对象为手柄,是手柄零件组中最主要的部分,它的主要作用是传递转矩。零件头部 ϕ38H8的孔和轴配合连接,零件尾部 ϕ22H9 的孔和摇柄连接起来,摇动摇柄使轴转动,宽度尺寸为 10H9 的槽起到夹紧摇柄的作用,ϕ4 的孔为一润滑油孔。

2. 零件图样审查

根据前面提出的锻造毛坯方案,结合零件图,可以判断手柄零件除了两个大平面的凹陷处以外,所有表面都要进行加工。主要的加工表面包括两个大平面、两个孔和一个槽,各表面有尺寸精度和表面粗糙度要求，ϕ38H8 大头孔和平面之间有位置精度要求，两孔的中心距有尺寸精度要求。次要加工表面是 ϕ4 孔和倒角。

零件图样上已有的各项技术要求合理，且尺寸精度、表面加工精度和位置精度属于普通精度。零件结构的锻造和切削加工工艺性均满足 GB/T 24734.3—2009 规定的基本要求。主要表面中，10H9 槽的底部是 $R5$ 的圆弧，虽然没有结构工艺性方面的问题，但需要重点考虑加工方法和刀具的选择。

经审查，零件图需要修改的内容有：ϕ4 油孔在高度方向位置不明确，应将 ϕ4 油孔在全剖的主视图中表达出来；注明 ϕ4 油孔和倒角的表面粗糙度要求，以表明这些表面需要通过加工获得；零件加工表面相交所形成的棱边需要去毛刺；对未注线性尺寸和几何公差应进行约定，以免设计、制造、验收时没有统一依据。修改后的图样如图 6-1 所示，重新读出零件新的技术要求如表 6-1 所示。

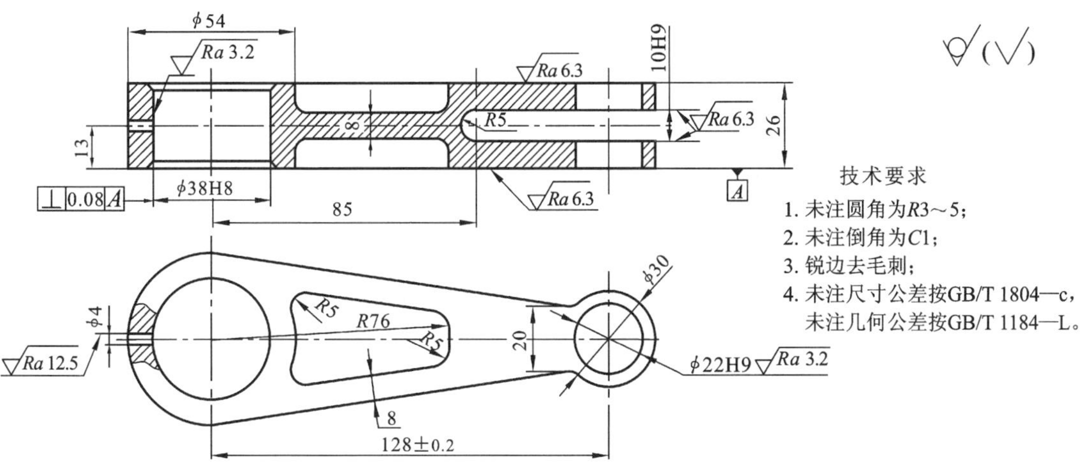

图 6-1 修改后的手柄零件图

表 6-1 手柄零件加工表面及其加工要求

加工面	尺寸和几何精度要求	表面粗糙度要求
两平面	距离 26 mm，未注公差尺寸，要求有一定的对中性，是大头孔的基准面	Ra 6.3
大头孔	ϕ38H8 ($^{+0.039}_{0}$)，孔口倒角 C1，对侧面的垂直度公差为 0.08 mm	Ra 3.2
小头孔	ϕ22H9 ($^{+0.052}_{0}$)，孔口倒角 C1，与大头孔中心距为 (128±0.2) mm	Ra 3.2
槽	槽宽 10H9 ($^{+0.043}_{0}$)，控制槽底中心与大头孔中心的距离为 85 mm	Ra 6.3
径向孔	ϕ4 注油孔的轴线通过两孔位置中心连线及两侧对称面	Ra 12.5
孔口倒角	ϕ38H8 ($^{+0.039}_{0}$) 及 ϕ22H9 ($^{+0.052}_{0}$) 孔口倒角 C1	Ra 12.5
所有棱边	零件加工表面相交所形成的棱边去毛刺	▽
未注公差表面	线性尺寸按 GB/T 1804—c，几何公差按 GB/T 1184—L	—

6.2.3 毛坯设计

零件的材料是45钢，根据表2-5，既可以选择锻件，也可以选择铸件，还可以选择型材。考虑手柄在使用中经常运动，承受较大的弯扭冲击载荷，并考虑中批到大批生产类型以及经济性，选用锻件，以保证零件工作可靠。由于零件的尺寸不大，故可以采用模锻成形。这从提高毛坯精度、提高劳动生产率上来考虑也是应该的。

零件属于上下对称型，模锻件的分模面可选在厚度的平分面上，分模线为平直分模线。45钢属碳的质量分数小于0.65%的碳素钢，故材质系数为M_1级；形状复杂系数值约为1，形状复杂系数为S_1级；厚度为26 mm，按照普通级，由表5-16查得其公差为$^{+1.0}_{-0.4}$ mm，由表5-17查得厚度方向的加工余量为1.5～2.0 mm。最终确定毛坯厚度尺寸为$28^{+1.0}_{-0.4}$ mm。根据长宽比、高宽比查表2-9确定模锻斜度为7°，查表2-10确定内圆角半径为2 mm、外圆角半径为5 mm。经设计得到图2-3所示的毛坯图。

6.2.4 机械加工工艺规程设计

1. 基准和定位方案的选择

进行粗基准的选择时，一般以设计基准作为定位基准。粗基准的选择应遵循以下原则：

(1) 选择不加工的表面作为粗基准，尤其应选与加工表面有位置要求的不加工表面，这样可以保证加工面的位置精度；

(2) 选重要表面作为粗基准，这样可以保证重要表面的加工余量，加工精度较高；

(3) 选加工余量较小的表面作为粗基准，这样可以保证加工表面都有足够的加工余量；

(4) 选平整、光洁，无飞边、浇冒口等缺陷的表面作为粗基准，这样可以使定位可靠、夹紧方便；

(5) 粗基准只选用一次，应避免重复使用，这样可以避免较大定位误差。

根据以上原则，考虑零件的具体情况，应选择手柄的下表面A作为粗基准来加工上表面B，在左右两边用V形块定位，从而消除6个自由度，达到完全定位，如图6-2所示。

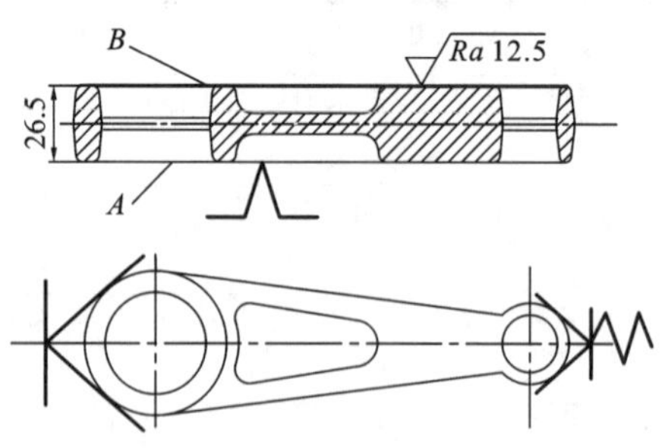

图6-2 手柄零件粗基准选择和定位方案简图

在选择精基准时主要考虑基准重合和基准统一的问题。在已经加工出一个表面B的情况下，就可以把它作为精基准使用。在本例中，可以把经过粗加工的表面B看作零件图中的基准A，它既是设计基准又是定位基准，基准重合。加工孔时也采用相同的面作为定位基准，故基准是统一的。

2. 各表面的加工方法的确定

依据各种加工方法的经济精度和表面粗糙度、已确定的生产纲领、零件的结构形状和尺寸大小等因素来选择各表面的加工方法。

先考虑主要加工表面。对两个大平面，因厚度尺寸 26 mm 是未注公差尺寸，要求表面粗糙度为 Ra 6.3 μm，查图 2-7 可知，粗铣、粗刨、粗车、粗拉均可达到加工精度要求，考虑大平面要作为孔的基准使用，也可以分粗、精两个阶段加工，适当提高基准面的精度。本例的设备和工艺装备拟采用“通用＋专用”结合原则，需设计专用夹具来解决安装的问题，故零件的结构形状对安装的影响可以不予考虑。这几种加工方法的加工效率是有区别的，一般情况下，拉削的加工效率大于车(铣)削的加工效率，车(铣)削的加工效率又大于刨削的加工效率。车和铣对比，车手柄平面属于断续加工，加工中易发生振动、冲击，刀具容易破损，对定位夹紧要求高，表面质量不易控制，因此可以次于铣考虑。首选拉还是铣，主要由生产实际的要求和设备、工艺装备的具体情况确定，在无生产实际具体情况限制时均可以选用，本例可选定铣。对两个孔有尺寸精度、位置精度要求，毛坯已预留孔，查图 2-6 可知，可行的加工方案有扩→铰、粗镗→精镗，仍视生产实际情况确定。加工槽相当于同时加工两个平面和底部，根据上述平面加工方法的选择和底部特殊结构加工的需要，选择粗铣，或者粗铣→精铣。

再考虑次要加工表面。径向孔的加工选择钻；各孔口的倒角既可以附加在孔的加工工序中完成，也可以单独锪削加工；棱边的去毛刺辅助工序可安排钳工完成。

确定的各表面加工方法如表 2-11 所示。

3. 制订工艺路线

制订工艺路线就是把上一步确定的各表面孤立的加工方法连接起来形成工艺顺序链，合理安排工序内容和进行工序的排序，使零件在完成工艺路线后尺寸精度、几何精度、表面粗糙度和其他技术要求全部得到合理的保证。

安排工序内容时，在生产纲领已确定为中批到大批的情况下，尽可能采用工序集中原则，充分发挥专用夹具的作用，以缩短辅助时间，提高生产率。对本例而言，如安排：先粗铣 A 面，再粗铣 B 面，在一道工序内完成；先精铣 A 面，再精铣 B 面，在一道工序内完成；先粗镗大头孔，再粗镗小头孔，在一道工序内完成；先精镗大头孔，再精镗小头孔，在一道工序内完成。这样就应用了工序集中原则。

进行工序的排序时，要遵循基准先行、先粗后精、先面后孔等原则。对手柄来说，可以拟订很多条可能的工艺顺序链，下面是其中的两种工艺路线方案。

1) 工艺路线方案一

工序Ⅰ　粗铣两端面至图样要求。

工序Ⅱ　粗镗 ϕ38H8、ϕ22H9 两孔，留精镗余量。

工序Ⅲ　铣 10H9 槽至图样要求。

工序Ⅳ　精镗 ϕ38H8 孔至图样要求。

工序Ⅴ　精镗 ϕ22H9 孔至图样要求。

工序Ⅵ　钻 ϕ4 孔至图样要求。

工序Ⅶ　孔口倒 $C1$ 角，去毛刺。

工序Ⅷ　检验。

工序Ⅸ　入库。

2) 工艺路线方案二

工序Ⅰ　粗铣两端面，留精铣余量。

工序Ⅱ　精铣两端面至图样要求。

工序Ⅲ　铣槽至图样要求。

工序Ⅳ 扩 ϕ38H8、ϕ22H9 两孔，留铰削余量。

工序Ⅴ 铰 ϕ38H8、ϕ22H9 两孔至图样要求。

工序Ⅵ 钻 ϕ4 孔至图样要求。

工序Ⅶ 孔口倒 $C1$ 角，去毛刺。

工序Ⅷ 检验。

工序Ⅸ 入库。

3）工艺路线的比较分析

列出两种以上可能方案就可以进行对比分析了。

上述两个方案各有特点：方案一是先铣两个端面，然后粗镗孔，铣槽，再精镗孔，最后钻孔、倒角、去毛刺；方案二是先铣削，然后扩、铰两孔，再铣槽，最后是钻孔、倒角、去毛刺。两个方案相比较，总体按照基准先行、先粗后精、先面后孔的原则进行加工。方案一用镗削方法加工两个主要的孔，加工精度容易保证，但是由于镗夹具的操作费时，效率不高；方案二用钻→扩→铰加工两个主要的孔，加工的几何精度不容易保证，但效率较高。至于次要表面ϕ4 孔，两种方案都安排在主要表面加工完后加工。由于面和孔加工后有毛刺存在，所以还要加上去毛刺的工序。通过以上分析，这两种方案都可行。

但是，再仔细分析一下，仍有一定的问题：首先，两端面的加工安排在一个工序中完成，需要使用双面铣床，由于工件尺寸较小，夹具设计和工件安装较困难，分散加工较容易解决；其次，10H9 槽的加工应该放在 ϕ22H9 孔后面，如果放在前面加工，就会使孔加工时容易发生变形，难以保证加工精度甚至使零件报废；最后，扩、铰分散到两道工序中加工，工序太过分散，将带来工件重复安装的弊端，既不利于保证加工精度，又会制约加工效率和增加成本。实际上，扩、铰可以通过一次装夹完成，只需换刀就可以了。最终确定的合理工艺路线如下：

工序Ⅰ 粗铣上端面，留余量。

工序Ⅱ 粗铣下端面至图样要求。

工序Ⅲ 扩、锪、铰 ϕ38H8、ϕ22H9 孔至图样要求。

工序Ⅳ 铣 10H9 槽至图样要求。

工序Ⅴ 钻 ϕ4 孔至图样要求。

工序Ⅵ 孔口倒角，去毛刺。

工序Ⅶ 检验。

工序Ⅷ 入库。

其他合理工艺路线如表 2-12 至表 2-14 所示。

4. 选择设备和工艺装备

1）机床选择

首先根据工件尺寸，查表 5-18 至表 5-28 选出适用的设备。本例对铣床的选择有特殊要求，工件的最大尺寸为 166 mm×54 mm×28 mm（长×宽×高），表 5-19 和表 5-20 所有常用铣床均能满足加工尺寸的要求。由于槽底部的特殊加工需要，可选择卧式铣床配圆弧刃盘形铣刀，或者选择立式铣床配立铣刀。从加工效率、刀具的刚度和使用寿命上来说，前者更优。但若采用圆弧刃盘形铣刀不一定能选到标准刀具，而采用立铣刀却容易选到，因此生产实际条件对设备的选择起决定性作用。

其次，考虑到机床上要安装夹具，选择机床参数时要适当扩大工作台面积，使之能够容纳夹具。

选择结果如表 6-2 所示。其他选择方案如表 2-15 所示。

表 6-2 手柄零件加工各机械加工工序机床选择

工序号	加工内容	机床设备	说　明
010	粗铣上端面	X5032	根据表 5-20，常用，工作台尺寸、机床电动机功率均合适
020	粗铣下端面	X5032	根据表 5-20，常用，工作台尺寸、机床电动机功率均合适
030	扩、铰孔	Z5140A	根据表 5-21，常用，工件孔径、机床电动机功率均合适
040	铣槽	X6130A	根据表 5-19，常用，工作台尺寸、机床电动机功率均合适
050	钻孔	Z5125A	根据表 5-21，常用，工件孔径、机床电动机功率均合适

2）刀具选择

尽可能选择效率高、成本低的标准化刀具，与所用设备和加工方法匹配。选择结果如表 6-3 所示，其他选择方案如表 2-26 所示。

表 6-3 手柄零件加工各机械加工工序刀具选择

工序号	加工内容	机　床	刀　具	说　明
010	粗铣上端面	X5032	A 型可转位套式面铣刀	根据表 2-16 和表 5-33，大头直径为 $\phi54$，可以选择直径为 $\phi80$ 的刀盘
020	粗铣下端面	X5032	A 型可转位套式面铣刀	同上
030	扩、铰孔	Z5140A	锥柄扩孔钻、锥柄机用铰刀	根据 GB/T 4256—2004、GB/T 1132—2017 选用，尺寸待定，直柄刀具不能满足要求
040	铣槽	X6130A	圆弧刃盘形铣刀	专用刀具，通用标准刀具无法满足要求
050	钻孔	Z5125A	$\phi4$ 直柄麻花钻	根据表 5-36，选用 GB/T 6135.2—2008 标准规定的直柄麻花钻

6.2.5 手柄机械加工典型夹具设计

1. 夹具方案设计

为了提高劳动生产率，保证加工质量，降低劳动强度，需要设计专用夹具。

对于手柄零件，工序 030“扩、铰孔”所要加工的 $\phi38H8$、$\phi22H9$ 两孔精度要求高，该工序是关键工序，同时在加工中要使用专用夹具。经过初步分析并且根据零件的加工要求，制订了两种方案。

1）夹具方案一——钻夹具

如图 6-3 所示，本方案采用钻床进行加工，夹具的下底面是主要的定位面，夹具左、右两侧面用 V 形块定位，左侧是固定 V 形块，右侧为活动 V 形块，夹紧通过对活动 V 形块施力实现。孔的中心距和位置精度是用钻套来保证的。在加工中，夹具的下底面是主要定位面，且钻套的中心线和下底面还有一定的垂直度要求。

2）夹具方案二——镗夹具

如图 6-4 所示，本方案在设计时考虑用镗床进行加工，以夹具的左侧面为主要的定位基

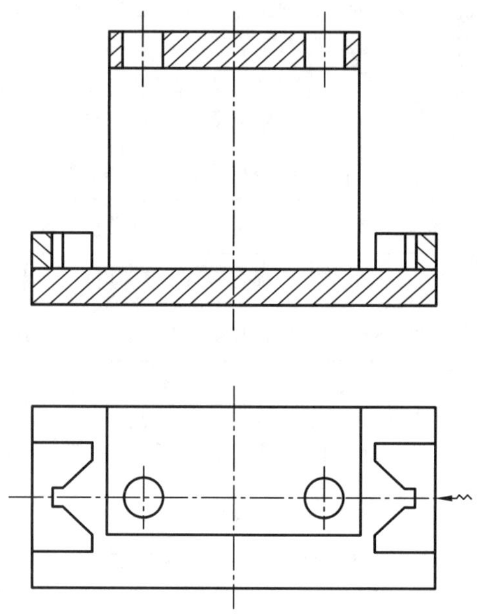

图 6-3　手柄孔钻夹具设计方案示意

准，在上、下两个方向上用 V 形块定位并夹紧，右侧的两孔用来装镗套以保证孔的加工精度。

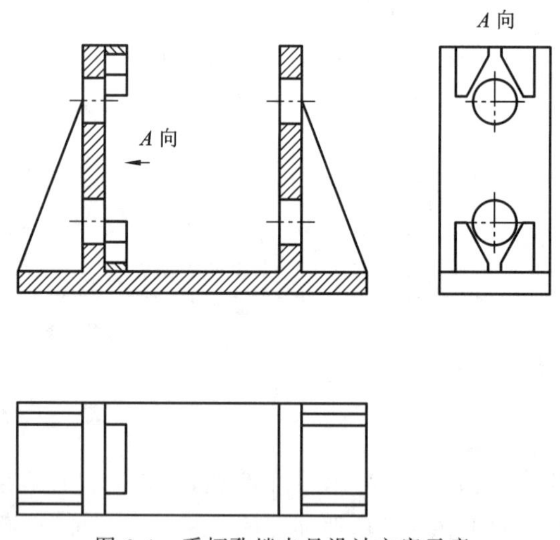

图 6-4　手柄孔镗夹具设计方案示意

3）两种设计方案的对比分析

方案一是一个钻夹具，方案二是一个镗夹具，两种方案各有优缺点。采用方案一加工效率比较高，成本低，但加工精度不容易保证；采用方案二加工精度容易保证，但加工效率较低，成本较高。综合分析两种方案，结合手柄零件的加工精度要求较低的特点，方案一比较合适。

再认真分析一下方案一，不难发现，夹具的底面定位可靠性欠佳，本夹具用来扩、铰 ϕ38H8 和 ϕ22H9 孔，这两个孔都有一定的精度要求，但是两孔之间的位置精度要求不高，所以在设计夹具时只需考虑两孔表面的精度、中心距精度，以及孔与平面的垂直度。ϕ38H8 孔的中心线和零件的底面有垂直度要求，所以在钻孔时应该以零件的底面为主要的定位基准。零件加工时必须固定,定位可靠,所以必须限制其他的自由度。零件的左、右端是圆形的,所以设计时用两个V形块实现定位并夹紧。由于零件的主要定位基准是下底面,且零件生产批量较大,定位元件表面容易磨损,这样一来就不能满足定位精度的要求,所以对应下底面要设计两块支承板作为定位元件,故设计中重点是要注意通过夹具来保证加工精度。

2. 手柄钻夹具的主要设计计算

要求估算出最大切削力,进而估算出最大夹紧力以作为夹具零件设计的依据,估算出定位误差以验证定位方案是否合理。

1) 切削力及夹紧力的计算

(1) 轴向力　由《机械加工工艺手册》(见文献[4])中表10.4-11查得轴向力计算式为

$$F=420d_0f^{0.8}k_F \qquad (\mathrm{N})$$

d_0为刀具的直径,本道工序最大直径为ϕ38 mm,所以$d_0=38$ mm;f为进给量,最大为1.22 mm/r;k_F为修正系数,取1。所以最大轴向力

$$F=420\times38\times1.22^{0.8}\times1\ \mathrm{N}=18\ 712\ \mathrm{N}$$

(2) 扭矩　由《机械加工工艺手册》(见文献[4])中表10.4-11查得扭矩计算式为

$$M=0.206d_0^{2.2}f^{0.8}k_M \qquad (\mathrm{N\cdot m})$$

已知$d_0=38$ mm,$f=1.22$ mm/r,修正系数k_M取1,所以最大扭矩为

$$M=0.206\times38^{2.2}\times1.22^{0.8}\times1\ \mathrm{N\cdot m}=722\ \mathrm{N\cdot m}$$

(3) 夹紧方案和夹紧力校核　由于轴向由机床工作台定位,轴向力由工作台承受,所以夹紧时这个方向的切削力可以忽略。扭矩在水平面内,沿扭矩方向是主要夹紧方向,夹紧方案如图6-5所示。

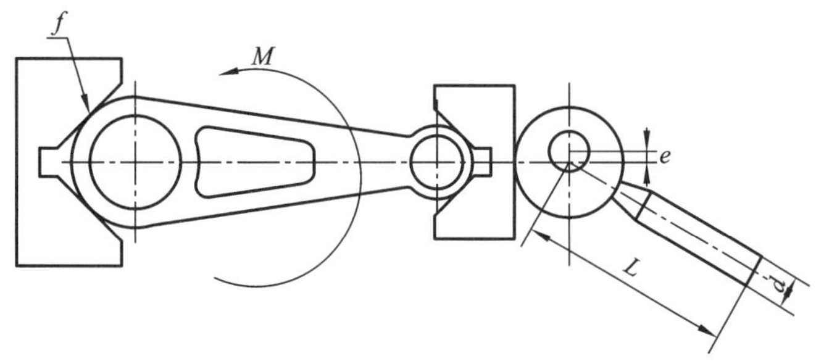

图6-5　手柄孔钻夹具夹紧方案示意图

选择定位元件和夹紧元件的材料后,可以确定摩擦因数f,参考表4-10的计算公式,可以计算出克服扭矩M所需要的夹紧力,然后设计出偏心夹紧机构。偏心轮和手柄都已经标准化,也可以从标准《机床夹具零件及部件　圆偏心轮》(JB/T 8011.1—1999)和《机床夹具零件及部件　固定手柄》(JB/T 8024.2—1999)中选择适当的尺寸,然后加以校核。

2) 定位误差分析

以V形块和底面定位,这时外圆的中心应在V形块理论中心面上,即手柄上两孔的中心线重合,无基准不重合误差。但实际上,对一批工件而言,外圆直径是有偏差的。如图6-6所示,当外圆直径从D_{max}减小到D_{min}时,虽然工件外圆中心始终在V形块的对称中心平面内而不发生左右偏移,即V形块在垂直于其对称面的方向上基准位移误差$\Delta_{jy}(x)=0$,但是工件外圆中心将在V形块的对称平面内发生上下偏移,即造成基准位移误差$\Delta_{jy}(z)$。由图6-6可知:

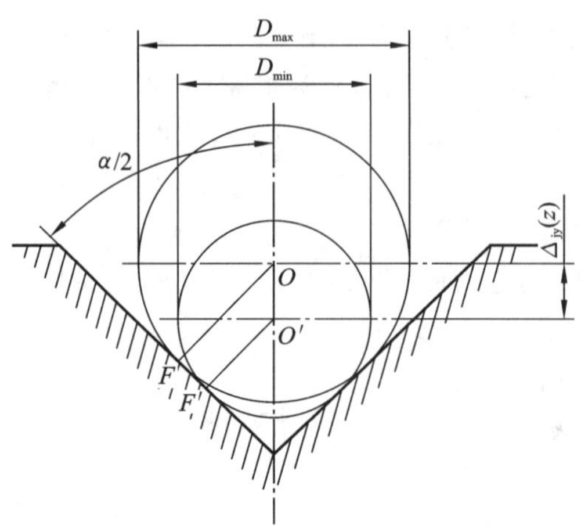

图 6-6　手柄孔钻夹具定位误差分析简图

$$\Delta_{jy}(z)=OO'=\frac{D_{max}-D_{min}}{2\sin(\alpha/2)}$$

由于零件外圆是非加工表面，所以实际误差要根据零件毛坯的制造误差来计算。基准位移误差 $\Delta_{jy}(z)$的存在影响加工后孔中心与毛坯外圆中心的重合情况，如果两者不重合误差过大，就会造成孔壁的厚度不均匀，严重时将影响零件的使用，故应对该误差进行估计。

按照已经确定的普通精度的模锻毛坯，按照宽度尺寸 54 mm 查表 5-15 得毛坯公差为 1.6 mm，由此估算出 $\Delta_{jy}(z)=\frac{1.6}{2\sin45^{\circ}}=1.13$ mm，即加工后孔中心与毛坯外圆中心的最大不重合度为1.13 mm，引起的最大壁厚误差为 2.26 mm。从零件图上的技术要求“线性尺寸按 GB/T 1804—c，几何公差按 GB/T 1184—L”，查得该零件在极限状态下的最大允许壁厚变化量为 2.6 mm(直径公差 1.6 mm 加上 2 倍的同轴度公差 0.5 mm)，故由定位引起的最大壁厚误差不会影响零件的强度，不必进行强度计算，定位方案可行。

6.2.6　手柄孔扩、铰工序计算

1. 机械加工余量、工序尺寸及其公差的确定

1) ϕ38H8 孔

毛坯已制出预留孔，孔的最终精度为 H8。查表 5-52 确定工序尺寸及加工余量如下。

(1) 预留孔：工序尺寸为 ϕ34。

(2) 扩孔：工序尺寸为 ϕ37.75H12，加工余量为 3.75 mm。

(3) 铰孔：工序尺寸为 ϕ38H8，加工余量为 0.25 mm。

2) ϕ22H9 孔

毛坯已制出预留孔，孔的最终精度为 H9。查图 2-6 和表 5-53，确定工序尺寸精度等级及加工余量如下。

(1) 预留孔：工序尺寸为 ϕ18。

(2) 扩孔：工序尺寸为 ϕ21.7(取经济精度等级 IT12)，加工余量为 3.7 mm。

(3) 铰孔：工序尺寸为 ϕ22，加工余量为 0.3 mm。

2. 切削用量及基本工时

1) ϕ38H8孔

(1) 扩ϕ37.75H12孔　选用ϕ37.75专用钻头进行扩孔。查表5-81并综合表5-78,得进给量$f=0.72\sim1.26$ mm/r,根据机床参数,取 $f=0.96$ mm/r。取机床主轴转速 $n=68$ r/min,则其切削速度为

$$v=\frac{\pi\times37.75\times68}{1000}=8.1\ \text{m/min}$$

取走刀长度 $l=26$ mm,切入长度 $l_1=3$ mm,切出长度 $l_2=3$ mm。得机动工时为

$$t_1=\frac{l+l_1+l_2}{nf}=\frac{26+3+3}{68\times0.96}\ \text{min}=0.49\ \text{min}$$

(2) 铰ϕ38H8孔　选用ϕ38机用高速钢铰刀。查表5-83得进给量 $f=0.95\sim2.1$ mm/r,根据机床进给量参数,取 $f=1.22$ mm/r。取机床主轴转速 $n=68$ r/min,则其切削速度为

$$v=\frac{\pi\times38\times68}{1000}=8.1\ \text{m/min}$$

取走刀长度 $l=26$ mm,切入长度 $l_1=3$ mm,切出长度 $l_2=3$ mm。得机动工时为

$$t_2=\frac{l+l_1+l_2}{nf}=\frac{26+3+3}{68\times1.22}\ \text{min}=0.39\ \text{min}$$

2) ϕ22H9孔

同上述计算,扩ϕ21.7H12孔的机动工时为

$$t_3=\frac{l+l_1+l_2}{nf}=\frac{26+3+3}{68\times0.72}\ \text{min}=0.65\ \text{min}$$

铰ϕ22H9孔的机动工时为

$$t_4=\frac{l+l_1+l_2}{nf}=\frac{26+3+3}{68\times1.22}\ \text{min}=0.39\ \text{min}$$

6.3　设计结果摘录

本题设计结果包含:锻造毛坯图一张,机械加工工艺过程卡片一份,机械加工工序过程卡片一份,夹具总装图、夹具零件图和被加工零件图一套(含CAD图、三维造型图和三维动画),设计说明书一份。摘录部分结果如表6-4、表6-5和图6-7至图6-9所示。

表 6-4　年产量为 5000 件的手柄的机械加工工艺过程卡片

<table>
<tr><td colspan="2" rowspan="3">××大学
××学院</td><td colspan="2" rowspan="3">机械加工工艺过程卡片</td><td>零件名称</td><td>手柄</td><td>材料牌号</td><td>45</td></tr>
<tr><td>年产量</td><td>5000</td><td>毛坯种类</td><td>模锻件</td></tr>
<tr><td>批量</td><td>大批</td><td>每毛坯件数</td><td>1</td></tr>
<tr><td>工序号</td><td>工序名称</td><td colspan="4">工序内容</td><td>机床型号</td><td>刀具</td></tr>
<tr><td>Ⅰ</td><td>铣</td><td colspan="4">粗铣上端面至尺寸 27±0.5</td><td>X5032</td><td>面铣刀</td></tr>
<tr><td>Ⅱ</td><td>铣</td><td colspan="4">粗铣下端面至尺寸 26±0.5,达到图样要求</td><td>X5032</td><td>面铣刀</td></tr>
<tr><td>Ⅲ</td><td>扩、铰</td><td colspan="4">扩 ϕ38H8 孔至 ϕ31.75H12,铰至 ϕ38H8;扩 ϕ22H9 孔至 ϕ21.7H12,铰至 ϕ22H9</td><td>Z5140A</td><td>扩孔钻、铰刀</td></tr>
<tr><td>Ⅳ</td><td>铣</td><td colspan="4">铣 10H9 槽至图样要求</td><td>X6130A</td><td>立铣刀</td></tr>
<tr><td>Ⅴ</td><td>钻</td><td colspan="4">钻 ϕ4 孔至尺寸 ϕ4±0.3</td><td>Z5125A</td><td>麻花钻</td></tr>
<tr><td>Ⅵ</td><td>倒角</td><td colspan="4">孔口倒角 $C1$</td><td>Z5125A</td><td></td></tr>
<tr><td>Ⅶ</td><td>去毛刺</td><td colspan="4">钳工去毛刺</td><td></td><td>钳工工具</td></tr>
<tr><td>Ⅷ</td><td>检验</td><td colspan="4"></td><td></td><td></td></tr>
<tr><td>Ⅸ</td><td>入库</td><td colspan="4"></td><td></td><td></td></tr>
<tr><td>设计者</td><td>×××</td><td>设计日期</td><td></td><td>指导教师</td><td>×××</td><td>日　期</td><td></td></tr>
</table>

表 6-5　手柄 ϕ38H8 和 ϕ22H9 孔的扩、铰机械加工工序卡片

<table>
<tr><td colspan="2">××大学
××学院</td><td colspan="2">机械加工工序卡片</td><td>工序名称</td><td colspan="3">扩、铰孔</td><td>工序号</td><td>030</td></tr>
<tr><td rowspan="9">工序简图</td><td colspan="3" rowspan="9"> 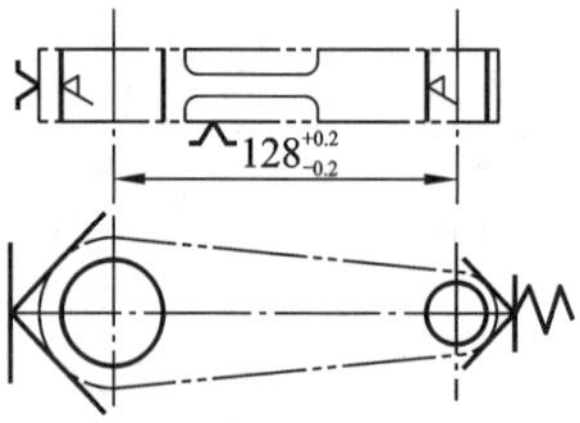$128^{+0.2}_{-0.2}$</td><td>零件名称</td><td colspan="2">手柄</td><td>零件号</td><td colspan="2">KCSJ-01</td></tr>
<tr><td>零件质量</td><td colspan="2">1.1 kg</td><td colspan="2">每毛坯同时加工零件数</td><td>1</td></tr>
<tr><td colspan="3">材料</td><td colspan="3">毛坯</td></tr>
<tr><td colspan="2">牌号</td><td>硬度</td><td>形式</td><td colspan="2">质量</td></tr>
<tr><td colspan="2">45</td><td>200 HBS</td><td>模锻</td><td colspan="2">1.3 kg</td></tr>
<tr><td colspan="3">设备</td><td>夹具</td><td colspan="2">辅助工具</td></tr>
<tr><td colspan="2">名称</td><td>型号</td><td rowspan="2">专用夹具</td><td colspan="2" rowspan="2">内径千分尺</td></tr>
<tr><td colspan="2">立式钻床</td><td>Z5140A</td></tr>
<tr><td colspan="2">设计者</td><td>×××</td><td>指导教师</td><td colspan="2">×××</td></tr>
<tr><td>工步号及名称</td><td>安装及工步说明</td><td>刀具</td><td>走刀长度/mm</td><td>走刀次数</td><td>背吃刀量/mm</td><td>进给量/(mm/r)</td><td>主运动转速/(r/min)</td><td>切削速度/(m/min)</td><td>基本工时/min</td></tr>
<tr><td>工步 1</td><td>扩 ϕ37.75 孔</td><td>ϕ37.75 扩孔钻</td><td>26</td><td>1</td><td>1.9</td><td>0.96</td><td>68</td><td>8.1</td><td>0.49</td></tr>
<tr><td>工步 2</td><td>铰 ϕ38H8 孔</td><td>ϕ38H8 机用高速钢铰刀</td><td>26</td><td>1</td><td>0.1</td><td>1.22</td><td>68</td><td>8.1</td><td>0.39</td></tr>
<tr><td>工步 3</td><td>扩 ϕ21.7 孔</td><td>ϕ21.7 扩孔钻</td><td>26</td><td>1</td><td>1.9</td><td>0.72</td><td>68</td><td>4.6</td><td>0.65</td></tr>
<tr><td>工步 4</td><td>铰 ϕ22H9 孔</td><td>ϕ22H9 机用高速钢铰刀</td><td>26</td><td>1</td><td>0.1</td><td>1.22</td><td>68</td><td>4.6</td><td>0.39</td></tr>
</table>

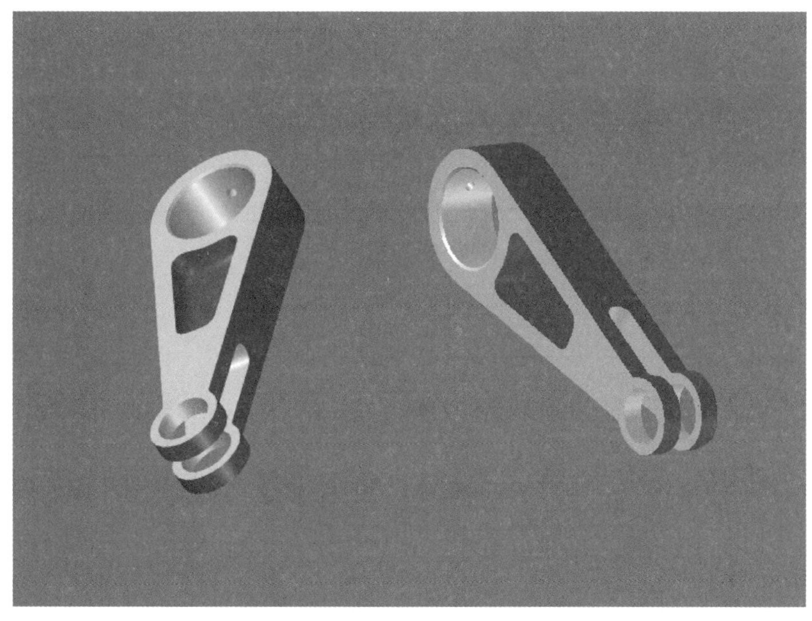

图 6-7　手柄零件三维造型图

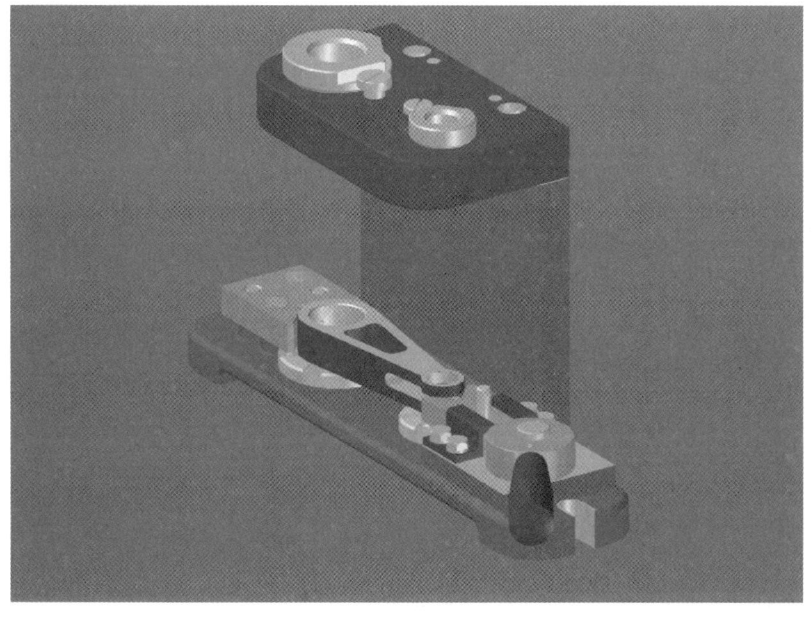

图 6-8　手柄钻夹具三维造型图

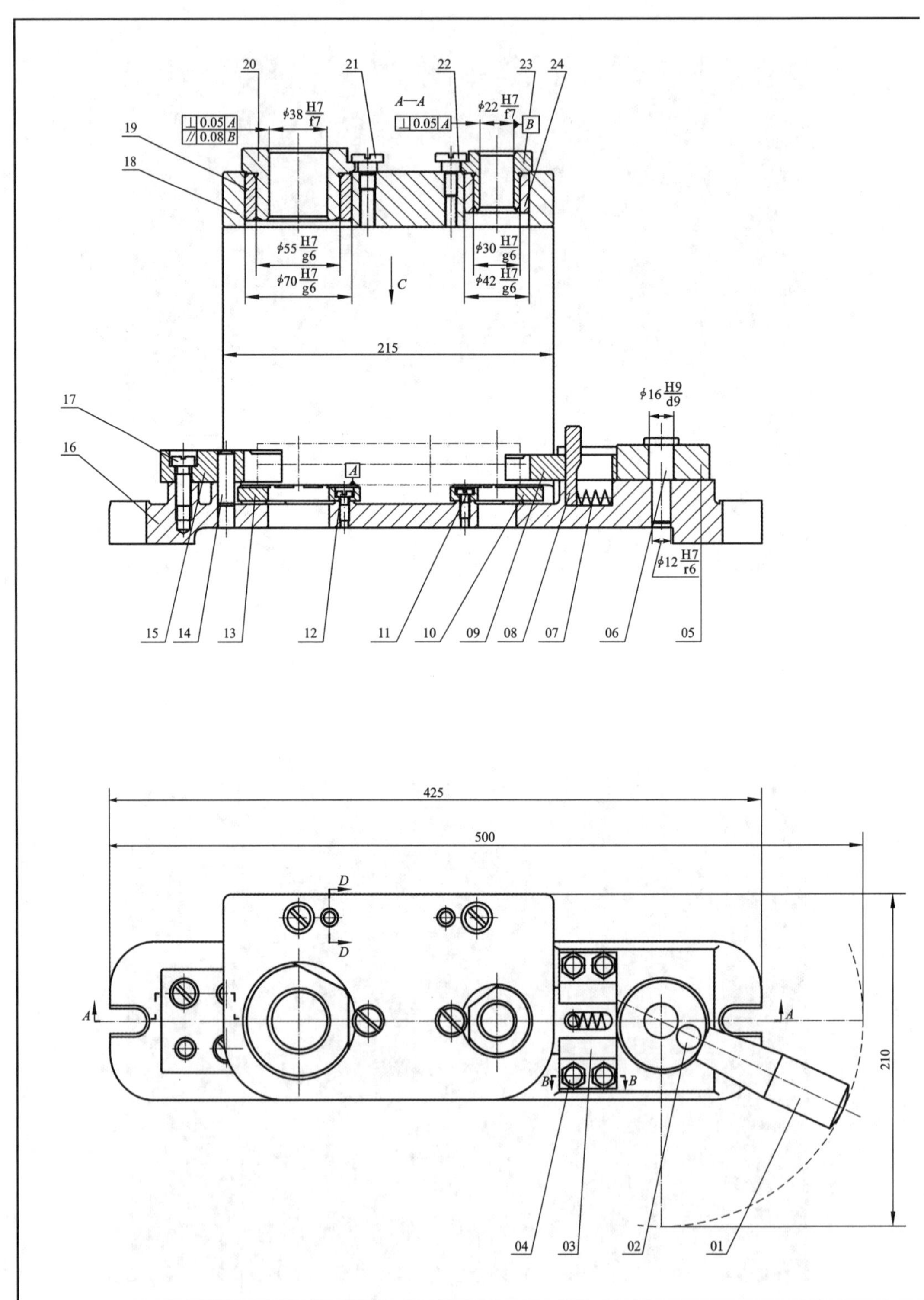
A—A
20
21
22
23
24
19
18
17
16
$\phi38\frac{H7}{f7}$
$\phi22\frac{H7}{f7}$
$\phi55\frac{H7}{g6}$
$\phi70\frac{H7}{g6}$
$\phi30\frac{H7}{g6}$
$\phi42\frac{H7}{g6}$
$\phi16\frac{H9}{d9}$
$\phi12\frac{H7}{r6}$
215
C
15
14
13
12
11
10
09
08
07
06
05
425
500
210
D
A
B
04
03
02
01

图 6-9　手柄钻夹具

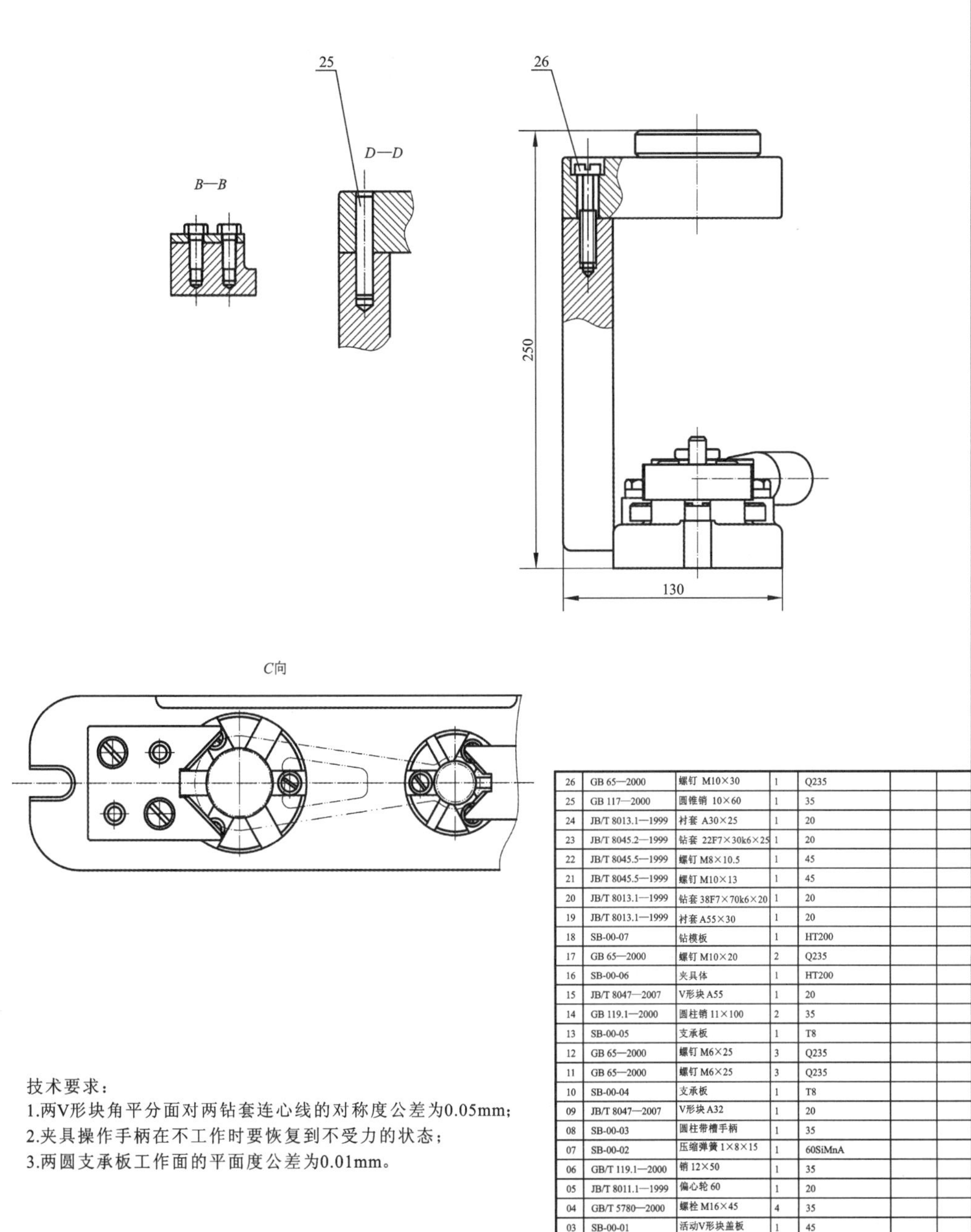

技术要求：
1.两V形块角平分面对两钻套连心线的对称度公差为0.05mm；
2.夹具操作手柄在不工作时要恢复到不受力的状态；
3.两圆支承板工作面的平面度公差为0.01mm。

序号	代号	名称	数量	材料	单件质量	总计质量	备注
26	GB 65—2000	螺钉 M10×30	1	Q235			
25	GB 117—2000	圆锥销 10×60	1	35			
24	JB/T 8013.1—1999	衬套 A30×25	1	20			
23	JB/T 8045.2—1999	钻套 22F7×30k6×25	1	20			
22	JB/T 8045.5—1999	螺钉 M8×10.5	1	45			
21	JB/T 8045.5—1999	螺钉 M10×13	1	45			
20	JB/T 8013.1—1999	钻套 38F7×70k6×20	1	20			
19	JB/T 8013.1—1999	衬套 A55×30	1	20			
18	SB-00-07	钻模板	1	HT200			
17	GB 65—2000	螺钉 M10×20	2	Q235			
16	SB-00-06	夹具体	1	HT200			
15	JB/T 8047—2007	V形块 A55	1	20			
14	GB 119.1—2000	圆柱销 11×100	2	35			
13	SB-00-05	支承板	1	T8			
12	GB 65—2000	螺钉 M6×25	3	Q235			
11	GB 65—2000	螺钉 M6×25	3	Q235			
10	SB-00-04	支承板	1	T8			
09	JB/T 8047—2007	V形块 A32	1	20			
08	SB-00-03	圆柱带槽手柄	1	35			
07	SB-00-02	压缩弹簧 1×8×15	1	60SiMnA			
06	GB/T 119.1—2000	销 12×50	1	35			
05	JB/T 8011.1—1999	偏心轮 60	1	20			
04	GB/T 5780—2000	螺栓 M16×45	4	35			
03	SB-00-01	活动V形块盖板	1	45			
02	GB 119.1—2000	销 8×22	1	35			
01	JB/T 8024.2—1999	手柄	1	35			

标记	处理	更改文件号	签字	日期	图样标记	数量	质量	比例	SB-00
设计	×××	标准化						1:1	手柄钻夹具
校对		审定			共 7 页		第 1 页		××大学××学院
审核									
工艺		日期							

装配图

附录 A　本书引用标准索引

[1] GB/T 24737.5—2009《工艺管理导则　第 5 部分：工艺规程设计》
[2] JB/T 9165.2—1998《工艺规程格式》
[3] GB/T 24737.3—2009《工艺管理导则　第 3 部分：产品结构工艺性审查》
[4] JB/ZQ 4169—2006《铸件设计规范》
[5] JB/T 5105－1991《铸件模样　起模斜度》
[6] JB/ZQ 4255—2006《铸件内圆角》
[7] JB/ZQ 4256—2006《铸件外圆角》
[8] GB/T 6414—2017《铸件　尺寸公差、几何公差与机械加工余量》
[9] GB/T 12362—2016《钢质模锻件　公差及机械加工余量》
[10] GB/T 15375—2008《金属切削机床　型号编制方法》
[11] JB/T 5061—2006《机械加工定位、夹紧符号》
[12] GB/T 1800.1—2020《产品几何技术规范(GPS)　线性尺寸公差 ISO 代号体系　第 1 部分：公差、偏差和配合的基础》
[13] GB/T 24737.7—2009《工艺管理导则　第 7 部分：工艺定额编制》
[14] GB/T 131—2006《产品几何技术规范(GPS)　技术产品文件中表面结构的表示法》
[15] JB/T 8016—1999《机床夹具零件及部件　定位键》
[16] JB/T 8017—1999《机床夹具零件及部件　定向键》
[17] GB/T 158—1996《机床工作台　T 形槽和相应螺栓》
[18] GB/T 21470—2008《锤上钢质自由锻件机械加工余量与公差　盘、柱、环、筒类》
[19] GB/T 21471—2008《锤上钢质自由锻件机械加工余量与公差　轴类》
[20] GB/T 6117.1—2010《立铣刀　第 1 部分：直柄立铣刀》
[21] GB/T 6117.2—2010《立铣刀　第 2 部分：莫氏锥柄立铣刀》
[22] GB/T 6117.3—2010《立铣刀　第 3 部分：7∶24 锥柄立铣刀》
[23] GB/T 1114—2016《套式立铣刀》
[24] GB/T 1112—2012《键槽铣刀》
[25] GB/T 1127—2007《半圆键槽铣刀》
[26] GB/T 6120—2012《锯片铣刀》
[27] GB/T 14301—2008《整体硬质合金锯片铣刀》
[28] GB/T 6119—2012《三面刃铣刀》
[29] GB/T 5342.1—2006《可转位面铣刀　第 1 部分：套式面铣刀》
[30] GB/T 6078—2016《中心钻》
[31] GB/T 6135.1—2008《直柄麻花钻　第 1 部分：粗直柄小麻花钻的型式和尺寸》
[32] GB/T 6135.2—2008《直柄麻花钻　第 2 部分：直柄短麻花钻和直柄麻花钻的型式和尺寸》
[33] GB/T 6135.3—2008《直柄麻花钻　第 3 部分：直柄长麻花钻的型式和尺寸》
[34] GB/T 6135.4—2008《直柄麻花钻　第 4 部分：直柄超长麻花钻的型式和尺寸》
[35] GB/T 1438.1—2008《锥柄麻花钻　第 1 部分：莫氏锥柄麻花钻的型式和尺寸》

[36] GB/T 1438.2—2008《锥柄麻花钻 第2部分:莫氏锥柄长麻花钻的型式和尺寸》
[37] GB/T 1438.3—2008《锥柄麻花钻 第3部分:莫氏锥柄加长麻花钻的型式和尺寸》
[38] GB/T 1438.4—2008《锥柄麻花钻 第4部分:莫氏锥柄超长麻花钻的型式和尺寸》
[39] GB/T 25666—2010《硬质合金直柄麻花钻》
[40] GB/T 10947—2006《硬质合金锥柄麻花钻》
[41] GB/T 4256—2004《直柄和莫氏锥柄扩孔钻》
[42] GB/T 4258—2004《60°、90°、120°直柄锥面锪钻》
[43] GB/T 4260—2004《带整体导柱的直柄平底锪钻》
[44] GB/T 1132—2017《直柄和莫氏锥柄机用铰刀》
[45] GB/T 20335—2006《装可转位刀片的镗刀杆(圆柱形) 尺寸》
[46] JB/T 8004.1—1999《机床夹具零件及部件 带肩六角螺母》
[47] JB/T 8004.2—1999《机床夹具零件及部件 球面带肩螺母》
[48] JB/T 8004.6—1999《机床夹具零件及部件 菱形螺母》
[49] JB/T 8006.3—1999《机床夹具零件及部件 固定手柄压紧螺钉》
[50] GB/T 849—1988《球面垫圈》
[51] GB/T 850—1988《锥面垫圈》
[52] JB/T 8008.4—1999《机床夹具零件及部件 转动垫圈》
[53] JB/T 8009.1—1999《机床夹具零件及部件 光面压块》
[54] JB/T 8010.1—1999《机床夹具零件及部件 移动压板》
[55] JB/T 8010.9—1999《机床夹具零件及部件 平压板》
[56] JB/T 8010.14—1999《机床夹具零件及部件 铰链压板》
[57] JB/T 8010.7—1999《机床夹具零件及部件 偏心轮用压板》
[58] JB/T 8010.13—1999《机床夹具零件及部件 直压板》
[59] JB/T 8012.1—1999《机床夹具零件及部件 钩形压板》
[60] JB/T 8010.15—1999《机床夹具零件及部件 回转压板》
[61] JB/T 8031.1—1999《机床夹具零件及部件 圆形对刀块》
[62] JB/T 8031.2—1999《机床夹具零件及部件 方形对刀块》
[63] JB/T 8031.3—1999《机床夹具零件及部件 直角对刀块》
[64] JB/T 8032.1—1999《机床夹具零件及部件 对刀平塞尺》
[65] JB/T 8032.2—1999《机床夹具零件及部件 对刀圆柱塞尺》
[66] JB/T 8045.1—1999《机床夹具零件及部件 固定钻套》
[67] JB/T 8045.2—1999《机床夹具零件及部件 可换钻套》
[68] JB/T 8045.3—1999《机床夹具零件及部件 快换钻套》
[69] JB/T 8045.4—1999《机床夹具零件及部件 钻套用衬套》
[70] JB/T 8045.5—1999《机床夹具零件及部件 钻套螺钉》
[71] JB/T 8011.1—1999《机床夹具零件及部件 圆偏心轮》
[72] JB/T 8024.2—1999《机床夹具零件及部件 固定手柄》
[73] GB/T 699—2015《优质碳素结构钢》
[74] JB/T 8044—1999《机床夹具零件及部件 技术要求》
[75] GB/T 1299—2014《工模具钢》

附录B 课程设计参考标准分类索引

B.1 毛坯设计

GB/T 6414—2017《铸件 尺寸公差、几何公差与机械加工余量》
GB/T 12361—2016《钢质模锻件 通用技术条件》
GB/T 12362—2016《钢质模锻件 公差及机械加工余量》
GB/T 21469—2008《锤上钢质自由锻件机械加工余量与公差 一般要求》
GB/T 21470—2008《锤上钢质自由锻件机械加工余量与公差 盘、柱、环、筒类》
GB/T 21471—2008《锤上钢质自由锻件机械加工余量与公差 轴类》
GB/T 33212—2016《锤上钢质自由锻件 通用技术条件》
GB/T 33216—2016《锤上钢质自由锻件 复杂程度分类及折合系数》
JB/T 5105—1991《铸件模样 起模斜度》
JB/T 9177—2015《钢质模锻件 结构要素》
JB/ZQ 4169—2006《铸件设计规范》
JB/ZQ 4254—2006《铸造过渡斜度》
JB/ZQ 4255—2006《铸造内圆角》
JB/ZQ 4256—2006《铸造外圆角》

B.2 工艺规程和工序设计

GB/T 14163—2009《工时消耗分类、代号和标准工时构成》
GB/T 15375—2008《金属切削机床 型号编制方法》
GB/T 24735—2009《机械制造工艺文件编号方法》
GB/T 24736.1—2009《工艺装备设计管理导则 第1部分:术语》
GB/T 24736.2—2009《工艺装备设计管理导则 第2部分:工艺装备设计选择规则》
GB/T 24736.3—2009《工艺装备设计管理导则 第3部分:工艺装备设计程序》
GB/T 24736.4—2009《工艺装备设计管理导则 第4部分:工艺装备验证规则》
GB/T 24737.1—2012《工艺管理导则 第1部分:总则》
GB/T 24737.2—2012《工艺管理导则 第2部分:产品工艺工作程序》
GB/T 24737.3—2009《工艺管理导则 第3部分:产品结构工艺性审查》
GB/T 24737.4—2012《工艺管理导则 第4部分:工艺方案设计》
GB/T 24737.5—2009《工艺管理导则 第5部分:工艺规程设计》
GB/T 24737.6—2012《工艺管理导则 第6部分:工艺优化与工艺评审》
GB/T 24737.7—2009《工艺管理导则 第7部分:工艺定额编制》
GB/T 24737.8—2009《工艺管理导则 第8部分:工艺验证》
GB/T 24737.9—2012《工艺管理导则 第9部分:生产现场工艺管理》
GB/T 24738—2009《机械制造工艺文件完整性》
JB/T 5061—2006《机械加工定位、夹紧符号》

JB/T 9165.2—1998《工艺规程格式》
JB/T 9165.3—1998《管理用工艺文件格式》
JB/T 9165.4—1998《专用工艺装备设计图样及设计文件格式》
JB/T 9169.11—1998《工艺管理导则　工艺纪律管理》
JB/T 9169.12—1998《工艺管理导则　工艺试验研究与开发》
JB/T 9169.13—1998《工艺管理导则　工艺情报》
JB/T 9169.14—1998《工艺管理导则　工艺标准化》

B.3 刀具选择

B.3.1 切刀

GB/T 4211.1—2004《高速钢车刀条　第 1 部分:型式和尺寸》
GB/T 5343.1—2007《可转位车刀及刀夹　第 1 部分:型号表示规则》
GB/T 5343.2—2007《可转位车刀及刀夹　第 2 部分:可转位车刀型式尺寸和技术条件》
GB/T 10953—2006《机夹切断车刀》
GB/T 10954—2006《机夹螺纹车刀》
GB/T 14297—1993《可转位内孔车刀》(本标准已废止,此处列出仅供参考)
GB/T 17985.1—2000《硬质合金车刀　第 1 部分:代号及标志》
GB/T 17985.2—2000《硬质合金车刀　第 2 部分:外表面车刀》
GB/T 17985.3—2000《硬质合金车刀　第 3 部分:内表面车刀》
GB/T 20327—2006《车刀和刨刀刀杆　截面形状和尺寸》
GB/T 20335—2006《装可转位刀片的镗刀杆(圆柱形)　尺寸》
JB/T 10720—2007《焊接聚晶金刚石或立方氮化硼车刀》
JB/T 10723—2007《焊接聚晶金刚石或立方氮化硼镗刀》
JB/T 10725—2007《天然金刚石车刀》

B.3.2 铣刀

GB/T 1112—2012《键槽铣刀》
GB/T 1114—2016《套式立铣刀》
GB/T 1127—2007《半圆键槽铣刀》
GB/T 5342.1—2006《可转位面铣刀　第 1 部分:套式面铣刀》
GB/T 5342.2—2006《可转位面铣刀　第 2 部分:莫氏锥柄面铣刀》
GB/T 6117.1—2010《立铣刀　第 1 部分:直柄立铣刀》
GB/T 6117.2—2010《立铣刀　第 2 部分:莫氏锥柄立铣刀》
GB/T 6117.3—2010《立铣刀　第 3 部分:7∶24 锥柄立铣刀》
GB/T 6119—2012《三面刃铣刀》
GB/T 6120—2012《锯片铣刀》
GB/T 6128.1—2007《角度铣刀　第 1 部分:单角和不对称双角铣刀》
GB/T 6128.2—2007《角度铣刀　第 2 部分:对称双角铣刀》
GB/T 6338—2004《直柄反燕尾槽铣刀和直柄燕尾槽铣刀》
GB/T 10948—2006《硬质合金 T 形槽铣刀》
GB/T 14301—2008《整体硬质合金锯片铣刀》

GB/T 14330—2008《硬质合金机夹三面刃铣刀》
GB/T 20337—2006《装在 7∶24 锥柄心轴上的镶齿套式面铣刀》
GB/T 25670—2010《硬质合金斜齿立铣刀》
JB/T 7953—2010《镶齿三面刃铣刀》
JB/T 7954—2013《镶齿套式面铣刀》

B.3.3 孔加工刀具

GB/T 1132—2017《直柄和莫氏锥柄机用铰刀》
GB/T 1134—2008《带刃倾角机用铰刀》
GB/T 1135—2004《套式机用铰刀和芯轴》
GB/T 1142—2004《套式扩孔钻》
GB/T 1438.1—2008《锥柄麻花钻　第 1 部分:莫氏锥柄麻花钻的型式和尺寸》
GB/T 1438.2—2008《锥柄麻花钻　第 2 部分:莫氏锥柄长麻花钻的型式和尺寸》
GB/T 1438.3—2008《锥柄麻花钻　第 3 部分:莫氏锥柄加长麻花钻的型式和尺寸》
GB/T 1438.4—2008《锥柄麻花钻　第 4 部分:莫氏锥柄超长麻花钻的型式和尺寸》
GB/T 4243—2017《莫氏锥柄长刃机用铰刀》
GB/T 4256—2004《直柄和莫氏锥柄扩孔钻》
GB/T 4258—2004《60°、90°、120°直柄锥面锪钻》
GB/T 4260—2004《带整体导柱的直柄平底锪钻》
GB/T 6078—2016《中心钻》
GB/T 6135.1—2008《直柄麻花钻　第 1 部分:粗直柄小麻花钻的型式和尺寸》
GB/T 6135.2—2008《直柄麻花钻　第 2 部分:直柄短麻花钻和直柄麻花钻的型式和尺寸》
GB/T 6135.3—2008《直柄麻花钻　第 3 部分:直柄长麻花钻的型式和尺寸》
GB/T 6135.4—2008《直柄麻花钻　第 4 部分:直柄超长麻花钻的型式和尺寸》
GB/T 10947—2006《硬质合金锥柄麻花钻》
GB/T 20330—2006《攻丝前钻孔用麻花钻直径》
GB/T 20331—2006《直柄机用 1∶50 锥度销子铰刀》
GB/T 20332—2006《锥柄机用 1∶50 锥度销子铰刀》
GB/T 25666—2010《硬质合金直柄麻花钻》
GB/T 25667.1—2010《整体硬质合金直柄麻花钻　第 1 部分:直柄麻花钻型式与尺寸》
GB/T 25667.2—2010《整体硬质合金直柄麻花钻　第 2 部分:2°斜削平直柄麻花钻型式与尺寸》

B.3.4 螺纹刀具

GB/T 3464.1—2007《机用和手用丝锥　第 1 部分:通用柄机用和手用丝锥》
GB/T 3464.2—2003《细长柄机用丝锥》
GB/T 3464.3—2007《机用和手用丝锥　第 3 部分:短柄机用和手用丝锥》
GB/T 3506—2008《螺旋槽丝锥》
GB/T 20326—2021《粗长柄机用丝锥》
JB/T 3411.14—1999《丝锥夹套　尺寸》
JB/T 3411.71—1999《丝锥用弹性夹紧套　尺寸》
JB/T 3411.80—1999《丝锥用快换套　尺寸》

JB/T 3411.81—1999《丝锥用安全夹套　尺寸》
JB/T 3411.82—1999《丝锥安全夹套用夹头　尺寸》
JB/T 8825.1—2011《惠氏螺纹刀具　第 1 部分:丝锥》

B.3.5　拉刀

GB/T 3832—2008《拉刀柄部》
GB/T 14329—2008《键槽拉刀》
JB/T 5613—2006《小径定心矩形花键拉刀》
JB/T 9993—2011《带侧面齿键槽拉刀》

B.3.6　砂轮

GB/T 4127.1—2007《固结磨具　尺寸　第 1 部分:外圆磨砂轮(工件装夹在顶尖间)》
GB/T 4127.2—2007《固结磨具　尺寸　第 2 部分:无心外圆磨砂轮》
GB/T 4127.4—2008《固结磨具　尺寸　第 4 部分:平面磨削用周边磨砂轮》
GB/T 4127.5—2008《固结磨具　尺寸　第 5 部分:平面磨削用端面磨砂轮》
GB/T 4127.9—2007《固结磨具　尺寸　第 9 部分:重负荷磨削砂轮》
JB/T 6353—2015《固结磨具　树脂和橡胶薄片砂轮》
JB/T 7983—2013《固结磨具　螺栓紧固砂轮》
JB/T 8373—2012《固结磨具　蜗杆砂轮》
JB/T 11286—2012《固结磨具　烧结刚玉砂轮》《本标准已废止,此处列出仅供参考》

B.4　夹具设计

B.4.1　机床夹具零件及部件——衬套

JB/T 8005.1—1999《机床夹具零件及部件　压入式螺纹衬套》
JB/T 8005.2—1999《机床夹具零件及部件　旋入式螺纹衬套》
JB/T 8013.1—1999《机床夹具零件及部件　定位衬套》
JB/T 8013.2—1999《机床夹具零件及部件　薄壁钻套》

B.4.2　机床夹具零件及部件——定位元件

GB/T 9204—2008《固定顶尖》
JB/T 8014.1—1999《机床夹具零件及部件　小定位销》
JB/T 8014.2—1999《机床夹具零件及部件　固定式定位销》
JB/T 8014.3—1999《机床夹具零件及部件　可换定位销》
JB/T 8015—1999《机床夹具零件及部件　定位插销》
JB/T 8018.1—1999《机床夹具零件及部件　V 形块》
JB/T 8018.2—1999《机床夹具零件及部件　固定 V 形块》
JB/T 8018.3—1999《机床夹具零件及部件　调整 V 形块》
JB/T 8018.4—1999《机床夹具零件及部件　活动 V 形块》
JB/T 8019—1999《机床夹具零件及部件　导板》
JB/T 8020.1—1999《机床夹具零件及部件　薄挡块》

JB/T 8020.2—1999《机床夹具零件及部件　厚挡块》
JB/T 8021.1—1999《机床夹具零件及部件　手拉式定位器》
JB/T 8021.2—1999《机床夹具零件及部件　枪栓式定位器》
JB/T 8022.1—1999《机床夹具零件及部件　内涨器》
JB/T 8022.2—1999《机床夹具零件及部件　可调定心内涨器》
JB/T 8026.1—1999《机床夹具零件及部件　六角头支承》
JB/T 8026.2—1999《机床夹具零件及部件　顶压支承》
JB/T 8026.3—1999《机床夹具零件及部件　圆柱头调节支承》
JB/T 8026.4—1999《机床夹具零件及部件　调节支承》
JB/T 8026.5—1999《机床夹具零件及部件　球头支承》
JB/T 8026.6—1999《机床夹具零件及部件　螺钉支承》
JB/T 8027.1—1999《机床夹具零件及部件　支柱》
JB/T 8027.2—1999《机床夹具零件及部件　万能支柱》
JB/T 8028.1—1999《机床夹具零件及部件　低支脚》
JB/T 8028.2—1999《机床夹具零件及部件　高支脚》
JB/T 8029.1—1999《机床夹具零件及部件　支承板》
JB/T 8029.2—1999《机床夹具零件及部件　支承钉》
JB/T 8030—1999《机床夹具零件及部件　支板》
JB/T 10116—1999《机床夹具零件及部件　锥度心轴》

B.4.3　机床夹具零件及部件——对刀引导元件

JB/T 8031.1—1999《机床夹具零件及部件　圆形对刀块》
JB/T 8031.2—1999《机床夹具零件及部件　方形对刀块》
JB/T 8031.3—1999《机床夹具零件及部件　直角对刀块》
JB/T 8031.4—1999《机床夹具零件及部件　侧装对刀块》
JB/T 8032.1—1999《机床夹具零件及部件　对刀平塞尺》
JB/T 8032.2—1999《机床夹具零件及部件　对刀圆柱塞尺》
JB/T 8045.2—1999《机床夹具零件及部件　可换钻套》
JB/T 8045.3—1999《机床夹具零件及部件　快换钻套》
JB/T 8045.4—1999《机床夹具零件及部件　钻套用衬套》
JB/T 8045.5—1999《机床夹具零件及部件　钻套螺钉》
JB/T 8046.1—1999《机床夹具零件及部件　镗套》
JB/T 8046.2—1999《机床夹具零件及部件　镗套用衬套》
JB/T 8046.3—1999《机床夹具零件及部件　镗套螺钉》

B.4.4　机床夹具零件及部件——夹紧元件

JB/T 8011.1—1999《机床夹具零件及部件　圆偏心轮》
JB/T 8011.2—1999《机床夹具零件及部件　叉形偏心轮》
JB/T 8011.3—1999《机床夹具零件及部件　单面偏心轮》
JB/T 8011.4—1999《机床夹具零件及部件　双面偏心轮》
JB/T 8011.5—1999《机床夹具零件及部件　偏心轮用垫板》
JB/T 8023.1—1999《机床夹具零件及部件　滚花把手》
JB/T 8023.2—1999《机床夹具零件及部件　星形把手》

JB/T 8024.1—1999《机床夹具零件及部件　活动手柄》
JB/T 8024.2—1999《机床夹具零件及部件　固定手柄》
JB/T 8024.3—1999《机床夹具零件及部件　握柄》
JB/T 8024.4—1999《机床夹具零件及部件　焊接手柄》
JB/T 8024.5—1999《机床夹具零件及部件　杠杆式手柄》
JB/T 8033—1999《机床夹具零件及部件　铰链轴》
JB/T 8034—1999《机床夹具零件及部件　铰链支座》
JB/T 8035—1999《机床夹具零件及部件　铰链叉座》
JB/T 8036.1—1999《机床夹具零件及部件　螺钉支座》
JB/T 8036.2—1999《机床夹具零件及部件　可调支座》
JB/T 8038—1999《机床夹具零件及部件　锁扣》
JB/T 8039—1999《机床夹具零件及部件　切向夹紧套》

B.4.5 机床夹具零件及部件——螺钉、螺栓、螺母、垫圈

GB/T 849—1988《球面垫圈》
GB/T 850—1988《锥面垫圈》
JB/T 8004.1—1999《机床夹具零件及部件　带肩六角螺母》
JB/T 8004.2—1999《机床夹具零件及部件　球面带肩螺母》
JB/T 8004.3—1999《机床夹具零件及部件　连接螺母》
JB/T 8004.4—1999《机床夹具零件及部件　调节螺母》
JB/T 8004.5—1999《机床夹具零件及部件　带孔滚花螺母》
JB/T 8004.6—1999《机床夹具零件及部件　菱形螺母》
JB/T 8004.7—1999《机床夹具零件及部件　内六角螺母》
JB/T 8004.8—1999《机床夹具零件及部件　手柄螺母》
JB/T 8004.9—1999《机床夹具零件及部件　回转手柄螺母》
JB/T 8004.10—1999《机床夹具零件及部件　多手柄螺母》
JB/T 8006.1—1999《机床夹具零件及部件　压紧螺钉》
JB/T 8006.2—1999《机床夹具零件及部件　六角头压紧螺钉》
JB/T 8006.3—1999《机床夹具零件及部件　固定手柄压紧螺钉》
JB/T 8006.4—1999《机床夹具零件及部件　活动手柄压紧螺钉》
JB/T 8007.1—1999《机床夹具零件及部件　球头螺栓》
JB/T 8007.2—1999《机床夹具零件及部件　T形槽快卸螺栓》
JB/T 8007.3—1999《机床夹具零件及部件　钩形螺栓》
JB/T 8007.4—1999《机床夹具零件及部件　双头螺栓》
JB/T 8007.5—1999《机床夹具零件及部件　槽用螺栓》
JB/T 8008.1—1999《机床夹具零件及部件　悬式垫圈》
JB/T 8008.2—1999《机床夹具零件及部件　十字垫圈》
JB/T 8008.3—1999《机床夹具零件及部件　十字垫圈用垫圈》
JB/T 8008.4—1999《机床夹具零件及部件　转动垫圈》
JB/T 8008.5—1999《机床夹具零件及部件　快换垫圈》
JB/T 8025—1999《机床夹具零件及部件　起重螺栓》
JB/T 8037—1999《机床夹具零件及部件　螺塞》
JB/T 8042—1999《机床夹具零件及部件　螺钉用垫板》

JB/T 8043.1—1999《机床夹具零件及部件　塑料夹具用六角头螺钉》
JB/T 8043.2—1999《机床夹具零件及部件　塑料夹具用内六角螺钉》
JB/T 8043.3—1999《机床夹具零件及部件　塑料夹具用柱塞》

B.4.6　机床夹具零件及部件——压板

JB/T 8009.1—1999《机床夹具零件及部件　光面压块》
JB/T 8009.2—1999《机床夹具零件及部件　槽面压块》
JB/T 8009.3—1999《机床夹具零件及部件　圆压块》
JB/T 8009.4—1999《机床夹具零件及部件　弧形压块》
JB/T 8010.1—1999《机床夹具零件及部件　移动压板》
JB/T 8010.2—1999《机床夹具零件及部件　转动压板》
JB/T 8010.3—1999《机床夹具零件及部件　移动弯压板》
JB/T 8010.4—1999《机床夹具零件及部件　转动弯压板》
JB/T 8010.5—1999《机床夹具零件及部件　移动宽头压板》
JB/T 8010.6—1999《机床夹具零件及部件　转移动宽头压板》
JB/T 8010.7—1999《机床夹具零件及部件　偏心轮用压板》
JB/T 8010.8—1999《机床夹具零件及部件　偏心轮用宽头压板》
JB/T 8010.9—1999《机床夹具零件及部件　平压板》
JB/T 8010.10—1999《机床夹具零件及部件　弯头压板》
JB/T 8010.11—1999《机床夹具零件及部件　U形压板》
JB/T 8010.12—1999《机床夹具零件及部件　鞍形压板》
JB/T 8010.13—1999《机床夹具零件及部件　直压板》
JB/T 8010.14—1999《机床夹具零件及部件　铰链压板》
JB/T 8010.15—1999《机床夹具零件及部件　回转压板》
JB/T 8010.16—1999《机床夹具零件及部件　双向压板》
JB/T 8010.17—1999《机床夹具零件及部件　自调式压板》
JB/T 8012.1—1999《机床夹具零件及部件　钩形压板》
JB/T 8012.2—1999《机床夹具零件及部件　钩形压板(组合)》
JB/T 8012.3—1999《机床夹具零件及部件　立式钩形压板(组合)》
JB/T 8012.4—1999《机床夹具零件及部件　端面钩形压板(组合)》
JB/T 8012.5—1999《机床夹具零件及部件　侧面钩形压板(组合)》

B.4.7　机床夹具零件及部件——其他

GB/T 699—2015《优质碳素结构钢》
JB/T 8040—1999《机床夹具零件及部件　拆卸垫》
JB/T 8041—1999《机床夹具零件及部件　堵片》
JB/T 8044—1999《机床夹具零件及部件　技术要求》
JB/T 10118—1999《机床夹具零件及部件　鸡心卡头》
JB/T 10119—1999《机床夹具零件及部件　卡环》
JB/T 10120—1999《机床夹具零件及部件　夹板》
JB/T 10121—1999《机床夹具零件及部件　车床用快换夹头》
JB/T 10122—1999《机床夹具零件及部件　磨床用快换夹头》
JB/T 10123—1999《机床夹具零件及部件　活铁爪》

JB/T 10124—1999《机床夹具零件及部件　拨盘》
JB/T 10125—1999《机床夹具零件及部件　花盘》
JB/T 10127.1—1999《机床夹具零件及部件　等边角铁》
JB/T 10127.2—1999《机床夹具零件及部件　等腰角铁》
JB/T 10127.3—1999《机床夹具零件及部件　不等边角铁》
JB/T 10128—1999《机床夹具零件及部件　挡柱》

B.4.8 夹具与机床连接

GB/T 158—1996《机床工作台　T形槽和相应螺栓》
GB/T 5900.1—2021《机床　主轴端部与卡盘连接尺寸　第1部分:圆锥连接》
GB/T 5900.2—1997《机床　主轴端部与花盘　互换性尺寸　第2部分:凸轮锁紧型》
GB/T 5900.3—1997《机床　主轴端部与花盘　互换性尺寸　第3部分:卡口型》
JB/T 8016—1999《机床夹具零件及部件　定位键》
JB/T 8017—1999《机床夹具零件及部件　定向键》
JB/T 10126.1—1999《机床夹具零件及部件　三爪卡盘用过渡盘》
JB/T 10126.2—1999《机床夹具零件及部件　四爪卡盘用过渡盘》

B.5 图样设计

GB/T 131—2006《产品几何技术规范(GPS)　技术产品文件中表面结构的表示法》
GB/T 145—2001《中心孔》
GB/T 1031—2009《产品几何技术规范(GPS)　表面结构　轮廓法　表面粗糙度参数及其数值》
GB/T 1182—2018《产品几何技术规范(GPS)　几何公差形状、方向、位置和跳动公差标注》
GB/T 1184—1996《形状和位置公差　未注公差值》
GB/T 1800.1—2020《产品几何技术规范(GPS)　线性尺寸公差ISO代号体系　第1部分:公差、偏差和配合的基础》
GB/T 1800.2—2020《产品几何技术规范(GPS)　线性尺寸公差ISO代号体系　第2部分:标准公差带代号和孔、轴的极限偏差表》
GB/T 1803—2003《极限与配合　尺寸至18 mm孔、轴公差带》
GB/T 1804—2000《一般公差　未注公差的线性和角度尺寸的公差》
GB/T 2822—2005《标准尺寸》
GB/T 4457.2—2003《技术制图　图样画法　指引线和基准线的基本规定》
GB/T 4457.4—2002《机械制图　图样画法　图线》
GB/T 4457.5—2013《机械制图　剖面区域的表示法》
GB/T 4458.1—2002《机械制图　图样画法　视图》
GB/T 4458.2—2003《机械制图　装配图中零、部件序号及其编排方法》
GB/T 4458.4—2003《机械制图　尺寸注法》
GB/T 4458.5—2003《机械制图　尺寸公差与配合注法》
GB/T 4458.6—2002《机械制图　图样画法　剖视图和断面图》
GB/T 4459.1—1995《机械制图　螺纹及螺纹紧固件表示法》
GB/T 4459.2—2003《机械制图　齿轮表示法》

GB/T 4459.3—2000《机械制图 花键表示法》
GB/T 4459.4—2003《机械制图 弹簧表示法》
GB/T 4459.5—1999《机械制图 中心孔表示法》
GB/T 4459.7—2017《机械制图 滚动轴承表示法》
GB/T 4459.8—2009《机械制图 动密封圈 第1部分:通用简化表示法》
GB/T 4459.9—2009《机械制图 动密封圈 第2部分:特征简化表示法》
GB/T 4460—2013《机械制图 机构运动简图用图形符号》
GB/T 4656—2008《技术制图 棒料、型材及其断面的简化表示法》
GB/T 10089—2018《圆柱蜗杆、蜗轮精度》
GB/T 10609.1—2008《技术制图 标题栏》
GB/T 10609.2—2009《技术制图 明细栏》
GB/T 12212—2012《技术制图 焊缝符号的尺寸、比例及简化表示法》
GB/T 14689—2008《技术制图 图纸幅面和格式》
GB/T 14690—1993《技术制图 比例》
GB/T 14691—1993《技术制图 字体》
GB/T 15754—1995《技术制图 圆锥的尺寸和公差注法》
GB/T 16675.1—2012《技术制图 简化表示法 第1部分:图样画法》
GB/T 16675.2—2012《技术制图 简化表示法 第2部分:尺寸注法》
GB/T 17450—1998《技术制图 图线》
GB/T 17451—1998《技术制图 图样画法 视图》
GB/T 17452—1998《技术制图 图样画法 剖视图和断面图》
GB/T 17453—2005《技术制图 图样画法 剖面区域的表示法》
GB/T 18686—2002《技术制图 CAD系统用图线的表示》
GB/T 19096—2003《技术制图 图样画法 未定义形状边的术语和注法》
GB/T 24739—2009《机械制图 机件上倾斜结构的表示法》
GB/T 24741.1—2009《技术制图 紧固组合的简化表示法 第1部分:一般原则》
GB/T 24746—2009《技术制图 粘接、弯折与挤压结合的图形符号表示法》

参 考 文 献

[1] 柯建宏,饶锡新,王庆霞,等.机械制造技术基础课程设计[M].2版.武汉:华中科技大学出版社,2012.

[2] 柯建宏,饶锡新,王庆霞,等.机械制造技术基础课程设计[M].武汉:华中科技大学出版社,2008.

[3] 昆明理工大学.机械制造基础课程设计——手柄零件设计[C]//陈关龙,吴昌林.中国机械工程专业课程设计改革案例集.北京:清华大学出版社,2010.

[4] 孟少农.机械加工工艺手册[M].北京:机械工业出版社,1991.

[5] 蔡兰.机械零件工艺性手册[M].2版.北京:机械工业出版社,2007.

[6] 黄如林,汪群.金属加工工艺及工装设计[M].北京:化学工业出版社,2006.

[7] 成大先.机械设计手册:单行版.常用设计资料[M].5版.北京:化学工业出版社,2010.

[8] 王先逵.机械加工工艺手册[M].2版.北京:机械工业出版社,2007.

[9] 周汝忠.机夹可转位刀具[M].成都:成都科技大学出版社,1994.

[10] 熊良山,严晓光,张福润.机械制造技术基础[M].3版.武汉:华中科技大学出版社,2006.

[11] 艾兴,肖诗纲.切削用量简明手册[M].3版.北京:机械工业出版社,2004.

[12] 张琳娜,赵凤霞,李晓沛.简明公差标准应用手册[M].2版.上海:上海科学技术出版社,2010.

二维码资源使用说明

本书数字资源以二维码形式提供。读者可使用智能手机在微信端下扫描书中二维码，扫码成功时手机界面会出现登录提示。确认授权，进入注册页面。填写注册信息后，按照提示输入手机号，点击获取手机验证码。在提示位置输入 4 位验证码成功后，重复输入两遍设置密码，选择相应专业，点击“立即注册”，注册成功。（若手机已经注册，则在“注册”页面底部选择“已有账号？立即注册”，进入“账号绑定”页面，直接输入手机号和密码，系统提示登录成功。）接着刮开教材封底所贴学习码（正版图书拥有的一次性学习码）标签防伪涂层，按照提示输入 13 位学习码，输入正确后系统提示绑定成功，即可查看二维码数字资源。手机第一次登录查看资源成功，以后便可直接在微信端扫码登录，重复查看资源。

若遗忘密码，读者可以在 PC 端浏览器中输入地址 http://jixie.hustp.com/index.php?m=Login，然后在打开的页面中单击“忘记密码”，通过短信验证码重新设置密码。